项目资助：喀斯特石漠化治理生态产品市场流通模式研究（黔教合KY字[2022]210号）
赤水河流域环境压力分析及生态补偿机制研究(NO.0502212P0033)

石漠化治理生态产品流通模式
与价值提升技术研究

李　亮◎著

哈尔滨出版社
HARBIN PUBLISHING HOUSE

图书在版编目（CIP）数据

石漠化治理生态产品流通模式与价值提升技术研究 /
李亮著. -- 哈尔滨：哈尔滨出版社，2023.2
ISBN 978-7-5484-7079-3

Ⅰ．①石… Ⅱ．①李… Ⅲ．①沙漠治理－生态经济－
研究 Ⅳ．① S288 ② F062.2

中国国家版本馆 CIP 数据核字（2023）第 039101 号

书　　名：**石漠化治理生态产品流通模式与价值提升技术研究**
SHIMOHUA ZHILI SHENGTAI CHANPIN LIUTONG MOSHI
YU JIAZHI TISHENG JISHU YANJIU

作　　者：李　亮 著
责任编辑：刘　丹
封面设计：三仓学术

出版发行：哈尔滨出版社（Harbin Publishing House）
社　　址：哈尔滨市香坊区泰山路 82-9 号　　　邮编：150090
经　　销：全国新华书店
印　　刷：武汉鑫佳捷印务有限公司
网　　址：www.hrbcbs.com
E－mail：hrbcbs@yeah.net
编辑版权热线：（0451）87900271　87900272

开　　本：787mm×1092mm　　1/16　　印张：19.25　　字数：284 千字
版　　次：2023 年 2 月第 1 版
印　　次：2023 年 2 月第 1 次印刷
书　　号：ISBN 978-7-5484-7079-3
定　　价：98.00 元

凡购本社图书发现印装错误，请与本社印制部联系调换。

服务热线：（0451）87900279

前　言

　　目前全球地表的 12% 由喀斯特地貌覆被，面积约为 $1.8 \times 10^7 \text{ km}^2$，从赤道到两极，从大陆到岛屿，都有喀斯特地貌的广泛发育。我国喀斯特面积为 $3.44 \times 10^6 \text{ km}^2$，约占国土总面积的 1/3，为世界瞩目，其中 26.34% 出露地表，集中于以贵州省为中心的中国南方喀斯特地区，为全球三个岩溶集中分布区之一。喀斯特地区的成土过程缓慢，且地层厚度较浅，由于降水的集中，以及人类活动尤其是传统刀耕火种农业活动的影响，易导致原有植被毁坏，水土流失严重，形成了石漠化（Xiong et al., Li et al., 杨明德）。石漠化的扩展趋势一旦得不到有效遏制，将严重威胁着喀斯特地区的可持续发展，甚至危及长江流域、珠江流域地区的生态安全（袁道先，卢耀如，蒋忠诚，蔡运龙，张英骏等）。中国南方喀斯特区共有 402 个脱贫县，占中西部 22 个省（区市）48.32%，是巩固脱贫攻坚主战场。总之，该区域的社会、经济、生态环境等的健康发展，能促进喀斯特区巩固脱贫攻坚和石漠化治理成果，并与乡村振兴有效衔接。

　　为了有效解决喀斯特地区严峻的石漠化问题，中国政府做出系列决策部署。1990 年，国务院发布《长江流域综合利用规划简要报告》，正式启动了包括石漠化区治理的综合规划；1993 年，国务院印发《珠江流域综合利用规划纲要》，提出解决石漠化水土流失防治问题的可行路径；1999 年，在西部地区率先实施"退耕还林（草）工程"，有效遏制了西南地区石漠化加速增长趋势；2008 年，《岩溶地区石漠化综合治理规划大纲（2006 —2015 年）》的发布，标志着我国正式开启石漠化整治专项工程，从政策层面强化石漠化防治，促进喀斯特生态脆弱区环境修复；2014 年，启动了新一轮"退耕还林（草）工程"，喀斯特地区生态恶化趋势得到进一步缓解；2015 年，在《全国生态功能区划（修编版）》中，西南喀斯特地区被规划为土地保持生态功能区，强调发挥其在生态环境中稳定器和调控器的作用；2021 年，国务院办公厅印发《关于科学绿化的指导意见》，推动西南地区山地水土流失与石漠化整治，致力于改善林木品质，形成持续、高效、多样化的林地与树木生态化系统管理，筑牢生态屏障。

此外，作为中国南方喀斯特中心区域，贵州省主动作为，因地制宜推动石漠化综合治理。2000 年，开展全省石漠化遥感调查分析工作，掌握石漠化基本底数；2003 年，编制《贵州、广西、云南三省区喀斯特地区石漠化治理工程项目建议书》，为推动岩溶区域石漠化整治，积极构筑长江流域沿线经济带的生态屏障，促进滇桂黔等区域集中连片特困地区的脱贫致富；2003 年，召开石漠化治理与可持续发展专家咨询会，与会专家对石漠化治理提出了诸多宝贵的意见与建议；2005 年，"喀斯特生态环境治理技术与示范"成果顺利通过科技部的验收，标志着石漠化试点治理工程的全面开启；2008 年，贵州省颁布《关于加快推进石漠化综合防治工作的意见》，吹响了石漠化综合治理攻坚战的号角；2009 年，贵州省印发《岩溶地区石漠化综合治理试点工程项目管理办法（试行）的通知》，为石漠化治理提供了指导意见。

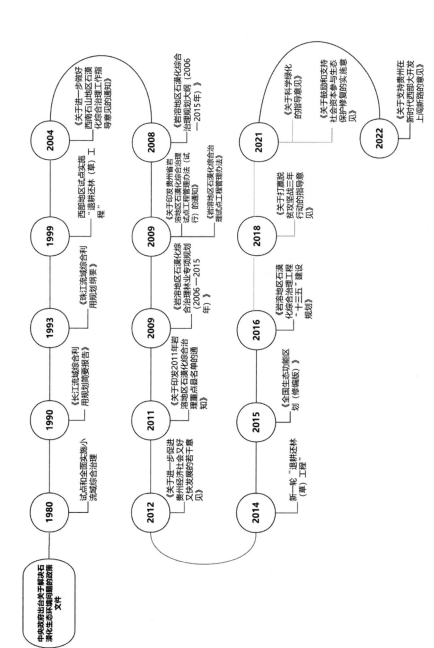

图 0-1 石漠化生态环境治理政策演进

中央政府出台关于解决石漠化生态环境问题的政策文件

1980 试点和全面实施小流域综合治理

1990 《长江流域综合利用规划简要报告》

1993 《珠江流域综合利用规划纲要》

1999 西部地区试点实施"退耕还林（草）工程"

2004 《关于进一步做好西南石山地区石漠化综合治理工作指导意见的通知》

2008 《岩溶地区石漠化综合治理规划大纲（2006—2015年）》

2009 《关于印发贵州省岩溶地区石漠化综合治理工程管理暂行办法（试行）的通知》岩溶地区石漠化综合治理工程管理办法

2009 《岩溶地区石漠化综合治理林业专项规划（2006—2015年）》

2011 《关于印发2011年岩溶地区石漠化综合治理重点县名单的通知》

2012 《关于进一步促进贵州经济社会又好又快发展的若干意见》

2014 新一轮"退耕还林（草）工程"

2015 《全国生态功能区划（修编版）》

2016 《岩溶地区石漠化综合治理工程"十三五"建设规划》

2018 《关于打赢脱贫攻坚战三年行动的指导意见》

2021 《关于科学绿化的指导意见》《关于鼓励和支持社会资本参与生态保护修复的实施意见》

2022 《关于支持贵州在新时代西部大开发上闯新路的意见》

石漠化治理的目的是实现喀斯特地区人地和谐，而生态产业恰能将生态环境治理与提高人类福祉有机结合。通过长期论证与实践而总结出的生态产业治理石漠化可行方案，无疑是修复石漠化脆弱生态与发展区域经济的共赢方式。石漠化治理生态产业长久健康发展，有利于石漠化地区脱贫人口稳定增收和喀斯特生态环境持续向好发展，是推动石漠化治理与乡村振兴有效衔接的重要保障，是群众致富、产业发展、生态环境治理的重要媒介和途径，有利于保障区域经济的稳定增长。

生态产品流通的高效畅通是石漠化治理生态产业发展的重要一环。通畅高效的生态产品流通模式是农村区域发展的新动力，若生态产品流通不畅，即产品滞销，不仅削减农户收入，也降低农户的生产积极性，并且影响到石漠化治理生态产业的示范推广，最终影响到喀斯特脆弱生态环境的稳定和恢复。总的来看，开展石漠化治理生态产品流通模式的研究，并探讨在流通环节促进生态产品价值的提升，已成为石漠化综合治理全链条设计中急需解决的现实问题与科学问题。

选题背景：

一是中共中央、国务院对农产品流通的持续重视。2022年"中央一号"文件是改革开放以来第24个、也是21世纪以来的第19个（2004—2022年）关于"三农"的"中央一号"文件。可见，未来一段时间仍需关注市场流通效率，切实保障农产品供给的均衡与稳定。

二是乡村振兴战略重点聚焦农产品流通中的突出问题。2018年印发的《国家乡村振兴战略规划（2018—2022年）》指出，要着重破解当前农产品流通中的突出短板，建立现代化农产品冷链仓储流通体系，建设现代农业营销服务的销售平台，进一步开展电商进驻农村综合示范，加速推动农产品流通现代化。当前，我国经济发展的空间与水平不均衡、程度不充分问题在广大农村地区尤为显著，重点体现在农产品流通环节，供大于求与供应不足的矛盾共存，以及农户应对生产力发展与市场变化的经验欠缺。总的来说，研究解决农业流通领域中产品卖难问题是保障乡村振兴的先决条件。

三是进一步发展脱贫地区农产品流通渠道和效率，巩固拓展脱贫攻坚成果。2019 年，国务院办公厅印发《关于深入开展消费扶贫助力打赢脱贫攻坚战的指导意见》。文件提出，坚持精准帮扶的工作方略，围绕推动脱贫人口和脱贫地区长远发展的目标，坚持政策引领、社会参与、市场运作、技术创新，着力调动全社会投入消费帮扶工作的积极性，拓展脱贫地区特色农产品流通渠道，提高脱贫地区特色农产品的供给技术和品质，促进休闲旅游农业发展和乡村度假发展。意见的实施，从产品生产、流通、消费等环节打通遏制农户与居民消费的痛点、难点和堵点，促进脱贫地区商品和公共服务全面融入全球市场贸易体系，为助力巩固脱贫攻坚成果、深入落实乡村振兴战略做出积极贡献。

四是先行先做开展生态产品价值实现工作，为全国推广提供经验与借鉴。2017 年，国务院颁布了《关于完善主体功能区战略和制度的若干意见》，文件指出，充分发挥贵州省的生态环境资源优势、绿色发展良好基础和区位条件，把贵州省作为生态产品价格实现机制先行区域。贵州省围绕主体功能区建设任务，制定"多彩贵州公园省"总体目标，科学合理核算生态产品价格，培育生态产品市场交易主体，创新生态产品市场运营方式，探索构建生态产品交易方式。与此同时，贵州省以此为契机，积极开展生态产品价格形成体系改革试点工作，科学有效挖掘喀斯特地区生态价值，建立经济社会发展与生态环境保护相协调的耦合机制，尤其是推进石漠化治理生态产品的工作实践。

五是贯彻落实习近平生态文明思想，建立健全生态产品价值实现机制。2021 年，中共中央、国务院办公厅印发的《关于建立健全生态产品价值实现机制的意见》中，为推进生态产品价值提升提供了政策保障。提倡创建特征鲜明的生态产品区域公共品牌，把各种生态产品列入名牌范畴，强化名牌培养与维护，提高生态产品溢价。对实施生态保护等措施的经济社会市场主体，在保证生态建设效果和法律法规前提条件下，也可以使用一定比例的土地，通过发展生态农业、经营生态旅游获得利益。提倡采取农户入股分红模式，保护参与生态产业经营活动的农户权益。对进行生态产品价格实现制度探索的地区，国家鼓励并通过各种措施，对相应地区进一步加大交通运输、能源等重要基础设施投入，增强基本公共服务设施的保障力度。

六是中国南方喀斯特区石漠化防治阶段的内在需求。贵州省作为我国南方喀斯特的中心区域，石漠化地区和脱贫村分布面最广。因此，石漠化治理和区域性贫困解决的双重任务，受到党和国家的高度重视（熊康宁）。1996 年以来，贵州省相继实施了国家科技支撑（攻关）计划，如"典型喀斯特石山脆弱生态环境治理与可持续发展示范研究""贵州清镇市喀斯特生态经济技术开发与示范""喀斯特高原生态综合治理技术与示范""喀斯特高原退化生态系统综合整治技术与模式""喀斯特高原峡谷石漠化综合治理技术与示范"等课题。开展了关于石漠化成因及防控措施、石漠化等级科学界定及分级方法、石漠化综合防治工程技术体系等科研工作，并取得了石漠化治理工程模式及生态产业技术体系等科技成果。作为"产—学—研"的重要组成部分，石漠化治理生态产业、生态产品应运而生，并随着研究深入、投入力度增加与示范范围拓展，使得花椒、金银花、火龙果、石榴、刺梨、黄金梨、枇杷等石漠化治理种植业，以及关岭牛、半细毛羊、狮头鹅、走地鸡等石漠化治理养殖业，还有喀斯特生态旅游业，在规模化、产业化与市场化等方面持续扩大，与石漠化未治理之前的玉米、土豆等传统产业相比，生态产品的经济价值、生态价值与社会价值都具有优势地位。

但仍不能忽视生态产品流通环节中农户组织程度低、市场主体分散、经营成本高昂、小农户和大市场之间未能有效对接，以及从事生态产品经营管理的人员普遍业务素质较低，对市场信息反映的敏锐程度也较低，农户风险回避的手段和市场讨价还价的力量比较欠缺等问题，其有悖于中国南方喀斯特区域石漠化治理本意。因此，在石漠化区域开展生态产品市场流通模式研究，充分实现石漠化治理生态产品价值，并在流通环节提出生态产品价值增值技术与策略，有助于喀斯特地区巩固石漠化治理成果和脱贫攻坚成果，并实现乡村振兴。

2020 年以来，受各种因素影响，国内经济增速放缓，农产品产销适配调节难度更大，农产品区域性"难卖"问题频发，导致农产品增产不增收。农产品的滞销，不仅严重影响了农户收入的增加，也挫伤了农户的生产积极性，以及制约农产品流通企业的生存和增加城镇居民的消费成本。因此，加快农产品流通体系和营销渠道建设，以增强应对新时期国内国际社会经济环境变化的韧性，维护广大农户合理权益。

石漠化治理生态产品作为生态优先、绿色发展重要组成部分，与民众生活密切相关，对于促进农村生态文明建设、保证城市居民的基本生存需要、推动经济社会发展与全面绿色转型具有重要意义。生态产品的生产流通领域因种种原因，规模与效率始终没有明显的增长，无法适应广大人民群众的消费需求。流通环节多、成本高、耗损大和效益低问题依然突出，生态产品"卖难买贵"问题难以克服，已经成为制约生态产品高效流通的关键问题，因而生态产品流通体系建设的任务越来越紧迫。虽然，《关于建立健全生态产品价值实现机制的意见》等相关政策出台取得了一定的成效，但在生态产品流通体系（核算标准、生态容量的占补平衡、生态产品市场交易等）方面仍缺乏必要的政策支持。同时，学术界目前主要聚焦于生态产品调查监测、价值评价、经营开发、保护补偿、价值实现保障与推进机制，而在生态产品流通基础理论方面研究甚少。

生态产品作为石漠化治理生态产业的成果体现和重要组成部分，其市场流通的高效和产品价值的提高，将极大影响石漠化生态产业治理模式的稳定性和可持续性。所以，本研究立足于石漠化地区生态产品小农户与大市场如何有效对接的实际，选择中国南方喀斯特区典型石漠化治理示范区毕节撒拉溪、贞丰—关岭花江和施秉喀斯特作为研究区，以石漠化治理生态产品（刺梨、火龙果、黄金梨）为研究对象，通过 Multinomial Logit 模型、Rubinstein 议价博弈模型等研究方法，基于农户视角，从交易费用、社会资本和权益理论对生态产品流通模式进行实证研究，阐明影响生态产品流通的因素与作用机理，揭示不同石漠化治理生态产品流通模式及其运行机制，构建适宜不同石漠化治理区域的生态产品创新流通模式。本研究旨在加快石漠化治理生态产品流通体系建设，实现产销环节的有效衔接，保障农户收入的稳步增长，进一步推动喀斯特地区农业现代化的进程。

研究的理论意义：通过分析总结喀斯特地区石漠化治理生态产品流通模式和生态产品价值的发展情况，基于多学科理论与方法，揭示石漠化治理生态产品流通机理，阐明生态产品流通机制，构建基于价值链理论的生态产品流通模式，研发生态产品价值增值技术，为石漠化治理同阶段地区开展生态产品流通相关研究提供理论参考。理论意义具体如下：①为生态产品市场流通影响因素和作用机理相关研究提供理论参考。本研究揭示喀斯特地区石漠化治理生态产业、产品现状，总结归纳生态产品流通的影响因素，构建函数模型用以分析影响因素对生态产品流通的作用强度和作用机理，为后续研究石漠化地区生态产品市场流通影响因素和作用机理提供理论借鉴。②给予石漠化地区生态产品流通模式与运行机制的经验借鉴。在入户调查与座谈访谈基础上，参考前人研究成果，归纳总结6种石漠化治理生态产品流通模式，并剖析6种流通模式的运行机制，为其他石漠化地区研究总结生态产品流通模式与运行机制提供理论基础。③构建不同等级石漠化地区生态产品流通模式。在分析传统供应链管理的生态产品流通模式基础上，基于价值链理念以合作社、大型商超与龙头企业为链主，构建不同等级石漠化地区生态产品流通模式，验证价值链管理下生态产品流通模式的先进性，并利用函数对比分析二者的流通效率，为其他石漠化治理生态产品流通模式构建提供经验总结和理论指导。④丰富多学科融合发展的实践案例。以人文地理学、生态学、流通经济学等学科的人地关系理论、交易成本理论、Amartya sen 的可行能力理论、社会资本理论为依托，打破学科间的壁垒，搭建多学科融合平台，开展喀斯特区域的石漠化治理生态产品市场流通综合研究。⑤补充生态产品在流通环节价值提升技术和策略短板。对石漠化治理生态产品价值提升关键技术和策略短板进行分析，从流通环节中的分拣分级、保险、运输、品牌建设、大数据营销和个性化定制等方面，研发和提出5种生态产品价值提升关键技术与策略，研究成果可为其他喀斯特地区石漠化治理生态产品价值提升提供技术参考和经验总结。

　　研究的现实意义：生态产业是石漠化治理工程中的着力点、重要内容与组成部分，而生态产品作为生态产业的主要产出，在交易市场上能否高效流通，产品价值提升技术与策略是否有效应用，制约着石漠化生态产业治理模式稳定性与持续性，影响着石漠化地区社会经济发展以及顺利实现巩固拓展产业脱贫成果和与乡村振兴有效衔接。因此，研究喀斯特石漠化治理生态产品流通模式与价值提升关键技术具有重要的现实意义。具体表现为：①推动石漠化地区社会经济与环境的可持续发展。通过提高生态产品流通效率，增强其与喀斯特地区其他同质产品市场竞争力，增加石漠化治理长期践行者（农户）的收入，缓解石漠化地区人地矛盾。②促进生态产品市场的均衡发展。石漠化地区二元结构和耕地细碎化，导致农户生产经营规模狭小且分散，对生态产品市场的主导能力较弱，流通效率较低。因而，农户经常根据上一年产品的价格和收益情况来决定当年的种养情况，造成生态产品销售的季节性、结构性的过剩，从而产生农户的增产不增收的问题。开展生态产品流通领域的研究，有助于农户对市场价格的把控与市场风险的抵御，在市场交易主体竞争中保障自身权益，从而推动石漠化治理生态产品市场的均衡发展。③实现巩固拓展产业脱贫成果和与乡村振兴有效衔接。在脱贫攻坚期发展的生态产品脱贫产业，由于石漠化地区生态产品的流通模式还比较落后，产品价值未能充分开发，生态产业助力农户增收的效果不甚明显，为确保过渡期坚决守住不发生规模性返贫的底线，开展生态产品流通模式优化研究，提出生态产品在流通环节价值提升技术与策略，实现石漠化地区巩固产业脱贫攻坚成果和与乡村振兴有效衔接。④为同期石漠化治理阶段的地区开展生态产品市场流通工作提供借鉴。本研究建立了 3 种石漠化地区不同退化程度下的生态产品市场流通模式和 5 种价值提升关键技术与策略，对于中国南方喀斯特的同期石漠化治理地区而言，在结合本地区环境因素进行调整的基础上，可以快速推进生态产品市场流通相关工作，节约时间成本和先验环节，提升整个中国南方喀斯特区石漠化综合治理的成效。

目　录

第一章　研究现状

　　喀斯特地貌作为五大造型地貌形态之一，经历漫长时期的地质变迁与演化塑造，形成壮美雄奇、形态复杂的自然景观，其中，石林、荔波、武隆、桂林、施秉、金佛山、环江等喀斯特进入了世界自然遗产名录。喀斯特地貌自然生境对于地球生态系统平衡稳定，维续人类赖以生存与发展的地理环境具有难以取代的重要意义（李林立等）。但随着人类不合理地利用，使得部分喀斯特区域发生不同程度石漠化的土地退化现象（熊康宁等）。贵州省作为我国最典型的喀斯特地区，1955—2005 年石漠化面积占其喀斯特区域国土面积比始终保持在 35% 左右（白晓永）。长期以来，在脆弱自然环境背景和不合理的人类社会活动双重影响下，形成了以地表植被严重毁坏、土壤有机质流失、基岩大面积暴露为主要特征的石漠化问题，并成为武陵山区、乌蒙山区、滇桂黔石漠化地区等三大集中连片脱贫地区社会经济发展滞后的重要根源，严重威胁长江、珠江流域的生态安全（张信宝）。

　　1978 年以来，各级政府把石漠化治理与区域经济社会发展紧密地结合起来，开始进行石漠化治理尝试。进入 21 世纪，随着环境意识日益提高，石漠化综合治理投入力度逐年加大，治理效果越来越显著。因此石漠化问题的趋势不但有所遏制，而且在 2004 年出现了拐点（白晓永）。2018年 12 月，国家林业和草原局公布的岩溶地区第三期石漠化监测数据表明，贵州省石漠化面积下降到 22.64%（中国·岩溶地区石漠化状况公报）。

经检索梳理生态脆弱区生态产品市场流通和生态产品价值实现 / 提升相关研究的文献，目前，大部分学者重点关注生态产品概念内涵、生态产品价值实现和生态产品价值核算指标体系，对基础理论研究、科技开发、技术示范、模拟与评估等内容均有涉及。然而，上述研究多集中于青藏高原和黄土高原等地区，而在我国南方喀斯特区域研究成果相对单薄，存在一定学术空白。喀斯特地区作为中国三个生态脆弱区之一，因其特有的二元结构特征，导致脆弱生态环境分布广泛、敏感性强（熊康宁等，Chi et al.），并且特殊的地貌类型决定其生态产业布局以及生态产品市场流通存在特殊性、异质性，因此有着重要研究价值和意义。

第一节　生态产品流通与价值提升

一、生态产品概念内涵与外延

"生态产品" 概念经历了知识生产到实践行动的两个阶段。

第一阶段（2010—2016 年），生态产品概念的知识生产阶段。2010 年，随着《全国主体功能区规划》的印发，在国家政策层面首次提出"生态产品"概念，即为保障我国生态安全、进行生态调节和提供优越环境条件的重要物质，包括新鲜空气、洁净水源和适宜气候。生态产品的主要功能体现在：吸收二氧化碳、制氧、保水、净水、防风固沙、调节气候、净化空气、降噪、吸尘、保护生物多样性和减轻自然灾害。可见，生态产品是人类生存与发展所需要的重要产品与公共服务。生态产品与农产品、工业品和服务并列成为人类生活所必需的、可消费的产品（李宏伟，薄凡，崔莉）。2012 年，党的十八大报告进一步提出，加强自然系统服务功能和质量，进一步提升生态产品供给能力。2015 年，国家"十三五"规划纲要提出"为人民创造更多优质生态产品"的要求。2016 年，《全国生态保护

"十三五"规划纲要》进一步明确城市、风景名胜区等特定区域的生态产品内涵。总的来看，生态产品已经成为我国生态文明建设关注的重点，由此推动生态产品的概念进一步清晰明确。

表1-1 我国政府出台政策文件中有关生态产品的概念与行动回顾

年度	文件名称	文件内容	重要意义
2010年	全国主体功能区规划	生态功能区提供环境服务的任务，主要表现在：吸附二氧化碳、制氧、保水、净化水、抗风固沙、调控天气、净化空气、减少噪声、吸收飞尘、维持生物多样性和减少自然灾害等	"生态产品"的定义首次在政府政策文件中明确提出，并强调生态产品为生态系统提供生态调节的能力
2012年	中国共产党十八大报告	提高生态产品生产能力	指出时下生态产品不能满足广大人民的需求
2015年	国民经济和社会发展第十三个五年规划	提出给民众带来更多高品质的生态产品	提高生态产品生产能力和品质保障
2016年	全国生态保护"十三五"规划纲要	提出增加生态建设商品供应，丰富生态建设商品，优化生态建设公共服务配置，提高生态建设服务供给能力。加强城市生态环境保护，促进都市森林生态功用与空间结构格局的进一步优化，增强都市森林生态公共服务能力。加强风景区、森林公园、湿地公园等保护，合理发展公众休憩、游览、山林生态保健等服务设施与商品，积极推进绿道、郊野主题公园等都市森林生态基础设施建设	生态产品的具体内涵进一步明确
	国务院办公厅关于健全生态保护补偿机制的意见	研究构建生态化商品市场交易制度，健全生态化商品价格管理机制，使保护者在生态化商品贸易中获益	定义了生态补偿和市场交易两种主要的生态产品供给方式
	国家生态文明试验区（福建）实施方案	生态产品价值实现试点包括开展生态产品市场化改革，建设我国重要的资源环境生态产品综合交易市场，加强生态产品提供能力评价	明确了生态产品价值实现的试点探索要在全国主要生态文明试验区域进行
2017年	中国共产党十九大报告	将提供更多优质的生态产品，满足人民群众日益增长的对优美生态环境的需求	明确了国家尺度下生态产品的供给目标

续表

年度	文件名称	文件内容	重要意义
2018年	国家主席习近平在深入推动长江经济带发展座谈会上的讲话	在有条件的地方进行生态产品价值实现制度试验，研究由民营企业以及社会各界积极参与、市场化运营、地方政府指导下的可持续的生态产品价值实现途径	确定了生态产业价值实现途径的走向与具体需求
2019年	关于支持浙江丽水开展生态产品价值实现机制试点的意见	坚持"绿水青山便是金山银山"的宗旨，着力探寻生态建设产品价值实现路径，推动建立绿色的生态建设发展方式和人类生存方式	提出了实现生态产品价值的理念，启动地级市探索专项实践
2021年	关于建立健全生态产品价值实现机制的意见	着力推动地方政府倡导、民营企业和社会各界积极参与、自由市场运作、可持续的生态产品价值实现途径	推动构建生态产业价格实现制度

第二阶段（2016年至今），生态产品的实践行动。2016年印发《国家生态文明试验区（福建）实施方案》，启动了生态产品价值实现的试点工作。2017年国务院印发《关于完善主体功能区战略和制度的若干意见》，国家将贵州、浙江、江西、青海4个省份，列为首批开展生态产品价值实现机制试点省。2018年召开长江流域沿线经济带的政府间联动会议，积极探索推进"绿水青山"向"金山银山"转换的新途径，并倡议选取条件适宜的县域实施生态产品价值实现试点。2019年，浙江省启动丽水市生态产品价值实现制度试点工作，同时启动实施生态产品价值实现专项课题研究，生态产品价值实现制度从政府举措开始向全面实施发展。生态产品价值实现制度从理论研究到实施的大致演进脉络，详见表1-1。

生态产品的定义也因为我国政府倡导与政策实施而带有鲜明的中国特征，其本质同国外所重视的生态系统服务的概念相似。与发展中国家比较而言，后工业化国家更早遭遇了社会经济与生态环境的矛盾冲突，也更早意识到生态系统对于社会发展的重要意义。

1970年以来，学者们从不同的角度丰富生态系统服务（Ecosystems Services）内涵。Daily将生态系统服务概念界定为直接或间接地提高人们福祉的生态格局、功能或过程，即人们能够从生态环境中获得所需的权益。这也是目前西方学者最广为接受的生态系统服务定义。而另一位知名学者

Costanza 将其定义为：为人们所创造的食物、原料等有形物质产品，也包含涵养水源、净化空气、气候调节、审美价值、生态旅游等无形服务。联合国在"Millennium Ecosystem Assessment"中指出，生态系统服务是指人类从自然生态系统获得的收益，包括食物、水、木材与纤维等方面的有形产品，在气候、洪水、疾病等方面的调节服务，在提供消遣、娱乐、美学享受和精神愉悦等方面的文化服务，以及在土壤形成、光合作用、养分循环等方面的支持服务。2012 年，联合国"IPBES"平台从多学科视角深入研究自然生态系统为人们创造的服务领域，并提议用"自然资源对人们的奉献"来代替生态系统服务概念。2017 年，Costanza 等在回溯了 1998—2016 年来学术界对生态系统服务的主要概念，并在分类方法研究的基础上，将生态系统服务内涵拓展为：对人类生存及生活质量有贡献的生态系统产品和生态系统功能（Costanza et al.）。

国内学者们由生态系统服务理论研究开始，随着理论和实践研究的全面深入，逐步构建起适合中国语境下的学术话语体系，即生态产品的研究。2010 年以来，随着"生态产品"政策文件的出台，自上而下推动"生态产品"的使用和知识生产（赵海兰），并渐次开展对生态产品概念内涵、核算体系、制度保障、价值实现等方面的深入研究（陈辞，曾贤刚，张林波），随着研究深入逐渐以生态产品取代生态系统服务，增强我国在国际生态产品研究领域的学术话语权。

截至目前，对于生态产品的概念界定、划分框架，以及评价指标体系方面的研究并未达成统一认识（于贵瑞，杨萌）。从以往研究成果来看，可将生态产品定义分为两类，即：一般性概念与具体性概念。生态产品一般性概念是指人们通过消费新鲜空气、洁净饮用水和舒适气候等无形物质产品，以满足人们需要，这一概念似乎与人们的消费活动没有直接关联，且往往带有公共特性。而具体性概念上的生态产品，除上述的生态产品内涵之外，还包含了通过清洁生产方式减少自然资源的消耗，以及生产有机产品、绿色产品、无公害产品等有形生态产品，凸显了生态产品"自然环境友善"的特点。

本研究在借鉴前人研究成果基础上，结合石漠化治理生态产品的实际，将生态产品界定为：兼顾环境友好和满足人类福祉而提供的生态服务，以可持续的生产方式生产的可供人们直接使用的生态物质产品与生态服务产品（见图1-1）。该定义综合吸收国内外政府机构、学界对生态产品概念的定义、服务内容和地方实践。其中，生态物质产品主要包括直接提供的农畜产品、洁净饮用水、可再生能源等物质供应。生态服务产品包含吸收二氧化碳、涵养水源、抗风固沙、调控天气等非物质的调节服务，旅游观光、娱乐、传统文化游览服务等精神服务，以及在直接提供物质产品和石漠化、盐碱化、荒漠化等环境治理同时间接提供的衍生产品。生态产品既可来源于原有的自然生态环境，也可来自经过人类活动治理后，恢复健康的生态系统所提供的服务。

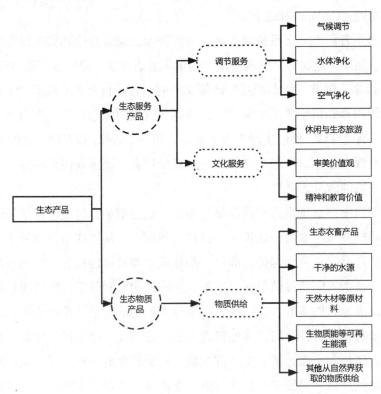

图1-1　生态产品概念的重新定义

二、生态产品流通概念内涵与外延

流通（Marketing）意为产品从生产者向消费者传递的过程中所产生的活动及服务，包含运输及分配的过程，产品在参与流通后通常又称之为商品（宿景昌）。在这个过程中，个体通过与别人交换产品满足各自的需求与欲望（Kotler，Armstrong）。销售与流通的概念常令人混淆，比较两种概念，"销售"采取的是由内而外的观点，开始于生产者，着力于生产者现存的产品，通过密集的推销以获得利润。而"流通"则采取由外向内的观点，它开始于一个"定义正确的市场"，着重顾客的需求，协调所有的流通活动来满足顾客（Kotler，Armstrong）。流通也被人称为"营销"或"市场营销"，日本称之为"流通"，不论中文、日文如何称呼，英文都称为Marketing。

流通作为商品一个交易要素，是由社会化大生产决定的。流通在市场经济领域中概况为物质流，不包含货币、资本和服务转换为产品的流通，而仅表示经济学、管理学领域内的物质流转，所以产品流通代表有形产品由生产者转移到消费者的空间位移（夏春玉）。可见，商品流通与市场经济有着天然的亲缘关系，在社会化大生产中，通过产品与货币的形态互换实现产品流通（王雪峰，马龙龙）。

因为商品流通与市场密不可分，地理学者Christaller和Losch提出中心地、商业中心与零售业布局的理论。1954年，地理学者Scholler将流通概念引入地理学，研究流通区域（Marketing area）包括集货圈和散货圈（Morgan and Berry）。

生态产品流通则由流通概念演绎而来，表示生产者将所生产的生态产品，在规定时间内从产地运输到消费地，把生态产品送到消费者手中的一种商业行为。在流通过程中，生态产品发生集中和分散等过程，同时伴随着时间、空间及所有权的转移（宿景昌）。通常，在生态产品流通过程中，涉及多个市场交易主体（赵娴）。

生态产品流通模式包括三个要素：参与主体、组织形式和流通模式。

生态产品在进入市场流通中，除了生产者自身外，通常需要通过其他市场主体实现生态产品从生产端向消费端转移，由"流通中间商"完成所需的转运过程。一般由经纪人、批发商、合作社、大型商超、龙头企业等"流通中间商"承担生态产品转运过程。生态产品流通的组织形式是指组织生态产品流通的环节，包括购、销、运、存、储、包装和加工等环节。生态产品流通因参与主体不同、流通组织形式不同构成了不同的流通模式，所以生态产品可以通过排列组合，从而产生不同的流通方案。同时，不同流通主体从自身利益出发，会选择不同的流通模式参与生态产品的流通过程，即流通主体将面临多种流通模式的选择，选择哪一种取决于流通主体选择的标准和依据。

为了在不同流通主体之间厘清一条主线，本研究仅探讨农户在面对不同生态产品流通模式时，所做出的选择及影响因素，并不探讨其他交易主体的流通模式选择问题。遵循经济地理学研究常用的"删繁就简"的建构范式（王晓东，张昊），把农户所选择的生态产品流通模式定义为：从农户权益出发，通过市场化的流通渠道实现生态产品的生产销售。所以，本研究重点着眼于与农户进行生态产品交易的流通主体，及农户与生态产品流通主体之间的流通模式、影响机理与作用机制。

三、生态产品流通与价值提升

从地理学视角看，生态产品流通即生态产品的物权在市场交易主体间的传递所产生的空间流动（高鸿）。生态产品流通狭义定义，是指从生产、销售、运输、加工、包装、储存、配送到消费的整个生态产品流转过程（李玉蓉，王林）。而生态产品流通广义定义，并不仅仅是一个单独的产品物流循环，而是一种以现代系统理念为引导，把商流、物流、信息流和生产、库存、搬运、包装等环节紧密结合在一起的整体供应链体系，并以现代物联网、数字化与绿色流通为基础（张小雁）。

生态产品价值提升，即所谓增值，是通过提升生态产品附加值和竞争力，实现增加利益和降低成本，以获得更多剩余价值的技术与策略（朱万江，陈悠,王亮)。生态产品的价值提升,一方面需要生产者、流通中间商在生产、运输、营销等各个环节有降低成本的意愿,另一方面需要在生产环节和流通环节进行技术与策略的革新。

生态产品流通在本质上是一条价值增值链。生态产品通过在各市场交易主体间的价值传递实现增值,为所有相关流通主体带来利润,反过来促进这种流通模式效率的提升。

综上可知,生态产品流通与价值提升的关系是相互耦合、协同共进。生态产品从生产至销售的流通体系,以生产、加工、储存、运输等技术创新为基础,以保障生态产品质量为前提,为消费者提供优质、环境友好的产品。在此期间,流通为价值提升提供平台,而价值提升为流通的稳定和效率提升提供保障。生态产品价值提升贯穿于生态产品流通的每个环节,一方面要注重生态产业在生产过程中的适度经营、规范种植,提供绿色健康的生态产品;另一方面,在生态产品流通过程中,应通过技术创新与策略运用,在保证生态产品的价值实现的基础上,合理规划和完善仓储基础设施建设,减少生态产品的价值损失。因此,在流通中实现生态产品价值增值,不仅能提高生态产品的流通效率和生产者的经济效益,而且有助于扭转传统生态产品流通中的易损耗、低收益的现象。

第二节　石漠化治理生态产品流通与价值提升

石漠化治理生态产业是喀斯特地区可持续发展的切入点。石漠化治理旨在修复生态环境、发展当地经济,而延续农户传统的生产方式(毁林开荒、过度开垦放牧等)与生活方式(樵采薪材、乱砍乱伐等),不利于喀斯特地区人地矛盾舒缓,石漠化问题不能够有效逆转。鉴于此,石漠化治理生态产业应运而生。它将传统农业生产中有益经验,与乡村社会经济发展和石漠化生态治理、土地资源的合理利用有机结合。因此,是农户友好、生态合理、多功能良性循环的典型生态产业系统,符合可持续的生态产业发展模式，既能改善生态环境，遏制石漠化加剧，又能发展经济。

　　贵州省作为我国南方喀斯特中心区域，同时又是全国石漠化综合治理的攻坚区域，通过三十余年石漠化综合治理，探索出适合石漠化地区生态环境修复和经济社会发展的生态农业（生态种植业、生态养殖业）、生态林业、生态旅游业等石漠化治理生态产业。通过推广可复制、可推广、可增收的生态产业与石漠化治理模式，引导当地的农户进行产业结构调整，实现石漠化治理与农户增收的共赢。不但促进了喀斯特生态建设，又有利于推进当地产业规模化与市场化发展，还可以实现农户增收脱贫。

　　石漠化治理生态产品，顾名思义是生态产业治理石漠化的阶段性成果。生态产业及产品本身蕴含着有助于治理石漠化且能兼顾社会经济发展的重要意义，是修复喀斯特脆弱生态系统的环境友好型、社会经济促进型产品。而有机产品、绿色产品、无公害产品、地理标志产品等，指的是产品生产标准和品牌。故二者的"产品"内涵不同，前者可以兼顾后者。生态产品的生产过程，未限制使用化学肥料、农药、饲料和食品添加剂等。农户作为经营主体，可根据市场反馈和经济效益，自行选择生产石漠化治理生态产品的生产标准和品牌归属。

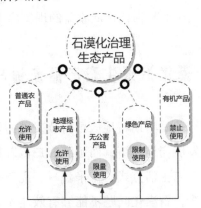

图1-2　石漠化治理生态产品与有机产品、绿色产品、无公害产品、
地理标志产品概念辨析

目前，石漠化治理生态产业、产品，包含生态农业产业——生态农产品（牛、羊、鸡、鹅等）、中药材（太子参、山豆根、草珊瑚等）；生态林业产业——生态林产品（花椒、核桃、构树、李子、黄金梨等）；生态旅游产业（山地旅游、洞穴旅游、水上漂流、红色旅游）等。

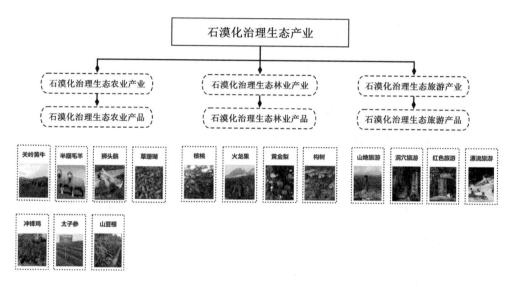

图1-3 喀斯特地区石漠化治理生态产品类型与代表物

一、石漠化治理生态产品流通特点

（一）批发市场发展日益完善与基础条件仍相对薄弱并存

以中国南方喀斯特区典型代表贵州省为例，根据2018年贵州省统计局发布的贵州省第三次农业普查结果，全省1517个乡镇（街道）有批发市场，较第二次增加1022个。其中，26.89%（408个）为综合市场，43.64%（662个）以粮油、蔬菜、水果为主，25.09%（380个）以畜禽为主，4.38%（66个）以水产为主。75.55%（1146个）乡镇（街道）表现出以一级批发市场为主，24.45%（371个）乡镇（街道）表现出以二级批发市场为补充。

从普查结果可知，虽然贵州省批发市场取得长足发展，但仍然存在短板，主要表现在：一是批发市场体系建设启动较晚，政府投入建设力度仍不能覆盖所有乡镇，批发市场在乡镇上的布局并不均衡，导致部分乡镇存在空白。二是批发市场管理水平仍有较大提升空间，数字化交易市场的管理平台投入不够，批发市场的管理人员业务能力不强，服务水平低下。

（二）基础设施日趋完善，但设施水平相对滞后

截至 2021 年，贵州省拥有 9 个农业部定点交易市场，建设有农产品贮藏保鲜和分级加工、产品质量监测与信息采集发布、交易安全电子监视系统和电子商务统一核算体系等基础设施。建成 22 个冷库，其中大型冷库（1 万吨）7 个，超大型冷库（10 万吨及以上）1 个，总库容约 120 万吨，购置冷藏车 1000 余辆。

但是，设施水平仍存在短板，具体体现在以下方面：一是生态产品的仓储设施功能单一、数量不足。调查发现，现有的恒温储藏和保鲜储藏设施不能满足不同种类生鲜生态产品的储藏需求，同时仓储建设数量未能覆盖所有批发市场。其次，生态产品运输能力不足，在相当程度上影响了生态产品的出货，导致部分生态产品滞销。三是交易信息服务平台发展缓慢，缺乏连接政府、市场、客户和生产者的网络，信息资源无法共享，导致信息服务缺失和信息失真，信息服务质量较低。

（三）流通主体逐渐多元化，但流通主体培育不足

随着农业产业化的持续深入，流通中间商队伍规模日益扩大。贵州省龙头企业数量逐步增加，各行政村的合作社的发展步伐也逐渐加速，过去以批发商、经纪人为主导的流通主体单一局面得到改善，流通主体结构多样化发展构成生态产品流通领域的主要形式。2021 年，贵州省省级以上农业产业化重点龙头企业从 2020 年底的 903 家增加到 1176 家，增长23.2%。全省农业经营单位 6.04 万个，合作社 4.66 万个，经营户 739.54 万户，农业生产从业人员 1153.15 万人。

但与此同时，仍不可忽视流通主体培育不足的问题，主要体现在以下三个方面：一是生态产品流通龙头企业数量还比较少，辐射带动农户数量有限。二是生态产品流通经营组织和机构各行其是，流通资源没有得到充分整合和利用。三是农村流通经纪人文化水平低，缺乏必要的信息传播以及收集和处理信息的能力。

（四）信息化程度不断提高，但水平仍然薄弱

贵州省 9 个定点市场拥有交易网络系统，包括农业信息系统的基本平台、内部市场局域网、市场综合系统、信息收集与发布体系等。发布市场报价和市场资讯。交易主体使用"贵州云"的系统平台和 APP 平台，能够快速获取市场信息并及时更新报价。通过信息发布平台，为生态农业产销互动创造了一个途径，为经销商和农户提供了便利。

但是目前，9 个定点数字化交易市场远不能满足实际需求，绝大多数批发市场缺乏信息网络支持，产品流通还处于传统、简单的流通状态。同时，现代商品流通模式和市场管理制度的推进仍比较滞后。流通中间商仍是批发商、经纪人等流通主体，现代物流配送和网上交易仍较为落后。

二、石漠化治理生态产品价值提升特点

石漠化治理的生态产品以生鲜农产品为主，具有地域性、季节性与鲜活性的特征，而这三个特征直接影响生态产品的价值。具体表现为：地域性通过区域位置远近和交通条件便捷程度影响生态产品价值；季节性通过生产周期长短、市场供需矛盾影响生态产品价值；鲜活性通过存储条件、保鲜技术与配送时效影响生态产品价值。因此，石漠化治理生态产品价值提升技术与策略也基于上述特征而提出，包括生态产品深加工、品牌建设、大数据营销与个性化定制等方面。

（一）深加工对生态产品价值提升的作用

生态产品深加工是提升生态产品附加值的重要手段。随着消费者对健康和产品外观的诉求越来越高，因此经过有针对性深加工的生态产品更容

易打动消费者。生态产品深加工不仅丰富产品品种，而且突破生鲜产品在物流运输上的限制。

对关岭县的火龙果加工行业开展实地调查后发现，火龙果的"生产＋深加工"产业链已初步形成。火龙果产业链的形成，不仅可以在一定程度缓解滞销问题，还可以把火龙果收益绝大部分留在当地，政府反哺火龙果产业，加快产业发展。经过加工后有效提高产品附加值，带来更大的经济效益。同时拓展关岭火龙果加工产业链条，火龙果加工产业分为"果汁加工""果干加工""果酒加工""药物加工"等。

另外，关岭县的火龙果深加工龙头企业的出现也给果农们提供了新的流通模式。农户大果、中果售卖鲜果，小果出售给龙头企业进行深加工。

（二）保鲜技术对生态产品价值提升作用

生鲜生态农产品冷藏保鲜技术是通过降低温度来控制生态农产品中微生物的生长和酶活性，使生态农产品的呼吸受到抑制，从而延缓生态农产品的变质。这种技术主要包括两种方法：①自然低温贮藏法，这种方法分为地沟贮藏、地窖贮藏等；②人工降温法，此法分为冷库和冰箱储藏。该技术是利用氨压缩机制冷设备及相关辅助设备，达到降温效果，根据不同种类生态产品的特点，适宜的贮藏温度，设置产品温度和湿度。在此基础上还可以调节存储场所中氧气和二氧化碳的含量，以减少生态农产品的呼吸作用，减少损失，延长其保鲜期。

冷藏保鲜技术可以很好地保持生态农产品的风味和新鲜度，最大程度地延长产品价值。而且，这项技术的成本很低。因此，这种保鲜技术多用于喀斯特区域蔬菜等生态农作物的保鲜。例如，施秉县出产的黄金梨采摘后容易腐烂，当地经营主体采取低温冷藏保鲜技术（通常在20—25℃的温度控制区域内恒温期较短，约15—25天；而在0—5℃的温度控制区域内恒温期则较长，约40—50天），在保证新鲜和品质的基础上将黄金梨运送到中国沿海地区和华中市场。此外，在降低温度的前提下，同时采用壳聚糖涂层或二氧化氯抑制剂来延长保存期。

三、石漠化治理生态产品流通与价值提升的耦合关系

流通过程在实质上是一种逐步增值的过程。在石漠化治理生态产品产—销链条中，流通环节占据较大的比例，生态产品主要的价值增值也同样在此阶段完成，可见流通环节是价值提升不可或缺的重要阶段。由于鲜活生态产品占比较大，存在易腐烂、不易保存的特点，在一定程度上制约着生态产品的高效流通，为此，流通中间商致力于延长生态产品货架期，实现产品在空间上的扩展和时间上的延长，促进生态产品的价值提升。同样，生态产品的价值提升对流通环节提出更高要求，在流通过程中，增加深加工、设备设施与新技术等投入使用。综上可知，石漠化治理生态产品流通与价值提升虽然分属不同概念，但二者又有紧密的联系，应通过提升生态产品流通效率促进价值提升，并深度发掘生态产品价值的增值措施反向促进流通模式的优化。

生态产品在流通过程中不但能够实现其自身的价值，更关键的是能够减少生态产品的生产成本和流通成本，从而达到增值。生态产品流通的现代化与产品价值提升技术相辅相成。前者有利于促进生态产品价值增值，主要体现在信息、成本和时间等方面。其中，信息技术是流通的重要保障，依托网络信息平台的电子商务已经成为当前生态产品发展的驱动力。减少流通中间商，降低流通成本，实现价值增值。同理，生态产品的深加工水平和保鲜储运技术日益更新，在促进产品流通效率的提升的同时，能够提高流通效益，不但能够使消费者更为满意，还能够减少生态产品的流通成本，实现生态产品价值增值。

第三节 生态产品流通与价值提升研究进展

一、文献的获取与论证

以中国知网数据库（CNKI）和 Web of Science（WOS）核心数据库为

基础进行文献检索，截止时间为 2022 年 1 月 16 日。在 CNKI 数据库中，以"主题"为检索项，以"生态系统服务"+"生态产业"、"生态产品"+"市场流通"、"生态产品"+"价值提升"、"生态产品"+"价值增值"为检索词进行检索，共获得文献 179 篇，包括期刊论文 117 篇、硕士学位论文 28 篇、博士学位论文 11 篇、会议论文 8 篇、报纸论文 12 篇、图书 1 本、成果 2 篇、年鉴 0 本、专利 1 件、标准 0 部。在 Web of Science 核心数据库中以"theme"为检索项，以"Ecosystem Services or ecological product（eco-product）" + "Ecological industry（eco-industry）"、"Ecosystem Services or ecological product（eco-product）" + "Market circulation"、"Ecosystem Services or ecological product（eco-product）" + "Value realization"、"Ecosystem Services or ecological product(eco-product)" + "Value added" 为检索词进行检索，获得文献 127 篇，包括 Article 121 篇、Review Article 4 篇、Early Access 1 篇、Editorial Material 1 篇、Proceeding Paper 0 篇、Book Chapters 0 篇。最终，通过 CNKI 和 WOS 共计获得文献 306 篇。

（一）文献的年度分布

国外关于生态产业与生态产品的研究始于 1970 年，而我国对其的研究较国外稍晚，约始于 1979 年。通过对图 1-4 分析可知，1970 年—2020 年之间，根据研究内容大致可分为三个阶段。在第一阶段学科萌芽阶段（1970 年—1979 年），文献数量累计不超过 10 篇，且每年的文献数量不超过两篇。第二阶段学科初步形成阶段（1980 年—2002 年），呈上涨趋势且起伏较大。第三阶段学科发展阶段（2003 年—2020 年），呈现快速增长趋势，年度文献平均在 7 篇以上，研究内容的广度与深度均有发展。

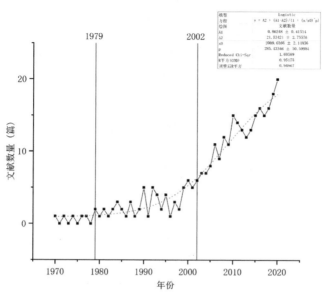

图 1-4　研究文献年度分布

（二）文献的内容分布

　　将检索获得的 306 篇参考文献根据研究内容与阶段，划分为理论研究、技术研发、模式构建、技术示范、监测评价和其他等 6 个维度，以此进行文献分类和内容梳理。其中，理论研究文献有 119 篇，占全部文献量的比重 38.89%，技术研发文献为 67 篇，占比 21.89%，模式构建文献有 56 篇，占比 18.30%，技术示范文献有 32 篇，占比 10.46%，监测评价文献有 22 篇，占比 7.19%，其他类型的文献仅有 10 篇，占比 3.27%（图 1-5）。生态产品是生态产业治理石漠化的主要产物，也是生态产业的生态价值与经济价值的主要承载者。生态产品进入市场并有效流通，才能实现生态产业治理石漠化的生态效益和经济效益的双赢，推动生态产业的治理稳定，最终缓解喀斯特石漠化地区人地矛盾的突出问题。尽管生态产业价值实现和价值提升等学科内容得到长足发展，但目前研究仍然主要集中于基础理论方面，而在技术研发、模式构建、技术示范和监测评价这四方面仍处于学科现代化的探索发展阶段。

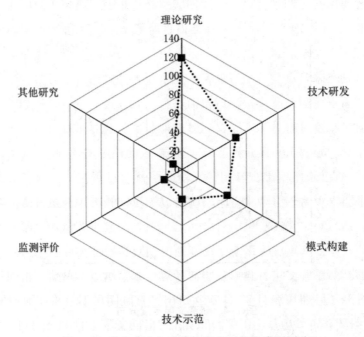

图1-5 生态产业与生态产品文献研究类型划分

（三）文献的区域分布

在检索的127篇外文文献中（图1-6），以国别分类，美国的发文量为21篇，占总数16.54%。中国文献数量19篇，占总数的14.96%。德国、英国、法国和日本，文献数均在10篇及以上。澳大利亚、意大利、瑞典、波兰与爱尔兰等国家的文献数均在10篇以下。

国内的文献主要分布在江浙与西南地区（图1-7），占总数的26.88%。其中浙江数量最多，达21篇，占总数的11.73%。其次是贵州、青海与江苏等省份，文献篇数在10—18篇之间。四川、西藏、重庆等10个省（区、市）的文献篇数均在10篇以下。通过上述数据，可以发现生态产业、生态产品规模化区域与生态环境良好地区有明显耦合性。

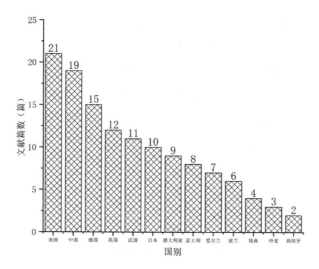

图 1-6 生态产业与生态产品外文文献区域分布

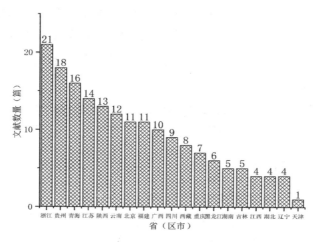

图 1-7 生态产业与生态产品中文文献区域分布

（四）文献的单位分布

在检索的 179 篇中文文献中，有关生态产业与生态产品的研究文献产出单位，国内主要在中国科学院、自然资源部信息中心、国家林业和草原局、西北农林科技大学、北京林业大学、云南大学、中国社会科学院、南京大学、国务院发展研究中心等生态产业与生态产品相关领域研究基础雄厚的院校与科研单位。产出 3 篇文献以上的单位有 33 家，2 篇及以下的单位则有南京林业大学、云南师范大学、贵州大学、浙江大学等 32 家。

检索的 127 篇外文文献，共涉及 41 家单位。国外排前五的单位分别是美国农业部、德国洪堡大学、德国莱比锡大学、美国田纳西大学和巴黎高等师范学院。其余 36 家单位发表的文献都在 6 篇以下。

国内外基本都是以农业类、林业类、生态环保类、经济类、管理类高等院校或研究机构为主要分布单位。

二、研究阶段划分

根据图 1-4 研究文献年度分布情况可以看出，生态产品市场模式与价值提升技术的研究始于 20 世纪 70 年代初，发展至今已有近 50 年的历程。根据关于生态产品市场模式和价值提升技术的概念、机理、机制、策略及其技术发展等方面阶段演变的科研背景，将生态产品市场模式与价值提升技术研究划为三个阶段，即学科萌芽阶段、学科初步形成阶段和学科发展阶段（表 1-2）。

表 1-2　石漠化治理生态产业产品市场模式与价值提升技术研究阶段划分

研究阶段	文献数量变化特征	重要意义描述
学科萌芽阶段（1970—1979 年）	查阅到的相关文献较少，且有 3 年出现空白，以生态产业（有机产业）为主要研究内容，生态产品研究较少涉及，定性介绍居多。	以生态产业的概念、范围界定为该阶段的研究背景，生态产业与生态产品的关系研究尚处于概念初创阶段。
学科初步形成阶段（1980—2002 年）	每年刊发的文章在 1—6 篇之间，研究内容逐渐涉及生态产业与生态产品的相互关系，定量研究开始增多，研究方法与结构逐渐成熟。	随着生态产业蓬勃发展与生态产品受众日益增多，以及产业技术日趋完善，在一定程度上消解了人类发展与环境的冲突，二者的耦合关系开始得到学界、政界的广泛关注。
学科发展阶段（2003—2020 年）	从 2002 年至今，关于生态产业与生态产品的研究文献平均每年大都在 7 篇以上。政府支持政策相继出台，技术研究更加实用化、普及化，示范实践推广类文献占据主导地位。计量的研究方法得到广泛应用。	生态系统与人类福祉的权衡问题日益受到社会各界关注，随着人类对生态产品需求量的日益增加，人类发展与自然环境冲突也逐渐尖锐，生态产品供给与生态环境修复之间的社会效益、经济效益和生态效益耦合关系越来越得到关注。

三、主要进展与标志性成果

（一）理论研究

1. 为解决生态产业在个体和社会的成本和收益上的差异，引入生态学、产业经济学与生态环境变量等理论与方法，构建出生态产业的环境成本与效应研究的理论基础。在市场经济下，决策主体大多为公司，而自然环境等因素通常被排除在公司的研究决策之外，因此生态环境这类公共产品，体现着制造上的个人成本与社会成本，以及消费上个人利益与社会价值的不统一（张柏江，朱正国）。为了化解这些问题与矛盾，也为了使生态环境与产业发展相互平衡，提出了生态资源市场化与价值化的解决方案（郑湘萍，何炎龙）。针对社会经济发展水平与自然环境的耦合协调的量化评估，联合国借鉴吸收生态学、产业经济学理论，提出了人类社会经济发展指标（HDI），用以评估个体、社会与社会经济发展协调关系。世界银行提出的"可持续的权益经济指数"（IESW）测算方法，也是旨在揭示可持续的生态产业造成环境成本，初步核算结论是传统产业的 38%（雷明，邓伟根）。上述研究均在力图阐明和解决人类未来的经济发展中生态环境成本问题，并在论述中体现出生态产业比传统产业在环境效应和经济效益方面的相对优越性。

2. 为实现生态产品规模经济效应，进行了产品体系内在组织结构与对外环境关系的综合研究，奠定了生态产品的组合理论的基石。生态产品的组合理论是对生态产品体系中所有要素与环节之间的相互连接和组装过程。在环境背景层面、企业层级、科技层面、市场层级、行政管理层面，整合了物质资料、人员能力与行业信息，以及社会、经济效益与环保目标（王静华）。利用生态产业规划、生态工程设计、生态环境建设、生态系统管理，把单一的生态循环、物理环节、经济循环和社会活动等过程，汇集为一种具有巨大活力的新体系（王静华）。总之，整个生态产业发展正驶向一个以生态环境恢复、人与环境和谐共处为焦点的新世纪。生态产业作为破解人类社会与环境可持续发展难题重要媒介，将会切实地把生态产业与自然环境修复、生态建设与经济社会发展进步紧密结合在一起，以促进人类经济社会的发展。

3. 针对生态产品政府供给存在的低效问题，借助"选择性进入"与产权理论，构建了生态产品市场供给的理论基础。从 20 世纪 60 时代开始，伴随西方国家经济危机的发生，期望借助私有资产缓和日趋紧迫的财务负担已是西方国家公有产品供给市场化的主要驱动力所在。有些市场经济学家对只由政府部门来供应公共服务的合理化产生了怀疑，他们从思想和实践两个方面对公共服务透过市场经济供应的潜在可能性做出了论述。Goldin 的"选择性进入"研究为探讨具备特定排他性或竞争力的生态产品的市场经济供应问题并且克服其"拥挤性"奠定了基础。"选择性进入"即指出消费者只能在达到特定的约束条件，比如支付后，才能够消费某些公共产品。科斯指出只要所有权是明确的，公私间的协议同样能够处理外部特征问题，实现公共资源的最佳分配（马中）。科斯在《经济学上的灯塔》中表明，像灯塔这种公共产品由私人收费管理也是可以的，科斯甚至主张包含纯粹的公共产品在内的所有事物都能够透过市场由私人消费来供给，甚至更有效率。按照自然所有权理论，对于所有权均是可以界定的，换言之，可以把公共生态产品转变成私有生产，并利用市场价格来完成供给。截至目前，水权交易、碳汇贸易与林权制度的建立，为人类破解自然生态外部性核算难题，以及将社会公共生态产品商品化奠定了基础。

4. 探索生态产品价值实现的方式和方法，为后续开展生态产品市场流通模式的研究奠定了前沿基础。生态产品制造过程中凝聚了普通的、无差别的人类劳动，它需要通过市场交换方式才能实现其价值。促进生态产品价格实现有利于促进生态产品的市场化供求，而市场化机制完善会推动生态产品的供给进一步多样化。所以，发挥市场经济在生态产品选择中的决定性地位，促进并形成生态产品价值社会市场达成机理，是生态产业化经营的应有之义。目前，生态产品价值实现方法，大致有以下四个类别：①公共支付补偿（Geussens K, et al., Uthes S, et al., 田义超，韦惠兰，白雪等）；②生态产权市场交易（廖卫东，华志芹，官波，休·史卓顿等）；③贸易计划与保护银行（Arnd Weber，Xavier-François Garcia，Christian Wolter，Guo Y C，et al.，王红茹）；④捆绑物质性产品销售（Tim Rademacker，Marc Fette，Günter Jüptner，黎元生）。同样，国内学术界探讨了构建以市场经济为基础的生态产品价格实现体制，并在试点区域通过开展生态资产运营、排污权交易、碳排放权交易等市场交易模式，构建了统一、开放、竞争的现代资源环境交易市场秩序（姚元和）。在维护自然生态系统健康运营的基础上，推进生态产业适宜发展，调动市场"看不见的手"在生态产品供求、产销中的决定性作用，突破生态产品价值实现和路径的地域限制。

5. 为达到生态产品价值的定量评估的目的，基于劳动价值论、贴现率方法与UML建模方法等理论与方法，构建了生态产品价值评估的理论体系。从经济学角度看，生态产品中具有丰富的价格种类，包含直接使用经济价值、间接社会经济、选择价格，以及生存经济价值等。对于价值多少的直观呈现，就需要借助评估方法。在对产品评估方式的深入研究中，周远红等面向生态化产品的价值，面对产品评估指标系统的复杂性，提出应用UML建模方式，以综合评估为目标设计出生态产品模糊评估体系。王晓云采用贴现率方式，评估生态产品的市场价值，制定了生态补偿额度所应遵守的基本原则，以确保生态产品价值实现机制执行的效果。丁宪浩提出能值指数评估方式，并用以测定了生态产品的生态价值。汤勇以博弈理论视角，剖析了我国当前在跨行政区域生态产品交易面临的突出问题，并提出了跨区域生态产品价值实现机制评估方法，即通过劳务替代市场价值法。

6. 利用中心地理论的概念，将各级市场视为农产集散中心，着重于市场服务圈范围的测定，旨在说明市场中心地与周地的空间连结。Kristeller的中心地理论是经济地理学的基础，在Kristeller的中心地体系中，高级中心地提供商品种类及服务通常比低级中心地多，消费者在选择购货地点时，有时也愿意花费较多的时间，旅行较长的距离，至高级中心地消费，以取得更多的服务，因此，高级中心地的散货圈比低级中心地规模更大（葛本中）。因此，一个规模大、商品种类齐全的市场，因为有比较多的选择机会，所以能吸引较多和较远距离的消费者。零售区位探讨也是由中心地理论基础上发展而来，许多学者在不同的空间观点上，探讨零售业的区位。随着消费意识的抬头，借此分析消费者在购物时如何选择商店，勾勒出零售市场的散货圈，例如傅辰昊等曾提出消费者行为模式，指出消费者选择到哪一商店购物，除了受到距离、时间的影响之外，主要受到消费者选择决策的影响，所以零售市场的销售范围是由消费者的空间行为和选择所主导。

7. 应用时间地理学的理论，探讨农户的时空路径方式，农户因应不同的区域条件而发展出不同的产品流通模式。关于农户行为的问题以桑义明与林芳渝两位的研究为代表，桑义明以时间地理学的架构，探究福建省福州市台江区新港渔民的渔捞活动。研究结果发现，渔民的捕捞活动主要是在考虑渔民本身如何才能与渔获对象的各种鱼相结合、相遇，从而为他们时空路径做出安排。林芳渝以时间地理学的视角，审视了台湾中部低山丘陵区枇杷农户的生产与销售活动，研究结果发现当地的气候条件极适合枇杷生长，农户在中部的低山丘陵区开始大量推广与种植。丘陵内各区农户的生产方式，依照耕地面积、劳力多寡各有不同，分为专业栽培、兼业经营聘请员工与兼业经营不请员工等三种类型，枇杷收成之后则透过自产自销、农会共同运销的方式销售。

8. 以农业粮食链（Agro-food chain）理论研究生态农业上下游生产部门的整合，了解到生态产业动态的发展趋势，展现出各联系部门之间的协调合作与整合方式。根据 Bowler 对农业粮食链概念的解释：农业粮食链涵盖五项脉络，包含农业生产活动、农业投入、农产品的产出与加工过程、农产品的流通、市场的消费需求。并在自然环境、农业政策与社会经济背景的影响下，脉络内部与脉络之间的资金、物质和信息等往来情形会随着农业经营形态的不同而不同。庄惠如以"农业粮食链"为理论基础，以香瓜作为研究对象，探讨了东山和仑背两地的香瓜产销过程，发现两地的作物制度、流通模式及合作社的角色差异极大，其中，仑背产销班成功地整合了农户，除了因共同运作使得农户降低产销成本所产生的利益外，一方面，在产销班的内部运作上，农户间分工合作，使信息、技术顺畅流通，并在最后的流通过程中以共享品牌的渠道取得消费者的信任与肯定；另一方面，因产销班的运作良好，加上合作社扮演着从旁辅导的角色，并随时为产销提供所需要的资源，这两者所带来的优势将更胜于位置和自然资源禀赋造成的比较利益，使仑背的香瓜收益胜过东山。

9. 以后生产主义转型与替代性食物网络（Alternative agro-food networks）探讨生态农业，着重在地化的食物生产，揭示全球环境与在地农业食物系统的关系。由于现代化的生产主义的商业经营导向，导致生产过剩、乡村环境衰退，并导致疯牛病、口蹄疫等农业食物疾病的发生。于是人们开始修正过去的生产主义式农业，改为后生产主义。在后生产主义认为农业的工业化发展对乡村造成威胁，故需要改变过去的生产形态，扭转过去农业生产的粗放性、单一性与分散性，减少农耕的强度；农耕技术着重环境保护，减少外在的投入，采用生态农业（Woods）。许多欧洲的乡村地理学者讨论替代性的食物网络 Alternative agro-food networks（AAFNS），视其为全球化工业食品系统外的边缘食物网络，强调生产方式与产品具有高度的地方镶嵌性，特别是许多生态农业是一系列独特的土地、自然、特定农耕社群的生产方式的集合，以质量食物（quality food）对抗大量生产农业与麦当劳化的食物景观。此外，在全球化的影响下，全球分工、广告、营销、包装食物的不透明处理，使得消费者对于工业化农业所生产的食物有所恐惧，消费者希望获得"更自然""更地方化"的食物，于是出现缩短农业粮食链中农业生产过程到产品消费距离的趋势，提供一个与生产地点较紧密关联的网络，借以改善食物质量，找回大众信心（Higgins and Green）。

（二）技术研发

1. 顺应环境友好型工业发展趋势，逐步降低原材料应用数量，进行了生态工业体系的低物质性关键技术研发工作。在后工业化阶段，提倡所谓"减物质化（Dematerialization）"，即减少在生产过程中的平均物料耗费量和能源强度，已经逐渐形成了一个趋势。从 20 世纪 70 年代开始，不管工业发达国家还是发展中国家，每单位 GNP 的平均物料总量始终呈现减少态势。但是随着人口的迅速增加，平均物料总量已大体上保持稳定，最经典的例证就是尽管电脑的容积与比重都越来越小，但其计算性能却日益强大。此外，单一商品生产的平均能源量也在持续减少。目前节能技术已经成为能源业界的广泛共识，美国能源部的"能源之星"计划就是一个成功的节能范例（王如松，杨建新）。减物质性由于明显有利于优化环境，已成为了产业界的一个趋势。但实际上，减物质性就抨击了"经济增长必然带来原材料使用增长"的观点。但是，发展生态工业必须深入研究影响减物质性的不利因素，比如研究质量和减物质性之间的关联。虽然质量提高通常也会降低原材料使用率，但是一旦质量很差，即使一个生产原料使用率较低时，也会迅速被抛弃，实际上造成了最终进入环境中的生物废料增加（方一平等）。生态工业不但要着力推动现有工业生产过程中的减物质化的发展，而且还要进一步开发现代工业生产的新型模式，从而摒弃工业化早期对原料大量使用的传统模式，为许多发达国家创造快速进行产业化的新型模式。

2. 为提高产业链内部中间产品的转换效率，开展了模拟自然生态系统代谢过程的工业循环系统技术研究。新陈代谢指在生物体内消化食品的生化步骤和途径，在这一流程中生物合成大量复杂的化学物质和能量，从而保障生物体的生命维持和繁殖。产业代谢出自自然生态系统可持续的概念内涵。但生态产业系统则重点揭示产业实体与副产品的相互交换的内在规律，以及生产中间的转化效率（冯久田）。工业实体一般对应于生态系统中生物个体的概念。而工业代谢理论则重点研究工业实体"新陈代谢"过程与效果。透过系统研究产业体系中化学反应与物料流的种类和模型，有助于企业找到改善产业生态系统效能的机会。由于生产流程往往分为几个循环阶段，其间代谢物往往成为废弃物排出，所以降低生产循环是改善能源效率和降低污染物排放量的强有力举措。利用模仿自然生态体系的新陈代谢流程，把自然生物新陈代谢带入了生态工业体系中，与自然生物新陈代谢流程如光合反应一样，对提高生态工业体系的能量与物料利用效率拥有着巨大潜能。

3. 为缓解生态产品本包装对环境的压力，研发了环境友好、再循环包装设计技术。生态设计技术，是指在产品、工艺的设计过程中，使材料损耗减少、能耗降低、健康与安全风险降低的过程。生态产品包装技术的革新，有助于生产成本的降低，是生态产业在产品价值提升方面的重要突破。它也意味着，在新产品、新工艺的研制开发过程中，可以提高产品的耐久、可处置、可分解、可循环利用、可重复使用等能力特性（张弘韬，湛馨）。产品是人们与自然环境体系进行相互作用的手段，当前人们所遇到的各种生态环境问题都与产品体系密切相关。产品体系是指与商品制造、使用和用后处理过程有关的整个过程，包含原料开发、原料制造、商品制造、生产应用以及产品用后处理过程。在该产品体系中，控制系统的投入（资源与能源），却导致了生态损坏和资源耗竭；而用于系统输出的"三废"排放量，却导致了环境污染和生态退化。

目前，在产业界成为设计研究热门的"为拆卸而产品设计（Design for disassembling）和为再循环系统而产品设计（Design for recycling）"已经是达到减物质性和生态文明的最高效产品设计科技。在未来生产中，产品设计将不再使用传统的固定方法如螺钉来安装，而是选择更容易拆卸的方法，而产品配件也将尽量使用同质性材料，以便于再循环使用。关于生态设计的基础理论虽然尚不完备，但在设计实践中却进展得很快，出现了生命循环工程设计（LCD），生命周期工程（LCE），为环境保护而工程设计（DFE），为拆解而工程设计（DFD），为再循环系统而工程设计（DFR）等许多全新的环境设计理念、方式与技巧。

（三）模式构建

1. 基于生态产业与自然系统相交互的关系，开展了生态产业的区域布局与规划模式研究。生态产业的地域格局，是指产业发展环境与要素资源在空间结构上的聚集与分配，因为地域环境千差万别，为了满足生态产业发展与建设科学化、合理化、高效性的需要，首先就必须充分认识产业系统和自然生态系统之间的相互关系。因为生态系统既是产业的主要原料来源，也是其产物或残余物的汇。因此，必须在局地、区域和世界三个层面上，扩大人们对自然生态环境系统动力学规律的了解，以检测和分析自然生态环境系统的环境容量，详尽掌握自然生态环境系统的同化能力、恢复时间，以及尽量掌握目前自然环境状态的真实信息（卢兵友等）。产业系统和自然系统之间的进入、出口与过程，通过"物质平衡"和"物质循环"的理论进行衡量。通过比对流量、途径和结果的环境汇来比较自然资源体系和工业生态系统的物流变化。并在此基础上，按照自然生态体系的环境容量均衡调整工业体系进入、产出流量，并根据地区内部、地域间以及社会组织内部资源的公平和效率分配，明确了生态产业的发展方针、生态产业的经济发展建设目标，通过合理谋划和布局相应生态产业种类、规模，以达到对资源与自然环境的合理保护，从而推动工业体系的可持续健康发展（王如松）。

2. 为了充分发挥生态产业全产业链的规模效应与集聚效应，进行了生态产业工业园区的模式研究。根据我国 2000 年以来生态环境问题主要发生于传统制造业的特征，国家首先提出并倡导一个生态产业园的发展模式，而在此后的时间内，很多学术界和政府部门均对该模式研究给予了极大重视。同样，在欧美国家，这一模式也被看作是推动产业可持续发展的良好模板。丹麦小镇的卡伦堡生态产业园建设，已经成为了全球多个国家和地区的典范（王党强）。相比较而言，我国经济结构不断调整，在东部区域特别在上海地区，工业发展模式已逐渐走向后工业化时期（高炜宇），更多的工业产业园区正在逐步实施转型发展。2016 年 8 月上海市北高新科技现代化服务业园作为典型的以现代化服务业为主导型工业园区，获批为国家生态工业示范园区（欧阳朝斌，夏训峰）。回溯我国的生态化工业园区发展历史，目前生态化工业园区建设中主要还是以传统制造业的先导类工业园区建设居多，现代服务业先导型生态化工业园区建设的相关研究成果和实践经验则较少。

3. 为凸显生态产品环境优化的外部性特征，基于生态产业经营管理视角，开展了生态产品公共品牌模式创建。生态工业建设的管理研究主要是通过策略、计划、政策手段以及制度思维的综合研究，从动能流、物流、信息流、资金流的空间、时间等尺度上判断与分析生态工业建设的发展过程，提供具体的生态化管理手段和方法。其最关键的方面，体现在对生态化产业政策的宏观研究上，这是因为生态化工业既包括科技政策方面，又包括经贸、法律、金融等经济政策方面。以美国 AT&T 集团、Lucent 集团、美国通用汽车公司等企业为龙头的国际产业界也积极推动生态产业概念的探索与实施，逐渐形成生态产业研究最先进的实践基础。特别是国际化的跨境企业都把生态产业研究视为企业未来发展策略的基础支撑（Hardin B C）。国外机构和非官方团体，也在促进全球生态工业的科学研究与实施中，做出了巨大的成绩。以国际工业标准化组织为代表，已经建立了 ISO14000 系统的管理制度，为指导与规范人类未来的工业发展创造出统一的管理模式。此后，各种关于保护生态化商品消费的国家、跨国合作也有序地推出。如"欧洲商品生态标志行动计划"，德国"蓝天行动计划"，北欧"白天鹅行动计划"，英国"环保选择"，日本"生态标记"，美国"绿化印章"，中国"绿色标签"，还有美国"能源之星"行动计划等（John E, Nicholas G）。这些计划极大推动了生态产品的设计、生产科技的进展，为评价和区分普通商品和生态标志商品提出明确的标准，在客观上也促进了生态产品的消费和生态工业的发展。国内外的众多专家学者，以及相关政府部门对生态产品营销管理、生态产品消费策略、在生态领域创新发展的专利保障机制、政府资本投入生态领域的倾斜政策、信贷优惠政策、生态公司的作用机制、科研院所的作用机制、市场引导机制等方面，也给予了很大的重视。

（四）技术示范

1. 在生态环境脆弱地区开展混合牧草种植、作物间种、合理密植等生态环境治理／修复生态种植业示范。为不断促进生态脆弱地区可持续发展，积极探索经济社会发展与自然环境协同，应用生态产业种养殖技术，率先在云南省东南部生态修复区坡地进行了混播草地种植试验，与传统作物相比，具有较好的截留效果，可显著减少土壤侵蚀（吴文荣等）。在贵州省毕节市坡度 15° 左右的潜在石漠化的耕地上，开展马铃薯套玉米横坡聚垄和马铃薯套玉米顺坡聚垄种植技术对比示范试验。结果表明，前者与后者相比，马铃薯产量增加 10.94%，玉米产量增加 8.29%，复合产量增加 10.17%，复合产值提高 9.36%（王孝华等）。金深逊通过在贵州毕节地区做粮草间作（玉米间作红三叶、小麦套作菊芭）试验示范，得出间作总收入比单独种植粮食作物高。在毕节地区开展了不同类型的种植密度、有机肥和磷肥施用量对半夏产量和总生物碱浓度的影响实验示范，示范结果有助于进一步优化合理密植、科学施肥（梅艳等）。吴长举、李道友等学者，在毕节从水源选择、饲养设施、鱼种选用以及养殖管理等方面，开展了鲫鱼高产养殖示范。在广西隆林示范种植金银花，试验证明"九丰一号"品种具有耐旱、耐寒、耐贫瘠、耐阴等特点，生长发育良好，产量高，在石漠化地区可以广泛推广（韦金霖）。以上事实证明，推动生态产业种殖技术示范与推广，能够扭转生态脆弱区经济发展与生态环境偏离状态。

2. 通过生态产业治理／修复的技术手段，在草地畜牧业具有发展潜力区域，建立了生态环境治理／修复生态养殖业模式示范。石漠化生态养殖业治理模式研发以来，陆续建立了具有示范性的适合喀斯特生态系统的养殖基地，带动周围地区生态养殖的发展，其中典型代表是西南岩溶地区草地畜牧业的"灼甫模式""晴隆模式"。2004—2006 年在贵州省黔西南州、黔南州、贵阳市投资建设了 6 个草地畜牧业石漠化综合治理标准化示范基地，建设高质量的人工饲草原料基地 $0.2 \times 104 \ hm^2$，利益联结种草养畜专业户 1800 户，示范效果显著（刘贵林等）。随着示范项目的发展，在贵州省清镇市的站街、流长、暗流 3 个乡镇创建了肉牛养殖示范区，养殖示范农户 952 户，人工草地 $0.8 \ hm^2$，饲养杂交肉牛 3237 头（黄晔）。贵州省贫困地区晴隆县已形成了 7 个繁育示范点，各个示范点内都设有种羊繁殖基地、优良肉羊育肥基地、人工牧草产品培育与改良基地，将示范、生产、宣传相结合（杨振海）。在广西平果县新安镇，建立了占地 $3.6 \ hm^2$

的标准化肉兔养殖示范场，并配套 3 条肉兔深加工生产线，是广西唯一肉兔养殖和加工示范基地（黄春雪等）。

3. 通过生态产业中种植与养殖相结合的方式以提高生态修复综合效率，开展了生态环境治理／修复种养殖复合生态农业模式试验示范。通过种养殖综合生态农业模式，促进物种资源在乡村自然生态体系内的有效循环使用和重复使用，以达到生态发展、生态环保、能源的可再生利用、经济效益等统筹发展的综合性效益。在中国的广西，岩溶山地低产水稻田试点示范了"稻＋蔗＋鱼＋菇＋菜"的复合生态农业模式，并达到了 2.79：1，比对照（仅种双季稻）的产值增加 8.4 倍，纯收入增加 10.1 倍，取得了显著的经济效益和生态效益（梁其彪）。林敦锦示范应用立体农业原理和玉米营养团育苗定向栽培技术，在桂西北石山地区低产稻田实践"稻＋玉米＋鱼＋菇＋菜"立体种养模式，比对照（单纯种双季稻）的产值增加579.5%，纯收入增加 759.2%，实现了农业资源往复利用。

4. 生态环境治理／修复生态旅游模式试验示范。独特的地理和气象等条件，构成了中国南方喀斯特区域地表与地下的形态差异，推动了喀斯特地表和地下二元结构生态旅游开发模式的形成。罗燕以贵州省贞丰县双乳峰景区为主要示范对象，从景区旅游产品现状、资源基础运用、客源及市场需求等视角入手，示范喀斯特地表景观生态旅游开发模式。根据地下喀斯特旅游洞穴环境容量少、敏感度高、抗干扰力量弱、稳定能力较差等特性，利用系统动力学方法，演绎示范融入"主—客体、开发、保护、管理、反馈"多位一体的保护式生态旅游开发新模式（王友富，韦跃龙等）。

（五）监测评价

1. 利用自然成本法、逆算法和替代法、自然条件价值评估法和层次分析等科研方法，评估森林、农田等土地利用类型生态系统的区域供给与服务价值。除了对生态产品的价值核计的基础和相关理论建模已开展了一定的研究之外，国内学者还在不同区域尺度下开展了经济价值核算方法的研究。张小红首先阐述了林地生态产品的有价性，比较分析成本法、逆算法和替代法等优劣，并在此基础上，构建了综合评估方法，以及对耕地保护效果评价等常用林地生态产品的经济市场价值进行了核算。昌龙然基于入户调查的资料，借助条件价值评估方法，评估玉峰村土地的生态资产市场价值，通过比对发现玉峰村土地市场价值被严重低估。庞丽华等在GIS技术下，构建了环保评价方法，核算出2000—2010年呼伦贝尔辉河自然保护区的生态产品供给能力，其评价方式已具备了相当的适应性，并能够扩展使用于中国北方各类自然保护区的生态产品供应评价。

2.从生态、经济及社会效益角度出发，构建了区域多源数据监控评估指标体系，对生态环境治理/修复进行监测评价。生态环境脆弱区治理前后开展生态系统的稳定性、可持续性评价，有利于生态系统健康管理，同时为生态环境脆弱区治理方式修正与后续治理路径指明方向，因此，生态环境脆弱区生态系统的监测评价问题越来越引起专家学者的关注。罗俊以农村生态环境、农村发展和社会保障等3个子系统为标准层次，选择了林木覆盖率、土壤流失率等12个指标因子构建评价指标体系，形成了广西河池地区的乡村生态系统稳定性的标准评估系统。为了检验喀斯特生态治理区域的治理可持续性，以贵州省毕节鸭池、遵义龙坪、沿河淇滩等3个示范园为例，在环保资源承载力、环境支持力、人口发展和保障力、经济蓬勃发展力、经济社会发展潜力等5个维度，共选取了45个单项因子，实行"纵横向"拉开档次的动态综合评估办法，建立评价指标体系（罗娅）。为量化评价喀斯特区石漠化防治前后的水土保持效果，从生态、经济和社会效益三个角度，通过优化遴选植物覆盖率、土壤侵蚀程度、对石漠化敏感性程度、土壤肥力、农业总产值、土地利用率等22个评价指标，构建评价指标体系（周雪欣，杨婷婷，闫利会，谢刚）。

3.基于生态环境脆弱地区资源禀赋条件，对已开展和拟开展的生态产业发展潜力进行评价。广义的生态产业，是指涵盖生态工业、生态农业、生态旅游业三个方面，融合自然环境与人类生活状态的一种有机体系。因而，研究生态产业的整体状况变得异常困难，一般选定某一生态产业类型进行评价研究。立足于生态环境脆弱区环境下选取草地畜牧业为研究对象，以产业链理念，定性定量分析了贵州省气候条件、草地与牧草资源、畜品种与畜产品资源状况，得出结论是贵州省发展草地畜牧业的潜力巨大（刘凯旋）。胡正伟以毕节地区主导产业核桃为主要调研对象，运用问卷法与实地监测法，在综合气象环境、土壤水土理化特性和当地民众种养意识的基础上，绘制核桃产业发展评估图表，对毕节撒拉溪石漠化综合治理示范区的核桃产业发展情况做出了评估。陈玉龙等学者在综合考虑海拔、坡度、坡向、土壤分类影响因子的基础上，重新构建等级模式，确定了六盘水市的猕猴桃产业栽培适应性评价等级分类。

4. 在比较确定传统产业与生态产业的产品差异的基础上，权衡生态产品的市场定位，并从感官属性和生化属性出发对生态产品品质进行评价。生态产品作为生态环境脆弱区治理重要成果表现之一，产品品质的优劣，直接影响生态产业经济效益，间接影响到生态环境脆弱区治理生态产业示范与推广，因此，有必要对生态环境脆弱区治理生态衍生产业产品品质进行评价。李婕羚以贵州省的14个乡镇无籽刺梨鲜果为研究对象，开展果实品质检测评价，指标涉及果型、平均单果重量、干产物、可食率、可溶性固形物、可溶性蛋白质、可溶性糖类、可滴定酸、固酸比、糖酸比，基于品质指标计算结果，构建无籽刺梨品质评价体系的基本模型。詹永发等学者对贵州省主要种植的辣椒品种开展品质检测评价，经过对辣椒的干产物、粗纤维、维生素 C、油脂、青椒素、青椒红色素、灰分、酸不溶性灰分等评价分析，将结果用于指导筛选优质辣椒品质。钟霈霖等对贵州省184 份食用菜豆的水、粗纤维及粗蛋白的含量进行了分析评价，据此筛选出了一批蛋白质含量高、纤维含量低及单一品质指标好的优质品种。

第四节　国内外拟解决的关键问题与展望

1. 针对生态产品生态服务功能关注不足，由单纯聚焦产品功能向"三生"功能系统转型，发展全格局效益价值测算模型。

从发展生态产业的客观需求和资源禀赋条件出发，以物质资源重复利用和清洁能源使用为重要内容，追求减量化使用方式方法。同时，改变以往对生态产业本身所发挥的类似于自然生态的服务功能，如生态产业提供的碳汇、旅游、食品、服务等方面关注度的不足。生态产业主要功能除生产生态产品外，还提供了生活、生态和社会服务的功能，如调节气候、净化环境、陶冶情操等。所以，在生态产业发展过程中，除了应切实注重生产功能，同时也不能忽视其他功能的发挥。从应用功能属性上来看，生态产品已具有了多功能用途、综合性的使用价值，它既能够生产各种商品与生活资料，也提供人们的生活物质性需求，可见，通过货币交换有利于生态产品价值的实现。从价值属性上来看，生态产品在制造过程中固碳释氧、调节气候与保持水土等凝结着一般的、无差别的人类劳动，它需要采用市场交易和政府采购等方法才能达到其价值。2019 年出台的《中共中央国务院关于坚持农业农村优先发展做好"三农"工作的若干意见》指出，研究建设生态化商品采购、森林碳汇等的市场化经济补偿机制。由此，通过建立石漠化治理生态产品的生态效益价格估算模式，并进行生态效益价格预测，以补齐我国长期以来生态产品服务综合功能的短板，将有助于加速形成生态产品价格市场实现发展机制。

2. 针对生态产品的市场交易主体复杂，鲜有将"弱势"的农户作为主体来构建流通模式，提出基于农户视角的生态产品流通模式探讨研究。

喀斯特地区与黄土高原、高寒山区、荒漠区并称为我国的四大生态环境脆弱区，自 1986 年以来，实施生态脆弱区的生态修复与生态治理工程，后三者得到国家政策支持力度较大。因此，生态治理 / 修复衍生产业发展较早，生态产品流通作为关键支撑环节而受到学界的高度关注。由前文可知，相关领域已做了大量卓有成效的研究工作。而喀斯特地区的相关研究由于区域位置、产业转移和产业发展周期的原因，发展相对滞后。生态产品作为生态脆弱区域的新兴产业、生态产业，因位于老少边穷区域，所以生态产品的流通环境基础比较薄弱；而生态产品模式则一直是以中间商和批发商为主体的传统商业运行模式，在这个模式下，农户一直处在劣势地位，是生态产品市场价格的主要接受者，也承担着市场价格波动的风险，但同时，由于生态产品成本相对高昂，流通效率也相对低下（熊康宁，池永宽，李晋，龙明忠）。要加快和完善生态产品市场模式建设，解决"卖难"问题，迫切需要从理论和实际上开展深入的研究，解决影响生态产品流通稳健发展问题中的小农户与市场组织涣散的问题。加快生态脆弱区生态产品流通体系建设，探讨适合生态脆弱区生态产品的流通模式，实现生态产品产销有效衔接，在乡村振兴战略中保障弱势小农户在现代化的生态产品流通体系中的基本利益。

3. 当前学界从概念定义、价值属性、实现机制等方面开展对生态产品的多方位研究，然而在价值实现有效路径、价值增值方式方法上却依然匮乏，未来应加强生态产品流通体系、价值提升的技术与策略研究。

党的十八大至今，中国特色社会主义事业步入了新时代，广大人民群众对优质生态产品的需求也日益增长。当前，生态产品的市场价值实现路径不足，已经成为经济社会发展主要冲突。加之党和国家已明确提出要"提高生态产品能力""进行生态产品价值实现机制试点""供给更多优质生态产品以适应广大人民日益增长的美好生态环境要求"。为此，学术界正在积极推动生态产品价格相关工作，其中在补贴制度、收益共享、自然资本确权等领域进展显著（熊康宁，陈起伟等）。但与此同时，生态产品价值实现方面仍面临着三个突出问题，即：①生态产品价值实现程度总体上较低，且生态产品附加值也普遍较低；②提出的诸多生态产品价值核算方法尚未通过实践检验，适宜区域条件未能制定，对于推动市场化渠道发展助力不足；③生态产业价值的实现基础性机制尚不完善，内生动力不足。因此，正在进一步落实"绿水青山便是金山银山"的理念，首先，通过多渠道增加生态产品附加值。逐步建立全国生态产品流通网，逐步形成以生态产品主要产地为依托的，辐射周边区域的冷链物流集散中心，助推试点县的优质生态产品进入国内、国际市场。其次，探寻更加市场化的生态产品价格实现途径。充分发挥区域资源禀赋的比较优势，提升生态产业规模化、产业化、集约化，以提升生态产品品质，降低生产成本，提高生态产品利润。最后，健全流通环节在生态产品价值实现方面的理论体系。一是先行引导一批看得见、摸得着、可食用的生态产品进入市场，打破广大群众对生态产品"形而上"的陌生感；二是在流通环节中，强化生态产品作为环境友好型商品的属性；三是在流通中间商普遍接受下，尝试建立生态产品高效流通渠道，进一步使广大农户和消费者受益。

4. 当前刻画生态农业与其他产业之间的关系研究中，仍集中于阐述传统农业概念的互馈关联，因此，应突破传统的狭义生态农业而向现代广义生态农业转变。

我国生态农业的发展是以种植业为核心内容的，同时通常以初级产品的形式进入市场，整个生态产业产业化、规模化、集群化尚未显现，作为新兴产业，产业链整体构建理论支撑不足，同时基础格局还急需政府政策支持。而怎样进行生态产品在产业间的相互配套耦合，实现价值提升、价值增值，尚未受到政界、学界充分的关注，也还未能发现较好的路径和办法。同时，我国的生态农业的发展受困于传统农业的发展思路，其短板有两点，一是无法满足消费者从吃得饱、吃得好到吃得健康、吃得开心的快速转变，二是难以克服我国农村长期以来优质劳动力的流失，导致生态农业种植技术水平无法实现长足发展，生态农业产品产量无法提升。此外，由于受教育程度的制约，生态产业从业人员对于土地资源的利用方式不利持续，难以维系生态农业长久发展。故此，应借助乡村振兴政策支持，转换现代生态农业发展思路。首先，推动生态产业与第二产业、第三产业有机融合，延长生态农业产业链。二是培育现代生态农业从业者，让返乡青年在生态产业中，更有获得感。三是实现生态农业内部可持续循环，建立健全种、养和垃圾还田的食物链网架构，并建立健康良性"循环经济发展"的模式框架。

5. 聚焦生态产业从单一的关注生产环节，向流通环节、消费环节等全产业链方面转变，搭建生态产业综合产业链平台系统。

目前，全国7个生态脆弱区，其中5个居于偏远、经济落后区域，这也制约生态产业发展格局，以传统生产方式开展生态产业经济经营活动，发展视野也局限生产环节，市场信息反馈相对滞后，缺乏进行生态产业生产规模调控灵活性。同时，由于生态产业规模小、集聚程度低，现代生态产业先进生产技术、设备无法普及。由于对流通环节的关注不足，造成生态产品和需求市场之间的相互脱节，尤其对生鲜类生态产品造成的损失更大。在消费环节中，对消费端需求变化不敏感，难以捕捉瞬息万变的市场动态，这对生态产业转型发展带来不利的影响。市场对生态产品的需求日益增加，而我国生态农业产业化的发展相对滞缓。在这一新的产业发展中，一体化构思、全链条设计打造全产业链生态产业生产模式尤为重要。可见，应放眼国际，吸收先进理论、经验、技术，同时立足本地化特征，构建具有中国特色生态产业发展模式。同时，制定生态产业相关产品技术标准体系，以增强生态产业的国际市场竞争力。

6. 针对生态产业产品品牌知名度低，打造生态产品品牌化运营机制和营销策略，创建地方特色公共品牌和全国特色区域公用品牌。

生态脆弱地区出产的生态产品大多缺乏自身的品牌优势，即便质量上乘也往往被外地商人以低价购买，再贴牌以高价出售。品牌能够帮助公司存储信誉与形象，是一个无形资产，其蕴涵的属性、文化、个性、质量、品味、服务等特质，能够为产品提供巨大的品牌价值。相同的产品如果被贴上不同的品牌标签，就可能会形成悬殊的产品价值。所以，通过发掘、培育和发展独具区域特色的传统优势生态产业产品品牌，在注重质量的情况下，将逐步形成无公害农产品、绿色生态食品、有机农业和农产品地理标志（"三品一标"）等精品，以及能提高产品溢价力的生态产业产品名牌，并通过培育现代农业产业化品牌形象，逐步固化社会公众对产品价格的合理定位，进而实现生态产品价值提升，增强区域特色的生态产品市场竞争力，从而稳步提高农户收入，并带动农村区域经济发展。

7. 对于生态脆弱区面临着生态治理和产业转型升级的双重任务，开展生态治理与生态产业发展耦合研究，发展耦合宏观与微观过程生态产业生长机理模型。

促进产业发展和生态建设之间的有机耦合协调，更有利于达到产业经济性、社会发展效果和生态建设效果的统筹发展。生态产业是生态脆弱区生态治理最主要的衍生物，但生态产业发展的石漠化治理投入的均衡状态判断往往成为一个难题，困扰着生态脆弱区生态治理的工作者。为确保生态脆弱区生态治理和生态产业的健康协调和可持续发展，对于生态脆弱区的生态治理和生态产业健康协调发展现状，亟须在科学性上予以厘清。耦合程度和耦合协同程度作为评价事物间协同关系的主要参考，也是了解生态脆弱区生态治理和产业协同发展程度的主要途径，因此生态脆弱区生态治理和生态产业耦合命题也日益引起了学术界的关注。研究生态脆弱区生态治理与产业发展耦合状态，构建生态脆弱区生态治理与生态衍生产业发展耦合协调度模型，可实现对生态脆弱区生态治理与生态产业协调状况的系统性评价。

8. 为揭示生态农业产业管理的标准化与规模化生产协同关系，以提升生态产品供给能力为核心，建立生态农业产业全产业链过程监测评价体系。

随着生态农业发展，必须有现代化的科学管理方法与其配套，但截至目前，尚未建立起标准化、信息化、一体化的生态农业管理体系。对此，在生态脆弱区迫切需要开展生态产业标准化管理与监测评价体系构建，具体分为以下三个方面：一是，长期动态监测生产地生态环境安全状况。生态产品所处的生态环境是保护生态产品质量的基本条件，环境的健康与恶化，直接影响到生态产品安全性。对此，建立现代生态产品生态环境评估准则与标准，对环境状况及时评估预警，有利于生态产业经营主体快速反应和处置，有效预防生态产品产地环境恶化，从机制上保证生态产品安全性。二是，构建生态农业产业的行业标准和生产管理监测体系。生态农业产业的行业标准有利于规范生产和监督管理。而实施生产管理监测体系，促进生态产品品质把控，提升生态产品生产标准，并且在产前投入、产中调控、产后监测，基本实现生态产品品质保障，对推动生态产业规模化发展起到支撑作用。最后，加强对生态产品销售后质量跟踪监测工作，及时回应消费者对生态产品的意见与建议，提升消费者的消费体验，同时，也为生态产业后续转型发展提供宝贵参考。

9. 对于生态脆弱地区生态产业治理环境、修复生态、增强韧性的示范与推广中的异质性适配，突破有限的科技示范区域，构建不同等级石漠化环境地区示范推广指标体系。

生态脆弱区域由于生态管理的生态衍生产业产品种类不同，所以在生态管理示范地区内所选择的产品市场流通模式以及品牌价值提高的关键技术也不同，同时，各个区域的地理背景条件也有着很大不同，因此要想有效运用管理示范地区的某一个方式实现生态产业产品营销以及产业品牌价值提高，就应该借鉴而不能照搬照套，应该因地制宜地选择最适宜的策略和方式，如此才能在示范的过程中有效拓展产品推广范围，从而体现示范地区的示范作用，也才能达到预想的成效。所以，进一步拓展生态脆弱地区的科技示范区域，进一步提升其对生态产业商品市场经营流通模式和价值提升技术的示范作用，是今后的科研发展需要着重突破的内容之一。

第二章　研究设计

　　中国南方喀斯特地区石漠化问题突出，人地关系紧张，经济发展落后，贫困状况集中连片，而破解这一困境的方法即引入生态产业。生态产业在治理石漠化，改善喀斯特脆弱生态环境的同时，有效促进当地经济的持续增长，是科学守住发展与生态两条底线的典型代表。毕节撒拉溪示范区、贞丰—关岭花江示范区、施秉白云岩喀斯特，在中国南方喀斯特石漠化治理工程中均具有典型性和代表性，具备开展石漠化治理生态产品流通相关研究的基础条件。故而，喀斯特地区石漠化治理生态产品流通模式与价值提升关键技术科学研究，主要在上述三个示范区内进行。本研究包括生态产品流通影响因素和作用机理、流通模式与流通机制、模式构建与比较验证、价值提升技术与策略等内容，以期为石漠化治理生态产业与生态产品后续发展，提供科学技术支撑和借鉴。

第一节　研究目标、内容、特点、难点与创新点

一、研究目标与内容

（一）研究目标

根据喀斯特石漠化治理生态产品流通过程中，农户议价能力弱、组织化程度低、流通环节多、成本高等现实问题，以及农户选择哪种流通模式更高效，哪种流通模式兼顾保障农户权益和降低交易成本，哪种流通模式更适宜石漠化治理生态产品流通的现代化进程等科学问题，结合生态产品流通如何服务生态产业规模化生产和产业化带动，哪种技术与策略符合有效提升生态产品价值的科技需求，通过阐明石漠化治理生态产品影响因素和流通机理，揭示不同石漠化治理生态产品流通模式运行机制，展现不同生态产品流通模式下农户绩效与权益，比较传统供应链与价值链管理的生态产品流通效率，构建价值链理念下石漠化治理生态产品流通模式，提出生态产品价值提升技术与策略，并进行验证和示范推广，为国家石漠化治理工程区践行"两山理论"，巩固生态产业扶贫与石漠化治理成果，助力实现乡村振兴提供科技支撑。

（二）研究内容

1.石漠化治理生态产品流通的影响因素及作用机理

本研究基于已有文献和实际调研情况，首先提出石漠化治理生态产品流通效率影响因素的理论假设，基于研究假设从流通市场网络、流通产业组织化水平、流通信息化水平、流通基础设施、流通市场交易环境、农业产业化水平、石漠化程度等7个维度选取影响因素变量；构建多元回归模型，使用 EViews7.2 数据分析软件，对 2016—2020 年三个研究区内的县域面板数据进行实证分析；根据显著性结果确定生态产品流通的影响因素，阐明

其作用机理；最后，分析影响因素对三个不同等级石漠化研究区流通效率作用水平的区域差异。

2. 石漠化治理生态产品6种流通模式与运行机制

本研究根据文献资料整理和调研数据分析，基于农户视角的生态产品流通模式的内涵，对三个研究区生态产品流通模式进行归纳。主要分为"农户—市场""农户—批发商—市场""农户—龙头企业—市场""农户—合作社—市场""农户—经纪人—市场""农户—合作社—龙头企业—市场"6种流通模式。从生态产品市场交易主体、流通市场环境、流通支撑体系等方面进行分析，阐明了各流通模式的运行机制。采用 Multinomial Logit 模型，基于调研数据，分析农户家庭基本情况和交易成本（信息成本、谈判成本、执行成本与运输成本）对农户选择生态产品流通模式的影响。最后，以 Amartya sen 的可行能力理论，建立对不同生态产品流通模式中农户的权益评估指标，并通过模糊数学评估法，综合评价三个研究区不同生态产品流通模式中农户的权益水平，从而比较不同生态产品流通模式的农户权益差异。

3. 基于价值链理论的石漠化治理生态产品流通模式的构建

在上述研究的基础上，提出石漠化治理生态产品流通的优化模式，即实现生态产品流通从供应链管理向价值链管理转型。首先，本研究基于石漠化治理生态产品流通模式的优化目标，比较供应链与价值链管理下石漠化治理生态产品流通效率的差异。其次，根据价值链理论，基于信息资源共享、成本分摊和利益合理分享的基本原则，构建农户、流通中间商与消费者之间的价值链管理生态产品流通模式。同时运用 Rubinstein 议价博弈模型，分析流通中间商和农户之间收益合理分享的博弈关系，并运用熵工具说明怎样让双方的利益分配更加合理。最后，提出以合作社、大型商超和龙头企业为链主的石漠化治理生态产品流通模式。为进一步验证模式有效性，通过构建计量模型，从生态产品的流通总收益、个体收益、流通成本与零售价格等方面，比较价值链管理与传统的供应链管理下生态产品流通效率的差异，论证价值链管理下生态产品流通效率的提升。

4.石漠化治理生态产品价值提升技术与策略研究

本研究基于上述研究成果，根据生态产品流通环节所需的技术与策略，从分级收购、保鲜储存、道路运输、品牌建设与大数据营销等方面出发，研发和提出生态产品自动称重分级作业技术、保鲜控制技术、大数据精准营销与个性化定制技术、多式联运策略、区域品牌建设策略。通过以上5种技术与策略的推广，促进生态产品价值的提升。

5.石漠化治理生态产品流通模式的示范验证与推广

在毕节撒拉溪、贞丰—关岭花江、施秉喀斯特三个示范区开展新模式示范应用，并从石漠化程度和结构、生态系统碳储量、生态系统服务功能价值、产业增收与贫困人口脱贫，以及生态产品的规模、销售额、从业人员、产业化、价值链链主及农户能力提升等方面评估新模式的成效。如若模式在应用中存在不合理方面，则分析问题并继续优化。最后，指明3种生态产品流通模式的适用范围和推广条件，构建适宜性推广指标体系与边界条件，并评价模式在中国南方喀斯特区适宜性推广面积。

二、研究特点与科技难点及创新点

（一）研究特点

本研究以石漠化治理生态产品市场流通为主要研究对象，开展"产—学—研"一体化构思、全链条设计。从生态产品流通影响因素与作用机理，流通模式与运行机制，模式构建与模式比较，示范验证与应用推广，实现生态产品产销环节的有效衔接。基于农户视角，比较说明何种石漠化治理生态产品流通模式效率高，切实维护好农户合理权益。以合作社、大型商超与龙头企业为链主，基于价值链理论构建石漠化治理生态产品流通模式，促进生态产品流通收益在各个交易主体之间合理分配，增加农户经济收入，以此保障生态产业治理石漠化的稳定性与可持续。同时，在生态产品流通环节，提出产品价值增值的技术与策略。

（二）科技难点

①因石漠化环境的资源禀赋条件不同于非喀斯特地区、喀斯特非石漠化地区，虽然学术界在产品流通领域已有丰硕的研究成果，但主要集中在河南、山东、河北等产业化、规模化集中的北方地区，并不能直接照搬到喀斯特石漠化地区，需要重新审视与研究。②石漠化治理生态产品流通模式多样，涉及交易主体众多，利益相关者辨析较难，同时，生态产品价值提升技术与策略需根据流通环节研发与思考，工作任务繁重。③由于不同生态产品流通模式涉及交易主体存在差异，如农户、批发商、龙头企业、经纪人、合作社等，甚至同一种流通模式也存在个体差异，在实证研究中，调查对象结构与数量需要满足样本统计要求，这给整体性分析方法提出了挑战。

（三）创新点

①以农户权益为价值取向，关注石漠化治理生态产品的市场流通环节，创新构建基于价值链理论的生态产品流通模式，新模式较旧模式而言，整体效益更高，利益分配更合理，农户权益更有保障。②为学术界在抽象的生态产品价值研究中提供现实案例，即以具体石漠化治理生态产品为研究对象，开展价值实现以及价值提升（附加值）技术和策略研究。③研究方法的创新：一是从交易成本和农户权益综合视角，揭示农户选择石漠化治理生态产品流通模式影响因素和作用机理；二是本研究运用 Amartya sen 的可行能力理论建立了农户权益模糊评估模型，以此评估农户在不同生态产品流通模式下的权益状况。最后，本研究利用 Rubinstein 议价博弈模型进行市场交易主体对流通收益的分配分析，提出农户应积极参与生态产品价值链管理原则，不但有助于推动生态产品流通的整体收益提高，而且能够合理提升农户的收益分配。④在生态产品流通环节中的分拣分级、运输、保鲜、品牌建设、精准营销等方面，提出了基于 GIS 的个性化选购系统、

自动称重分级作业技术、基于 PLC 保鲜冷库的运行系统、基于时间窗的多式联运系统与品牌建设等技术与策略，促进生态产品流通效率的提升，部分解决生态产品价值提升的技术难题，拓展多渠道、多技术的生态产品价值实现路径。

第二节　技术路线、方法与理论基础

一、技术路线

根据国家"十三五"重点研发计划课题"喀斯特高原石漠化综合治理生态产业模式与技术集成示范"（2016YFC0502607）、传统村落民俗民艺及原住民生活活态保护与利用策略研究（2020YFC1522305）、贵州省科技计划重大专项"石漠化治理生态衍生产业扶贫模式与技术示范"（黔科合平台人才〔2017〕5411）、贵州省世界一流学科建设计划项目喀斯特生态环境学科群（黔教科研发〔2019〕125 号）及相关研究成果的基础上，选取中国南方喀斯特毕节撒拉溪、贞丰—关岭花江与施秉喀斯特三种不同等级石漠化环境的区域作为研究区，以刺梨、火龙果与黄金梨为研究对象，通过资料收集、问卷调查、座谈访谈、数理分析等研究方法与手段，阐明石漠化治理生态产品市场流通影响因素与作用机理，揭示生态产品流通模式的主要类型与运行机制，研发与提出生态产品价值提升关键技术与策略，以生态产品流通整体效益提升为目的，构建基于价值链管理的石漠化治理生态产品流通模式，突破石漠化治理生态产品资源要素禀赋，顺应石漠化治理生态产品市场流通与价值提升的实际要求，为石漠化治理生态产业发展提供参考。

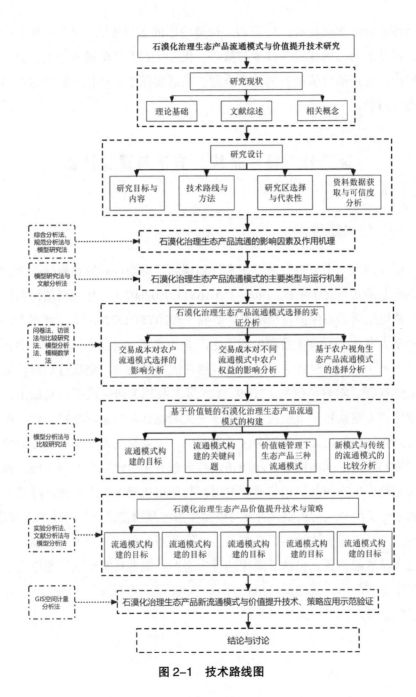

图2-1　技术路线图

二、研究方法

（一）模型研究法

通过掌握 Multinomial Logit 模型、多元线性回归模型、Rubinstein 议价博弈模型等方法，对研究对象进行定量测度与模拟分析，从而揭示其内在的逻辑关联。一是通过 Multinomial Logit 模型的实证分析，揭示交易成本如何通过信息成本、谈判成本、执行成本与运输成本，对农户选择生态产品流通模式产生影响；二是通过多元线性回归模型的实证分析，阐明农户在 6 种生态产品流通模式中，交易成本对其绩效产生的影响；三是通过 Rubinstein 议价博弈模型，建立农户和流通中间商之间针对流通收益进行合理分配的博弈分析框架，研究价值链视角下流通主体间收益的合理分配机制。

1.Multinomial Logit 模型

在对目标进行选择时，Mcfadden 建立一个"随机效用模型"（Random Utility Model）来解释个体做出目标选择的行为逻辑。该模型的原理是每个效用对于个体来说都对应一个选项，每个效用包含两个部分，一是确定部分，本身属性或个体自身特质；另一部分为随机部分（无法观测的影响），目标选择效用函数表达为：

$$U_{ij}=V_{ij}+\varepsilon_{ij}$$

其中，U_{ij} 表示当某一个体选择效用最高的类别 j 时，所获得的效用最大值。V_{ij} 表示效用函式中的定义部分，与解释变量成线性关联 $V_{ij}=x_{ij}\beta$（x_{ij} 为解释变量）。ε_{ij} 表示随机部分。

2.多元线性回归模型

在多要素的地理环境巨体系中，由于两种及以上的要素间出现权衡与协同的关系情形，所以，选择多元线性回归模式更具有适用性。具体形式表现如下：

假设存在 m 个自变量 $(x_1, x_2, \cdots, x_m)$ 对因变量 y 产生影响，那么，n 组观测值为 $(y_a, x_{1a}, x_{2a}, \cdots, x_{na})$，$a=1, 2, \cdots, n$。可知，多元线性回归模型的公式表达为：

$$y_a = \beta_0 + \beta_1 x_{1a} + \beta_2 x_{2a} + \cdots + \beta_m x_{ma} + \varepsilon_a$$

公式中：β_0，β_1，$\cdots$，β_m 为待定参变量；ε_a 为随机变量。

3.Rubinstein 议价博弈模型

x 表示农户得到的经济收益，$(1-x)$ 指流通中间商得到的经济收益。

x_1 和 $(1-x_1)$ 分别表示农户出价时，农户和流通中间商的经济收益。

x_2 和 $(1-x_2)$ 分别表示流通中间商出价时，农户和流通中间商的经济收益。

假设农户和其他流通中间商的贴现（折扣）系数分别为 δ_1 和 δ_2，在此基础上，如果博弈在时间 t 结束，则 t 表示流通中间商 i 的出价时段，农户的支付贴现值是：

$$\pi_1 = \delta_1^{t-1} x_i$$

以及流通中间商的支付贴现值是：

$$\pi_2 = \delta_2^{t-1}(1-x_i)$$

（二）GIS 空间计量分析法

利用 GIS 指数分类和权重测算、栅格数据空间分析，构建生态产业流动模式适应性评价指标体系，推动经过优化调整的流动模式在有喀斯特地区的 8 省（区、市）的推广应用适宜性评估和空间可视化进程。

本研究借鉴熊康宁所提出的中国石漠化综合防治模式推广适用度评估模型，根据在研究区建立最适宜的生态产品流通模式，按照综合性、科学性、代表性等原则筛选的适宜性评估指标，按单因素分类，提炼各指标因素数值范围。对各指标因素的条件差异进行比较分析，利用李克特量表法（Likert scale）对各因素的适宜评价指数进行分级。收集整理涉及中国南方有喀斯特区的 8 省（区、市）生态产品流通的生态环境、社会经济数据，并建立空间数据库。按照重要性设置权重，统计、综合分析，并利用网格数据进行叠加分析和函数运算，得到适宜性水平图，对适宜性数据进行统计分析。

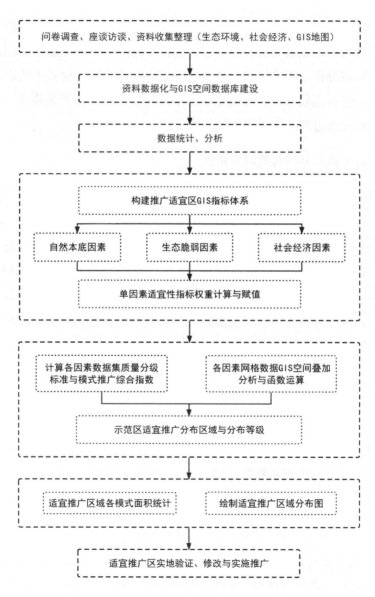

图 2-2 示范区模式推广适宜性评价技术体系

（三）比较研究法

比较研究法借鉴林聚任、刘玉安编著的《社会科学研究方法》，通过观察对比 2 个或 2 个以上相关事件，并找出其中差异，进行普遍规律与特定规律的研究。一是对 9 个生态产品流通影响因素在三个研究区的差异进行比较分析。二是就交易成本对农户选择不同生态产品流通模式的影响程度进行比较分析，以及对交易成本在不同生态产品流通模式中的农户权益状况差异进行比较分析。三是基于三个研究区生态产品流通模式，对不同模式的适宜性边界条件进行比较分析。

（四）综合分析与规范分析法

石漠化治理生态产品流通模式中涉及的影响因素及作用机理、流通模式及运行机制复杂，故而需要综合分析生态产品流通的参与主体、组织形式以及生态产品的流向和路线等内容。同时，生态产品价值提升技术与策略又包含交通运输、冷链储运、品牌建设、果类分拣与大数据营销等内容。因此本研究需要综合借助交通地理学、农学、品牌学、市场营销学等多学科理论，通过规范分析，以揭示影响生态产品流通模式因素，以及这些因素如何驱动生态产品流通运行。

（五）模糊数学法

1. 不同石漠化治理生态产品流通模式下农户权益状况的模糊函数

用模糊数据集 Y 代表不同石漠化治理生态产品流通模式中的农户权益状况，同理，采用模糊数据子集 M 表示单个农户的权益情况，且 M 隶属于 Y 数据集，则第 k 个农户的权益函数表达式为：

$$M^{(k)} = \left\{ x, \ \mu_m(x) \right\}, \ x \in Y, \ \mu_m(x) \in [0, 1]$$

$\mu_m(x)$ 表示农户权益状况的隶属度。隶属度数值区间在 0–1 之间，其中 0 表示极差的权益状况，1 表示极好的权益状况，中间值 0.5 表示不好也不坏的中等权益状况（高进云、乔荣锋、张安录）。可见，隶属度值越大说明在相应生态产品流通模式中，农户的权益状况就越好。

2. 选取农户权益状况的隶属函数

假设 y_m 表示农户权益的第 m 个子集，那么，农户权益的初级指数表达为：

$$y=[\ y_{11}\cdots,\ y_{mn}\cdots\ ]$$

采用虚拟二分变量进行回归分析，此时其隶属函数表达为：

$$\mu(y_{mn})=\begin{cases} 0 & y_{mn}=0 \\ 1 & y_{mn}=1 \end{cases}$$

当 y_{mn} 代表农户权益状况时，那么，该状态下对应的第 1 个子集的隶属度设为 1，反之则为 0（高进云、乔荣锋、张安录）。

假设农户有 k 种权益状况，那么农户的 k 种权益状况的函数表达为 $y_{mn}=\{y_{mn}^{(1)},\cdots,y_{mn}^{(k)}\}$，数值结果越趋近 1，则表明农户的权益状况越好（米切利）。通常设定：

$$y_{mn}^{(1)}<\cdots y_{mn}^{(l)}<\cdots y_{mn}^{(k)} \text{ 且 } y_{mn}^{(l)}=l\ (l=1,\cdots,k)$$

其中，多重虚拟定性变量的隶属函数表达为（Cerioli，Zani）：

$$\mu(y_{mn})=\begin{cases} 0 & y_{mn}\leq y_{mn}^{\min} \\ \dfrac{y_{mn}-y_{mn}^{\min}}{y_{mn}^{\max}-y_{mn}^{\min}} & y_{mn}^{\min}\leq y_{mn}\leq y_{mn}^{\max} \\ 1 & y_{mn}\geq y_{mn}^{\max} \end{cases}$$

公式中的 $y_{mn}^{\min}$ 和 $y_{mn}^{\max}$，各代表权益状况 y_{mn} 的极大值与极小值。

若选取的指标是连续变量时，其隶属函数表达为：

$$\mu(y_{mn})=\begin{cases} 0 & y_{mn}\leq y_{mn}^{\min} \\ \dfrac{y_{mn}-y_{mn}^{\min}}{y_{mn}^{\max}-y_{mn}^{\min}} & y_{mn}^{\min}\leq y_{mn}\leq y_{mn}^{\max} \\ 1 & y_{mn}\geq y_{mn}^{\max} \end{cases} \tag{1}$$

$$\mu\left(y_{mn}\right)=\begin{cases} 0 & y_{mn}\leqslant y_{mn}^{\min} \\ \dfrac{y_{mn}^{\max}-y_{mn}}{y_{mn}^{\max}-y_{mn}^{\min}} & y_{mn}^{\min}\leqslant y_{mn}\leqslant y_{mn}^{\max} \\ 1 & y_{mn}\geqslant y_{mn}^{\max} \end{cases} \qquad (2)$$

公式中，$y_{mn}^{\max}$ 表示农户在第 m 个子集中，第 n 个系数时的结果大于等于该数值，则农户权益状况为好；反之，$y_{mn}^{\min}$ 小于等于该数值，则农户权益状况为差。$\mu\left(y_{mn}\right)$ 数值越大，则表示农户在石漠化治理生态产品流通过程中的权益状况越好。公式（1）表示 y_{mn} 与权益状况呈现正相关，即 y_{mn} 的数值越大，农户的权益状况越好；公式（2）表示 y_{mn} 与权益状况呈现负相关，即 y_{mn} 的数值越大，农户的权益状况越差。

三、理论基础

（一）交易成本理论

经济学理论中，最为人所熟悉的是生产成本，生产成本是指在生产期间，使用生产要素所需支付的代价。然而，在介绍外部性的议题时，常常会提到另一种与生产没有直接关系的成本，称为交易成本。

交易成本理论最早由英国经济学家 Coase 提出，质疑市场交易过程并非完美进行而是存在不确定性（uncertainty），因此会产生交易成本。Coase 定义一切不直接发生于实质生产过程中的成本，均可称之为"交易成本"。然而 Coase 提出的交易成本概念在当时并未获得学术界太大的重视。

Williamson 重新诠释交易成本理论，并将之广泛应用于经济与社会等领域。Williamson 提出的交易成本包含事前交易成本与事后交易成本。事前交易成本包含搜寻资料所需付出的信息成本（information costs），以及为了完成交易，使双方取得共识所需付出的议价与协商的谈判成本（negotiation costs）。事后交易成本包含：当对方违反契约内容，而采取法律诉讼或仲裁所需付出的执行成本（enforcement costs），以及契约执行过程中，所需付出的运输成本（transportation costs）。

Williamson 认为，虽然每项交易都会产生交易成本，然而影响交易主体决策的是交易的特性，包含：不确定性、交易频率（frequency）以及资产特殊性（asset specificity）。首先，造成交易双方不确定性的原因，主要有双方信息不对称以及有限的理性，双方信息不对称常导致逆选择（adverse selection）或者道德危机（moral hazard）。有限的理性，则会对于未来的环境及交易行为产生无法预测的不确定感。其次，交易的频率越高，相对的管理成本也越高，交易双方必须进行事前的沟通、协调与订约，事后协商次数亦会增加（谢叔芳）。最后，资产特殊性指的是资产可移转作其他用途使用，且不会损及产品价值的能力，当资产特殊度越高，投资在某一交易中的资产转移到其他交易关系上，其使用价值就越低（赖妙芬）。

在石漠化治理生态产品流通环节中，因为农户选择交易对象时存在着不同的交易成本，所以本研究选择交易成本理论作为分析石漠化治理生态产品流通模式的理论工具。

（二）社会资本理论

法国的社会学家 Bourdieu 对社会资本的定义是："是实际或潜在资源的一种集合体，而这一类的资源与默认或者承认的关系所组成的持久性网络相连结。"早期的社会资本理论（Social Capital）主要是说明蕴藏在个人之间的关系，描述在个人与个人间的蕴藏及镶嵌关系的资源，现已被广泛运用于各个领域上。近几年来社会资本的概念，更引起社会科学界相当广泛的注意，如今"社会资本"这个词汇，已变成学术界里常讨论的主题。Baker 认为社会资本乃是行动者从特定的社会结构中所获取的资源，并且可以用来追求自己的利益；经常随着行动者关系的变化而变化。社会资本由什么所组成？大多数形式的社会资本具有以下几个基本要素：群体成员共享的网络（network）、规范（norms）、价值观（values）、期望（expectancies），以及有助于维持规范和网络的约束（sanctions）。而在社会体系下，社会资本被视为行动者之间有效的关系连结，这些关系连结可帮助个体达到问题的解决、资源的获取，或是完成目标等。

社会资本理论在农户研究中，主要集中在农户的社会资本特征、社会资本对农户收入的影响、社会资本对农户信贷和融资行为的影响等方面。农户社会资本越多，参与经济活动的能力就越强，获得融资的可能性就越高，收入水平就越高，参与公共活动的积极性也越高，所以社会资本对于研究农户对生态产品流通模式的选择而言具有重要意义。

（三）可行能力理论

1979 年阿玛蒂亚·森（Amartya Sen）在特纳讲座（Tanner Lectures）发表了题为《什么的平等？》（"Equality of What?"）的演讲以后，可行能力理论（Capability Approach）受到学术界诸多关注。学者们论证可行能力理论在处理平等、正义、个人权益与人的发展等问题上相较于其他理论（尤其是效用主义和 Rawls 主义的理论）有很大优势。论证的主线是可行能力（capabilities）及功能性活动（functionings）为"一个人过得好不好"这个问题提供了比效用（utilities）和基本善品（primary goods）更重要、更相关的信息，或称为更好的概念空间（conceptual space）。因此，当衡量个人权益、平等与正义时，应当看可行能力和功能性活动而非仅仅看效用或基本善品。

阿玛蒂亚·森的可行能力理论，是企图解决人类差异性与普世指标间的松散关系，即找出一种适当的衡量指标，一方面可以调和人类差异性，另一方面可以做出有意义的人际比较。首先，资源与财物，在转换成为人们所需的物品及服务后，经过个人的转换因子的影响，而成为个人的能力集合。而透过个人的选择，将运用能力集合以实现各自所珍视的功能。其中，从货品转换为功能的程序中，受到两种转换因素的影响：1、个人转换因素，如身体状况、智力、新陈代谢等；2、环境转换因素，如气候、地理区域等。

本研究采用可行能力理论揭示不同生态产品流通模式中农户可行能力的差异性，进而评价不同生态产品流通模式中农户的权益状况。农户收入低并不能反映其可行能力低，因为不同特征的农户由于其所处的地位的差异性，其收入与能力之间的关系也不尽相同，因此通过分析可行能力来讨论农户权益更具合理性（高进云、乔荣锋、张安录）。

（四）农业粮食链理论

农业的发展不停地与时俱进，因此农业地理学者便提出了许多术语来描述农业结构的转变，如农业现代化（farm modernization）、农业产业化（agricultural industrialization）、农业合理化（agricultural rationalization）以及第二次农业革命（the second agricultural revolution）等，这些词汇都代表着许多不停地重组的理念与概念，而农粮系统的概念由 Bowler 与 Ilbery 于1987 年提出，他们提到当今农业地理的研究其实包含许多面向，包括非农业的投入（off-farm agri-inputs），如肥料、农机等，还有产品加工、流通与消费等行为，甚至包含跨国公司。为了能够更完整地探讨农业地理的议题，Bowler 在其著作中提出了农业粮食链的概念，除了农粮链的农业投入（agricultural inputs）、农作生产（farm production）、农产加工（product processing）、农产流通（food circulation）、农产消费（food consumption）五个脉络构成的农粮链主体外，还加上影响整个农粮链的六项因素构成一个农粮链系统，六项影响因素分别为自然环境（physical environment）、信用与金融市场（credit/financial markets）、农业政策（state farm policies）、农产贸易（food trade）、农业基础设施（agricultural infrastructure）、农业信息（agricultural Information）。以上农粮链的五个脉络加上六个影响农粮链的因素就构成一个完整的农粮供应系统。

本研究以此理论来对石漠化治理生态产品流通进行资料分析与研究，讨论石漠化治理生态产品与石漠化地区社会经济、自然环境之间的关联性，以及社会经济、自然环境等因素如何驱动石漠化治理生态产品流通。同时探讨生态产品的果实分级、储藏、运输、品牌、加工与个性化销售等技术与策略现状及优化方案。

第三节 研究区选择与代表性

一、研究区选择的依据和原则

我国的喀斯特面积达到 $34.44 \times 10^6 \ km^2$，其中以贵州高原为中心的南方喀斯特区出露面积为 $5.5 \times 10^5 \ km^2$。本研究分别选取贞丰—关岭花江、毕节撒拉溪、施秉喀斯特作为研究区，代表着喀斯特高原的高原山地、高原峡谷与山地峡谷典型地貌（熊康宁等）。在石漠化阶段和程度类似的地区中，具典型性、代表性、可行性和示范性。

（一）典型性

毕节撒拉溪研究区，是典型的喀斯特高原山地潜在－轻度石漠化区，人地关系冲突比较明显，不合理的土地利用破坏着人与自然和谐关系，石漠化问题较为突出。贞丰—关岭花江研究区为喀斯特高原峡谷中－强度石漠化区，人地关系矛盾紧张、冲突严峻，岩石普遍出露，土壤多分布在石角，保肥保水性能差，是中国南方喀斯特区最严重的区域之一。施秉研究区喀斯特广泛发育，以溶蚀孔缝为主，含水量相对均匀，是表征热带和亚热带岩溶发育规律性与结构体系演变的区域之一，也代表着经典的热带－亚热带湿润白云岩晶锥岩溶发育的区域，反映出白云岩锥状岩溶发育特征不同于石灰岩锥状岩溶。因为三个研究资源禀赋条件不同，生态产业治理石漠化模式在产业选育方面具有差异，导致生态产品及其流通模式并不相同，因此具有典型性。

（二）代表性

毕节撒拉溪研究区位于乌江流域下辖支流的六冲河上游，作为喀斯特高原山地潜在－轻度石漠化区的代表，以发展刺梨产业治理石漠化为主要模式。贞丰—关岭花江研究区位于安顺市关岭县与黔西南州贞丰县交界处的北盘江峡谷花江段，作为喀斯特高原峡谷中典型的中–强度石漠化区的代表，以发展火龙果产业治理石漠化为主要模式。施秉喀斯特研究区位于贵州省黔东南自治州，是世界自然遗产地、国家级风景名胜区、国家地质公园云台山景区所在地，作为喀斯特高原山地峡谷无–潜在石漠化区的代表，以发展黄金梨产业治理石漠化为主要模式。刺梨、火龙果与黄金梨作为三个研究区主要生态产业治理石漠化的生态产品，经过长期培育与推广，在当地具有一定规模，逐渐成为当地支柱产业与主导产品，并且三种生态产品的不同流通模式涵盖所在研究区所有流通类型，因此具有代表性。

（三）可行性

毕节撒拉溪研究区从 2011 年国家"十二五"科技支撑计划项目实施时开始建设，重点研究方向是混农林业与草地生态畜牧业，并取得了阶段性成果，具备丰硕的数据积累，良好的社会网络。其中，刺梨产业已初具规模，刺梨生态产品成为本研究的对象。贞丰—关岭花江研究区于 1996 年开始建设，历经"九五"科技攻关到"十三五"国家重点研发项目，始终根植花江石漠化治理工作与生态产业发展研究，取得了一系列科研成果。其中，火龙果产业作为生态产业治理石漠化的综合治理措施，已成为花江镇主导产业。施秉喀斯特研究区于 2014 年开始建设。施秉喀斯特作为中国南方喀斯特第二期遗产地，其中施秉喀斯特科研考察、申报文本及材料撰写由研究团队完成，为本研究提供了充足的前期基础。黄金梨产业发展在此后得到研究团队的推动，目前已成为白垛乡仅次于烤烟的产业。本研究作为系列研究的分支和延续，有着既往深厚的基础铺垫。总的来说，三个研究区都具备前期研究基础，积累了丰富的社会网络与试验数据，具备可行性。

（四）示范性

贵州省位于中国南方喀斯特的中心区域，也是南方石漠化最为严重的省份。2008 年《岩溶地区石漠化综合治理规划大纲（2006—2015 年）》公布首批石漠化治理示范县，贵州省为 55 个，占全国的 55%；2016 年印发的《岩溶地区石漠化综合治理工程"十三五"建设规划》，划定了 200个石漠化治理重点县，其中贵州 50 个。为此，科研工作者根据贵州实际，提出石漠化治理"顶坛"模式、"关岭"模式、"毕节"模式等石漠化综合治理模式，有效促进了喀斯特脆弱生态系统恢复。生态产品作为生态产业治理石漠化的衍生产物，不仅带动周边农户产业增收、脱贫致富，同时又能巩固治理石漠化成果，恢复喀斯特脆弱生态系统的稳定性。构建高效石漠化治理生态产品流通模式，并提出产品价值提升关键技术与策略，可以有效提升喀斯特石漠化地区的生态效益和社会经济效益。

因此，本研究选择代表贵州喀斯特石漠化地区生态、经济、环境总体结构特征的喀斯特高原山地、喀斯特高原峡谷和山地峡谷地貌类型，并结合国家"十三五"石漠化综合治理重点工程项目，选取贵州"毕节撒拉溪喀斯特高原山地潜在 – 轻度石漠化综合治理研究区""贞丰—关岭花江喀斯特高原峡谷中 – 强度石漠化综合治理研究区""施秉喀斯特山地峡谷无 –潜在石漠化综合治理研究区"作为示范区。

二、研究区基本特征

（一）毕节撒拉溪喀斯特高原山地潜在 – 轻度石漠化综合治理研究区

毕节撒拉溪研究区代表亚热带温凉春干夏湿喀斯特高原山地潜在 –轻度石漠化区，主要位于毕节市七星关区撒拉溪镇和野角乡境内（105° 02′ 01″ –105° 08′ 09″ E，27° 11′ 36″ –27° 16′ 51″ N），属六冲河流域上游，主要涉及撒拉溪镇冲锋村、朝营村、撒拉溪社区、永丰村、钟山村、沙乐村、龙凤村、水营社区以及野角乡茅坪村等 9 个行政村，2021 年户籍总人口 5933 户 26355 人。撒拉溪研究区国土总面积约 86.27 km²，其中喀斯特面积占研究区国土面积的 73.94%。撒拉溪研究区地貌类型多样，地形破碎不连续，台地、坝地面积少，坡地、陡坡地较多，水田极少，土壤肥力较低,耕作层浅薄。广泛发育着类型多样的喀斯特二元地貌,主要为漏斗、暗河、落水洞、溶蚀洼地和峰丛,石漠化以潜在 – 轻度为主。

(二)贞丰—关岭花江喀斯特高原峡谷中度 – 强度石漠化综合治理研究区

花江研究区位于关岭县和贞丰县交界的北盘江峡谷的花江段（105°36′30″ – 105°46′30″ E, 25°39′13″ –25°41′00″ N）。研究区国土面积 5161.65 hm²,范围涵盖关岭县花江镇的峡谷村（三家寨村、孔落箐村撤并为村民小组）、木工村、坝山村、五里村等 4 个行政村,贞丰县北盘江镇的银洞湾村（水淹坝村撤并为水淹坝组）、猫猫寨村、擦耳岩村 3 个行政村。2021 年末户籍总人口 2235 户 9134 人。研究区的喀斯特面积占国土面积的 87.92%,海拔范围 450—1450 m,垂直高差约 1000 m,是典型的喀斯特高原峡谷区。研究区内以白云岩为主的碳酸盐岩广泛出露,基岩裸露率高,地形破碎,中 – 强度石漠化发育强烈。由于峡谷两侧宜耕地资源不足,分布破碎,土层浅薄,耕地质量较差,保水性、耐旱性差,传统农业用地的投入—产出效率较低,人地矛盾突出。

(三)施秉喀斯特山地峡谷无 – 潜在石漠化综合治理研究区

施秉喀斯特研究区位于贵州省东部施秉县(108°01′36″ –108°10′52″ E, 27°13′56″ –27°04′51″ N）,地处云贵高原东部边缘向湘西低山丘陵过渡的山原斜坡地带,即中国阶梯地势第二级与第三级的过渡地区。研究区范围涵盖施秉县城关镇云台村,牛大场镇石桥村,白垛乡胜溪村、石家湾村、白垛村,以及马溪乡塘头村、茶园村等 7 个行政村,研究区总面积 28295 hm²。2021 年户籍总人口 3017 户 14668 人。研究区属于中亚热带喀斯特峡谷区,地势北高南低,地貌主体是峰丛峡谷,局部为峰丛洼地、峰丛谷地、峰林谷地及峰林洼地。具有春暖夏凉、四季如春、降水丰沛的亚热带湿润季风气候特点,无霜期为 255—294 d。大部分地区海拔 600—1250 m,平均海拔 912 m。2001—2020 年均气温 16℃,年均降水 1220 mm。区内土壤主要为白云岩风化的薄层石灰土，以无－潜在石漠化为主，此外非石漠化面积占总面积的11.02%。原生植被保存完好，外围以次生林灌为主。

第四节　资料数据获取与可信度分析

根据本研究调查方案设计，对三个研究区前期生态产品流通模式与价值提升关键技术等相关资料进行搜集整理、分类统计与归纳总结。数据途径：课题组前期积累、文献资料检索、入户调查与座谈访谈、遥感影像解译分析等，采取定量与定性相结合的方式，对数据进行验证、统计与分析。

一、野外调查数据

（一）野外调查目的与内容

1.调查目的

调查以石漠化治理生态产业为背景，重点了解石漠化治理生态产品流通的实际状况，在调查过程中基于人文地理学、农业经济管理学、市场营销学和流通经济学等理论知识，在毕节撒拉溪、贞丰—关岭与施秉喀斯特研究区分别选择刺梨、火龙果、黄金梨生态产品种植农户、流通经纪人、批发市场的批发商、合作社理事长、村（社区）干部、乡镇干部、县（区）农业农村局干部、龙头企业负责人作为访谈对象，开展深度访谈与问卷调查，调查员实时记录调查中出现的新情况和填写调查问卷。

图2-3　实地调查、座谈与访谈

2.调查内容

本研究通过考察交易成本和社会资本来揭示农户视角下生态产品流通模式，在样本的具体选择上本研究重点考虑了以下因素：（1）尽量涵盖不同石漠化演化阶段的石漠化治理生态产品；（2）样本覆盖农户选择的所有生态产品流通模式，并且每种流通模式样本量符合统计要求；（3）所选生态产品品类为研究区典型石漠化治理生态产业所产出的主导产品。

本研究在借鉴前人研究经验的基础上，设计入户调查问卷。经过专家咨询和三次预调查，对问卷进一步完善，最终得到本研究的调查问卷，主要内容分为5个方面：

（1）家庭基本情况：家庭共同生活人口数；家庭劳动力数；户主性别、年龄、石漠化治理生态产业从业年限、社会经历、受教育程度；家庭成员参加生态产业技能培训情况；加入生态产品流通组织的情况。

（2）经济结构概况：农户是否有兼业行为；家庭实际耕作的土地面积；生产的生态产品种类与规模；生态产品销售状况、销售渠道、初加工、简单包装、品牌认证等。

（3）生态产品收益与成本：收益以经济收益进行表达，分为收入增长和成本下降两个方面，分别从收益的平均数、最大数、最小数来表征；成本为生态产品人力与生产资料投入成本。

（4）生态产品交易成本：搜寻成本（是否及时掌握生态产品的价格信息；掌握什么样的生态产品交易市场价格信息；交易前咨询过几次报价

信息）；谈判成本（是否知道生态产品的买家；买家来自哪里；知道有什么样的买家；知道几个类似的买家）；执行成本（生态产品的交易时长；是否需要对生态产品的质量进行检验；是否对质量有异议；付款方式；是否有赊账行为；赊账比例；是否签订合同或协议）；运输成本（农户住所的区位条件；农户距离生态产品交易场所的路程；农户拥有的交通工具）等。

（5）农户社会资本：

一是结构维度：包含关系（Relationship）、信息（Information）、承诺（Promise）和关系网络（Network Linking）。①衡量关系的指标：农户更注重与流通中间商之间的关系；流通中间商非常重视与农户的关系；农户大力推销生态产品；流通中间商努力从农户那里购买生态产品。②衡量信息的指标：在生态产品流通过程中，农户与流通中间商之间能够充分交流信息；在生态产品交易中，流通中间商有时也会隐瞒某些对农户有益的市场信息；在收集生态产品市场信息中，农户与流通中间商会耗费大量时间进行信息交流；流通中间商就农户选择种植的生态产品品种向农户提出意见；农户与流通中间商经常交流生产经验或技能。③衡量承诺的指标：农户是一位信守诺言的人；农户和流通中间商都是信守承诺的人；农户和流通中间商都不会投机取巧。④衡量网络的指标：农户关系网络帮助其与流通中间商建立诚信关系；农户关系网络帮助其找到新的流通中间商；农户关系网络可以帮助其增加生产技能；农户与许多流通中间商会经常保持联系；农户和许多流通中间商都有丰富贸易经验。

二是关系维度：包含了信赖（Trust）、互惠（Reciprocity）和声誉（Reputation）。①信赖的主要衡量指标：农户全然信赖父母；农户全然信赖亲友；农户全然信赖乡亲；农户全然信赖陌生人；村里大部分农户都是值得信赖的；村里人通常在借钱的事情上没有轻易应允；农户遇到困难时，村里人乐于帮助他；农户能够成功向邻居家借到扳手、螺丝刀等工具；农户信任的流通中间商，通常不会做出对他不利的举动；农户主要的流通中间商是值得信赖的；农户和大部分流通中间商已经建立了友好关系。②互惠的主要衡量指标：农户与流通中间商在交易中坚持互利互惠原则；流通中间商有时给农户的交易条件有失公正；流通中间商支持农户发展生态产业；农忙的时候，村里人也会互相帮忙；农户对流通中间商与他的合作关系表示满意；与农户正常交易的时候流通中间商给他的价格通常超过其他流通中间商。③信誉的主要衡量指标：农户认为与他交易的流通中间商是值得尊重的；与农户交易的流通中间商是一个重视信誉的人；农户是一个重视自己信誉的人。

三是认知维度：农户和流通中间商都明白保持良好关系的重要性；农户可以与流通中间商和谐相处；农户与流通中间商的长期目标保持一致；农户认为目前的社会氛围很好，每个人都遵守道德准则；农户认为当前市场环境良好，大家都遵循公平贸易原则。

四是服务维度：在生态产品生产环节，农户是否接受过流通中间商生产指导或技术培训；农户是否接受过流通中间商用于发展生态产业资金的支持；农户是否接受过流通中间商解决市场纠纷的帮助；农户是否接受过流通中间商降低市场风险措施；农户是否接受过流通中间商开展生态产品流通过程中的维权活动。

（二）野外调查过程、步骤与规模

在三个研究区农户抽样过程中，综合采用分层抽样和简单随机抽样法。一是分层抽样，通过乡镇、村委会座谈访谈了解该村生态产品种植分布特征、流通主要类型，以重点覆盖不同类型生态产品流通模式。二是简单随机抽样，在选取村民小组或自然村后，采取简单随机的方式抽取访谈的农户。

调查时间安排及具体区域：2019 年 4 月—2022 年 3 月，共计开展 11 次研究区实地调研（表 2-1）。

每个研究区座谈访谈县农业农村局干部 1—2 名，龙头企业负责人 1—2 名，乡镇干部 1—2 名，村两委干部 1—2 名，合作社理事长或工作人员 1—2 名，选择 120 户左右的生态产品生产者（农户）作为问卷调查和入户访谈对象。

表2-1　野外调查计划安排

计划	目的	内容	时间（年月）	地点（县、乡、村）	人员构成
背景调查	研究区实地踏勘	生态产业分布、生态产品类型的现状	2019.04	关岭县、贞丰县、施秉县与七星关区农业农村局；关岭县花江镇法郎村，贞丰县平街乡冗染村，北盘江镇查尔岩村，贞丰县北盘江镇猫猫寨村，七星关区撒拉溪镇冲锋村，施秉县白垛乡黑冲村，施秉县白垛乡白垛村	博士研究生2人、硕士研究生4人
生态产品市场流通主体的识别	生态产品利益相关方的识别与形式	农户、经纪人、批发商、合作社负责人，龙头企业负责人走访调查	2019.06	关岭县花江镇法郎村，贞丰县平街乡冗染村，北盘江镇查尔岩村，贞丰县北盘江镇猫猫寨村，七星关区撒拉溪镇冲锋村，施秉县白垛乡黑冲村，施秉县城关镇云台村	博士研究生3人、硕士研究生5人
生态产品市场流通过程调查	农户对于生态产品流通渠道选择因素	生态产品流通的交易成本与社会资本	2020.01	关岭县花江镇法郎村，贞丰县平街乡冗染村，北盘江镇查尔岩村，贞丰县北盘江镇猫猫寨村，七星关区撒拉溪镇冲锋村，施秉县白垛乡黑冲村，施秉县城关镇云台村	博士研究生3人、硕士研究生4人
生态产品品质取样调查	生态产品品质与生长环境耦合关系	土壤、灌溉水、生态产品果实	2020.04 2020.08 2020.09 2021.04 2021.08 2021.10	关岭县花江镇法郎村，贞丰县平街乡冗染村，北盘江镇查尔岩村，贞丰县北盘江镇猫猫寨村，七星关区撒拉溪镇冲锋村，施秉县白垛乡黑冲村，施秉县城关镇云台村	博士研究生3人、硕士研究生8人
生态产品产业链与价值链	生态产品价值实现途径	生态产品冷链建设、物流方式、深加工、营销方式	2021.11	关岭县花江镇法郎村，贞丰县平街乡冗染村，北盘江镇查尔岩村，贞丰县北盘江镇猫猫寨村，七星关区撒拉溪镇冲锋村，施秉县白垛乡黑冲村，施秉县城关镇云台村	博士研究生2人、硕士研究生6人
补点调查	完善论文数据	毕业论文不足的相关数据	2022.03	关岭县花江镇法郎村，贞丰县平街乡冗染村，北盘江镇查尔岩村，贞丰县北盘江镇猫猫寨村，七星关区撒拉溪镇冲锋村，施秉县白垛乡黑冲村，施秉县城关镇云台村	博士研究生2人、硕士研究生4人

（三）调查结果分析与可信度

为提高样本反映研究的质量，本研究采取结构化问卷调查，对流通中间商和生态产品生产者（农户）等有关主体开展座谈访谈与问卷调查。调查人员主要来自课题组的 3 名博士生和 11 名硕士生（累计）。在研究前期，对 14 名调查人员开展入户培训，涉及研究背景、研究目的、指标解释、逻辑跳转、问题延伸与追问方法、新情况记录和人身安全等内容。此外，开展问卷录入、电话回访过程和数据整理等注意事项的讲解。

入户调查共发放问卷 500 份，回收问卷 490 份，回收率 98.00%；剔除内容不完整、逻辑错误明显且无法通过电话回访纠正的问卷，剩余有效问卷 469 份，有效率为 95.71%（表 2-2）。

表 2-2　生态产品流通模式调查样本分布情况

序号	样本县	样本村	样本问卷回收户数	有效问卷户数	合作社理事长人数	龙头企业负责人人数	村干部人数
1	贞丰县	银洞湾村	30	26	1	1	1
2	贞丰县	查尔岩村	15	15	1		3
3	关岭县	峡谷村	70	70	2		2
4	关岭县	坝山村	30	28	1	1	2
5	关岭县	木工村	15	12	2		1
6	七星关区	冲锋村	90	86	1	2	2
7	七星关区	龙凤村	75	72	2		2
8	施秉县	云台村	15	15	3		1
9	施秉县	石家湾村	30	29	1	1	1
10	施秉县	白垛村	120	116	2		2
合计			490	469	16	5	17

（四）调查数据分析与统计

1. 样本基本情况分析

三个研究区劳动力年龄差异明显，所调查的毕节撒拉溪和施秉喀斯特研究区，在地从事生态产品生产的劳动力，年龄结构分别在 50—52 岁、53—54 岁，因此务农年限较长，分别为 31—33 年、28—32 年。同时，两个研究区劳动力文化层次较低，受教育年限在 4—5 年区间，普遍为小学学历。

2. 不同生态产品流通模式的样本分布

对三个研究区入户问卷调查进行梳理和样本可信度的检测验证。结果表明，农户主要选择 6 种石漠化治理生态产品流通模式进行市场流通，其中，"农户—批发商—市场"模式占比较大。在分类考察不同类型生态产品流通模式时，为了充分揭示组织化程度高的流通模式对农户绩效的影响，调查样本比重适当向"农户—龙头企业—市场""农户—合作社—市场""农户—合作社—龙头企业—市场"等生态产品流通模式倾斜。

二、收集资料数据

（一）收集资料目的与内容

资料是研究的前提。在确定选题与研究过程中，除上述问卷调查数据、座谈访谈资料等方面的第一手资料以外，按照实际研究需要搜集、整理各类二手参考资料，并与问卷调查数据、座谈访谈资料等一手资料相互印证、互相补充，将为本研究的科学性、准确性和客观性提供佐证与依据。

收集资料类型分为：年鉴、报告、文件、期刊、文集、数据库、报表等。内容涵盖：自然基础数据、人口与社会经济数据、土地数据、石漠化数据等 4 个方面。

（二）收集资料过程与步骤

（1）自然基础数据来源：降雨量、气温数据主要来自放置在研究区的小型气象站以及七星关区、关岭县、贞丰县、施秉县气象局；水文数据来自贵州省水文水资源局；地质数据来自国家地质资料数据中心；自然资源基本数据来自课题组购买的《七星关区撒拉溪镇志（2008—2010）》《贞丰县志（2005）》《关岭布衣族苗族自治县志（2005）》《施秉县志（1991—2010）》等资料。

（2）人口和社会经济数据来源：课题组通过与研究区域所在地乡

镇政府、村交流获取的详细人口统计资料；作为课题组团队成员，参与2018—2021年对毕节撒拉溪、贞丰—关岭花江、施秉喀斯特研究区域的典型农户调查，获取的一手数据。三个示范区粮食作物（稻谷、小麦、玉米、大豆、薯类）数据来自兴义市、安顺市、毕节市、黔东南州统计年鉴（2011、2016、2021）。2011年粮食作物平均市场价格数据来自黔农网。

（3）土地利用数据来源：课题组下载SPOT 5m遥感影像，按照土地利用现状分类标准（GB/T 21010—2007），对研究区实施了野外GPS建标，实地选点和图件对比检验，得到了最小图斑为0.1 km²精度的土地利用现状矢量图。

（4）石漠化数据分析主要来源：与课题组的其他成员共同协作，以SPOT 5m遥感影像为底图，按照喀斯特地区石漠化等级划分标准（熊康宁等），通过对研究区样点开展田野GPS建标，经过计算机分析处理，并进行实地与图件的信息比较检验，得到研究区石漠化等级现状矢量图文件（正确率在90%以上）。

（三）收集资料结果与可信度

（1）自然基础数据

表2-3 2020年研究区气象数据统计

研究区	月份	降雨量 mm	陆面蒸发量 mm	可利用降水量 mm	气温 ℃	辐射 W/m²	相对湿度 %
毕节	1月	31.00	24.06	6.94	4.60	162.72	82.91
	2月	45.00	36.49	8.51	11.60	161.22	82.82
	3月	64.00	45.11	18.89	12.50	205.55	83.53
	4月	88.00	59.59	28.41	16.40	206.00	83.29
	5月	107.00	67.61	39.39	17.90	245.63	83.14
	6月	196.60	71.33	125.27	18.80	261.69	83.76
	7月	304.00	60.27	243.73	19.10	261.24	83.54
	8月	286.00	85.33	200.67	22.50	268.98	83.29
	9月	151.00	72.75	78.25	18.50	251.34	83.66
	10月	92.00	54.65	37.35	14.30	200.31	82.18
	11月	48.00	25.54	22.46	2.90	45.69	91.10
	12月	12.60	11.94	0.66	3.60	130.18	83.54

续表

研究区	月份	降雨量 mm	陆面蒸发量 mm	可利用降水量 mm	气温 ℃	辐射 W/m²	相对湿度 %
贞丰—关岭	1 月	17.00	16.49	0.51	12.17	227.26	80.02
	2 月	10.40	10.32	0.08	14.79	320.71	70.44
	3 月	12.60	12.51	0.09	19.15	373.30	67.19
	4 月	33.50	32.84	0.66	26.40	572.70	64.11
	5 月	31.20	30.65	0.55	26.20	465.80	67.24
	6 月	253.00	125.07	127.93	27.41	582.78	78.13
	7 月	156.60	112.47	44.13	27.40	585.91	78.62
	8 月	75.60	70.09	5.51	28.70	761.22	73.05
	9 月	296.40	105.78	190.62	25.30	587.69	73.80
	10 月	101.00	80.77	20.23	23.80	332.78	70.10
	11 月	57.60	45.43	12.17	14.30	282.56	68.47
	12 月	43.50	36.05	7.45	12.00	247.72	72.34
施秉	1 月	42.00	25.07	16.93	2.88	145.58	84.03
	2 月	37.00	24.16	12.84	2.78	179.60	77.12
	3 月	64.00	40.68	23.32	10.14	204.69	70.25
	4 月	112.80	60.56	52.24	15.65	219.68	72.40
	5 月	171.60	64.04	107.56	17.00	245.33	72.25
	6 月	243.80	85.81	157.99	21.89	274.13	71.43
	7 月	216.60	97.59	119.01	23.33	331.81	69.81
	8 月	258.20	103.53	154.67	24.56	349.81	65.36
	9 月	31.20	30.20	1.00	21.15	374.14	63.16
	10 月	111.80	61.19	50.61	15.84	256.44	72.16
	11 月	21.00	20.17	0.83	13.19	454.26	65.23
	12 月	31.50	26.59	4.91	8.04	299.92	74.63

（2）人口与社会经济数据

依托于课题组长期跟踪调查毕节撒拉溪示范区、施秉喀斯特示范区与贞丰—关岭花江示范区社会经济所获数据，运用 SPSS 22.0 软件中的主成分分析法确定各指标权重。针对所选取的指标体系进行信度检验，克朗巴哈 α 系数达 0.803，表明调查问卷量表具有良好的信度。

表 2-4 研究区人口与社会经济数据

指标类别	原始指标或生成指标	指标说明及赋值
应对粮食减产	农药使用量	使用农药的农户比例
	化肥使用量	使用化肥的农户比例
生计多样化	生计多样化	农户家庭从事的生计活动种类数
	经济作物种植	种植经济作物的农户比例
牲畜死亡	自产粮食喂养	自产粮食喂养的农户比例
	购买饲料	农户购买饲料的年花费
政府救助	资金补贴	低保、特困补贴和建房补贴总金额
	退耕	农户家庭退耕面积
人力资本	家庭成员整体劳动力	农户家庭成员的劳动力：全劳动力1，半劳动力0.5，非劳动力0
	成年劳动力受教育情况	农户家庭成员受教育程度：小学程度0.25，初中0.5，高中0.75，大学以上1，未受教育0
	劳动能力不足	因重病、慢性病、残疾无法劳动的农户数量
自然资本	人均耕地面积	反映人均拥有的耕地面积
	人均林地面积	反映人均拥有的林地面积
物质资本	土地利用资源减少	即土地退化等级，由农户自主评定：土地质量好取值1，较好0.75，一般0.5，较差0.25，差0
	粮食减产	对自然灾害和田间管理认知不当的农户比例
	农户畜牧数量	农户拥有畜牧数量：猪1.0，牛0.5，其他大型牲畜0
	牲畜死亡	农户养殖牲畜死亡比例
	农户居住房屋类型	砖混房1.0，砖木房0.75，砖石房0.5，土坯房0.25，木房0
金融资本	家庭拥有某项技能、收入	从事工资性工作或二、三产业工作获得的收入
	专业合作社收入	农户参与合作社的平均收入水平
	借款	家庭有小额信贷或高利贷等的农户比例
社会资本	农忙时相互帮工程度	农户社会交往程度：需要为1，不需要为0
	现金资助	农户每年收到亲戚汇款、现金赠送的总金额

（3）土地利用数据

表 2-5 8省（区、市）土地利用数据

地类	2005年（ha）	2010年（ha）	2015年（ha）	2020年（ha）
水田（11）	22135500	22048600	21648600	21197000
旱地（12）	27985300	27770200	27670200	28340500
有林地（21）	48818200	48668300	48337300	49599900
灌木林（22）	27789000	27794500	27737000	26656200
疏林地（23）	21282800	21202900	21093100	20542000
其他林地（24）	1838000	2128600	2334300	2644400

续表

地类	2005 年（ha）	2010 年（ha）	2015 年（ha）	2020 年（ha）
高覆盖度草地（31）	14365800	14408800	14437100	13924700
中覆盖度草地（32）	17810400	17715700	17679600	17239300
低覆盖度草地（33）	2563700	2548600	2544500	2515500
河渠（41）	1152300	1158400	1175600	1331500
湖泊（42）	713700	704000	680100	659600
水库坑塘（43）	1414100	1435600	1511100	1589100
永久性冰川雪地（44）	89800	89800	89800	100500
滩涂（45）	32600	33500	33100	23700
滩地（46）	366000	378500	405100	360300
城镇用地（51）	989800	1112200	1186200	1562600
农村居民点（52）	1728900	1728900	1762200	1799900
其他建设用地（53）	295700	392200	1052000	1521600
沙地（61）	13500	13400	13100	8400
戈壁（62）	0	0	0	0
盐碱地（63）	1200	1200	1800	1700
沼泽地（64）	462100	467900	463200	564900
地类	2005 年（ha）	2010 年（ha）	2015 年（ha）	2020 年（ha）
裸土地（65）	25600	30300	30900	23400
裸岩石质地（66）	1590200	1593200	1593400	1485000
其他（67）	100	100	200	4000
海洋（99）	11200	12000	11600	12800

（4）石漠化数据

表2-6　8省（区、市）石漠化数据

石漠化类型	年份	耕地（ha）	林地（ha）	草地（ha）	其他用地（ha）
无石漠化	2000	93392.17	99368.88	17114.12	139.46
	2005	99137.42	97419.92	17856.52	139.95
	2010	103330.99	99204.22	18110.82	145.17
	2015	103411.93	99586.09	18066.81	140.04
潜在石漠化	2000	68970.63	68388.90	3777.06	2.63
	2005	61696.54	64401.52	3269.82	0.52
	2010	64804.96	67396.08	2949.02	0.25
	2015	68124.60	70878.16	3136.86	0.61
轻度石漠化	2000	31989.49	17057.42	2519.20	0.79
	2005	30653.93	16272.92	1814.18	1.32
	2010	30976.27	17711.92	2336.16	3.18
	2015	31841.68	21079.89	1933.66	2.65

续表

石漠化类型	年份	耕地（ha）	林地（ha）	草地（ha）	其他用地(ha)
中度石漠化	2000	25636.75	17151.53	2407.16	4.51
	2005	26935.07	22017.54	2805.97	5.13
	2010	23467.33	18592.28	2537.54	6.47
	2015	22179.91	14635.91	2093.98	5.22
重度石漠化	2000	11239.25	9526.70	1286.82	3.12
	2005	13663.93	11533.54	1214.86	4.51
	2010	11113.91	8996.33	806.03	5.02
	2015	7462.70	5595.43	1263.06	4.87
极重度石漠化	2000	2132.57	2637.29	767.88	19.11
	2005	1613.11	2564.92	460.70	19.57
	2010	1030.17	1543.84	349.54	21.34
	2015	1266.78	1698.20	588.51	20.39

（四）资料数据分析与统计

（1）自然基础分析与统计

遥感影像资料来源于项目组购买的 Landsat 8 遥感影像和从中国资源卫星应用中心下载的 2020 年 8 m 空间分辨率的 ZY-3 高分辨率卫星遥感数据。

年平均降水量图。数据来源于 2001—2019 年 8 省（区、市）气象局及国家气象科学数据共享服务平台的气象站点插值。

DEM 数字高程图。DEM 数据主要来源于贵州省测绘院生产的 30 m 分辨率的数据，通过 ArcGIS 掩膜工具提取 DEM 数据。

坡度图。在 DEM 数据基础上，运用 ArcGIS 软件中的 3D Analyst 分析功能，生成 8 省（区、市）坡度分级图。

岩性图。地质岩性资料参考中国科学院地球化学研究所岩性图资料整理，分为碳酸盐岩、碳酸盐岩夹非碳酸盐岩、非盐酸盐岩三种类型。

土地利用现状图。2020 年 8 省（区、市）土地利用数据是在 2015 年土地利用遥感监测数据的基础上，基于 Landsat 8 遥感影像，通过人工目视解译生成。

河网水系图。在 DEM 数据基础上，借助 ArcGIS 中栅格系统的空间分析功能提取 8 省（区、市）河网水系数据。

石漠化图。基础资料来源于贵州师范大学 2010 年贵州省 1 ：10 万石漠化图，并根据 2015 年卫星影像结合地理国情成果进一步修正处理。参照熊康宁等的石漠化等级划分体系，划分为无石漠化、潜在石漠化、轻度石漠化、中度石漠化、强度石漠化和极强度石漠化等 6 个等级。

年平均气温图。8 省（区、市）2001—2020 年气温空间分布数据来源于中科院地理所资源环境科学与数据中心网站，计算得到 20 年气温均值绘制空间图。

植被覆盖度图。8 省（区、市）月 300 m 植被指数（NDVI）空间分布数据来源于中科院地理所资源环境科学与数据中心网站，根据 NDVI 估算区域植被覆盖度，并绘制空间图。

（2）人口与社会经济数据分析与统计

人口密度图。基于第七次人口普查数据，以县域尺度为单位，通过总人口除以国土面积得到 8 省（区、市）人口密度。

交通图。8 省（区、市）道路交通数据来源于地理监测云平台，通过 ArcGIS 进行空间可视化。

路网密度图。数据来源于地理国情普查成果，路网密度通过 8 省（区、市）各类道路总长度除以区域国土面积获得。

人均 GDP 图。人口数据来源于第七次人口普查数据，GDP 数据来源于 8 省（区、市）2021 年统计年鉴，通过县域 GDP 总量除以总人口获得。

人均耕地图。人口数据来源于第七次人口普查数据，耕地面积数据来源于 8 省（区、市）2021 年统计年鉴，通过县域耕地总面积除以总人口获得。

绿色产品图。绿色产品数据来自浙大卡特—企研中国涉农研究数据库（CCAD），通过 ArcGIS 空间可视化呈现。

有机产品图。有机产品数据来自浙大卡特—企研中国涉农研究数据库（CCAD），通过 ArcGIS 空间可视化呈现。

地理标志产品图。地理标志产品数据来自全国农产品地理标志查询系统网站，通过 ArcGIS 空间可视化呈现。

大型商超图。大型商超数据来自浙大卡特—企研中国涉农研究数据库（CCAD），通过 ArcGIS 空间可视化呈现。

农民专业合作社图。农民专业合作社数据来自浙大卡特—企研中国涉农研究数据库（CCAD），通过 ArcGIS 空间可视化呈现。

龙头企业图。龙头企业数据来自浙大卡特—企研中国涉农研究数据库（CCAD），通过 ArcGIS 空间可视化呈现。

第三章　石漠化治理生态产品流通的影响因素与作用机理

基于农业粮食链理论，根据已有文献和实际调研情况，提出石漠化治理生态产品流通效率影响因素的研究假设。根据研究假设梳理遴选生态产品流通效率的影响因素及具体变量指标，通过建立多元回归模型，对三个研究区面板数据进行实证分析，用以验证研究假设，并分析因素如何影响生态产品流通效率。最终得到石漠化治理生态产品流通的影响因素，并进一步揭示其在三个研究区如何驱动生态产品流通（作用机理），以及在不同等级石漠化区域的差异性。

第一节　理论基础与研究假设

一、流通市场网络的影响

改革开放前，我国农产品市场长期采取统购统销的政策，由国营商业部门统一收购，禁止农户自行销售，取而代之的是政府通过行政手段调控农产品的供求情况（聂晶鑫，刘合林）。这种调控在农产品供大于求的初期产生过较好效果，但随着农产品产能提升，政策"管得太死"的弊端逐渐显现，农业市场因此失去活力（赵欣）。历史经验表明，通过农业流通领域市场化运营，构建农业流通市场网络，有利于保障城市农产品供给和农村农产品剩余，有效调节农产品产销空间不适配。1978 年以来，政府、社会和农户的市场意识发生重大转变。随着市场经济逐步推向各行业，政府对农产品市场经济的微观调控也逐渐取消（王竹云）。同时，农产品流通市场的逐渐放开，农产品供给矛盾从供不应求转化为供过于求。加之，相对市场而言，农业产业趋于弱势位置（朱琳，张静）。这就意味着，农产品流通问题逐渐取代生产问题，成为农业领域的重点关注，尤其是农户小生产与大市场有效对接问题。

流通市场网络是否完善不仅影响着生态产品的流通效率，也影响着农户流通收益。完善的流通市场网络特征包括市场辐射区域广、交易规模大和产品类型多样。所以，通过扩大生态产品的交易数量、品类和范围，可以有效增加生态产品的交易量，使产业集聚力逐渐增加（崔春莹，苗维亚），进而影响周边区域农户产业结构调整，推动形成区域主导产业。反之，如果流通市场网络在生态产品的交易数量、品类和范围等方面滞后，当交易总量增大后，造成交易"拥堵"，降低生态产品的流通效率，农户进入市场交易话语权就会被削弱，进而收益下降。周强认为，完善的流通市场网络不仅可以增加农户收入，还可以提高城镇居民生活水平，如若市场网络的功能未能得到充分发挥，则会制约生态产品流通效率。综上可知，流通市场网络是影响生态产品流动效率的基础性因素。

基于以上分析，本研究提出假设 1：完善的流通市场网络会为石漠化治理生态产品流通效率带来正向的影响。

二、流通企业组织规模的影响

家庭联产承包责任制曾在调动农户生产积极性，以及推动农村社会生产力迅速发展等方面发挥过积极作用。随着市场经济的快速发展，传统小农经济的弊端逐渐浮现。诸如农户对产品生产标准难以把控，农户之间缺乏统一的组织协调，农户缺乏与大市场有效对接能力等（郑晓丹）。正是由于农户存在无组织、小规模、履约难的问题，降低农户在市场交易中的主导地位，农户增收始终无法得到切实保障。破解这一问题的关键在于如何把小生产与大市场连接起来，即提升农户的组织能力。

流通企业组织通过将分散农户的小规模生产产品汇集起来，代表分散农户统一对外沟通，能够极大地提高农户整体的市场权益。一方面，能及时了解生态产品的市场信息并进行生产/流通调度，从而降低农户交易频次、时间与成本，时空上合理配置生态产品生产与流通（王志豪）。另一方面，作为经营生态产品的企业也可组织整合农户资源，将小规模、分散生产的石漠化治理生态产品汇集起来统一销售（胡健）。此外，流通企业组织还可以根据市场需求，通过引导农户进行生产活动，实现农户与市场供需平衡，从而减少农户交易成本，同时降低农户的生产风险。总的来看，农户以小农的生产经营方式，无法在完全开放的市场自由竞争中取得合理权益。

生态产品流通借由企业组织化管理，不但有利于及时有效向农户传递生态产品市场交易信息，指导农户合理调整生态产品种植规模，而且企业也可以根据市场需求合理调配生态产品供应，保障企业生态产品经营效益，实现生态产品流通效率的提升。企业组织化程度的改善，将会在三个环节有效提高生态产品的流通效益（赵英霞）。在生产方面，组织化的农户将取代利益联结松散的农户，并通过生产组织化程度的提高，带动生态产品的生产效率的提高；在物流方面，运输环节越是严格有序，则生态产品流通效率越高；在流通方面，企业通过组织化的流通活动代替农户小规模零售，流通环节中减少交易成本，因此能提高生态产品流通效率（邹坦永，马莹莹，李海舰，李燕）。综上可知，流通企业组织是影响生态产品流动效率的关键性因素。

基于上述分析，本研究提出假设2：石漠化治理生态产品流通企业组织规模提高，能够提升生态产品流通效率。

三、流通基础设施的影响

流通基础设施包含交通基础设施和物流基础设施，共同成为石漠化治理生态产品流通效率的保证性因素。

交通基础设施对于生态产品的流通而言，有着多方面的影响。首先，基础设施的改善会降低成本效应，包含减少运输费用、交易成本和仓储成本。随着路网密度和规格的提升，承载生态产品流通规模越高，越能提高流通效率，从而降低运输成本（左劲中，陈超，袁斌）。完善的运输网络有助于农户与流通中间商直接联系，削弱线下交易空间难度，从而减少交易成本。同时，一个完善的交通网络还能够促进生态产品的周转流通，加快转运效率并保持较低的库存量，进而降低仓储成本。其次，基础设施的完善也会产生规模效应。一方面，拓展生态产品销售市场的空间格局，从而增加生态产品流通的空间范围（张贵友等）。另一方面，基础设施的完善也推动区域生态产品整合，进而形成更大的市场规模，通过规模效应，促进流通主体整体收益的提升（张贵友）。最后，基础设施的完善还能产生资源合理配置的效应。交通基础设施的完善，会吸纳大批企业和劳动力、资金、技术、原材料等生产要素进行空间聚集（黄彩霞，王世华），这些要素的空间集聚能充分发挥比较优势，共同推动流通主体的纵向发展与横向合作，以促进规模经济的发展与产业结构的升级，进而提高社会资源配置效率。

物流基础设施的健全也会产生以上这些正面效果，对于提升生态产品流通效率有着举足轻重的意义。田乐研究表明，物流基础设施对生态产品流通效率的提高具有积极作用。黄湘平通过调研发现，物流资源的科学、合理配置，能够减少运输成本，简化商品流通环节，进而推动商品流通效率的提升。

基于以上分析，本研究又提出以下两个假设：

假设 3：完善的交通基础设施对石漠化治理生态产品流通效率的提升有促进作用。

假设4：完善的物流基础设施对石漠化治理生态产品流通效率的提升有正向作用。

四、信息化水平的影响

石漠化治理生态产品流通需要信息化的有效支撑与服务。生态产品流通涉及价格信息、产品信息、批发商信息等交易信息，可见生态产品与市场能否有效衔接，需要各方面信息的有效支撑与服务。已有的研究表明，在以毕节撒拉溪示范区为代表的喀斯特农村地区，石漠化治理生态产品的市场信息化水平仅为贵州省平均水平的28.64%（张玄素，彭珊，张妍），具体表现如下：一是信息化硬件水平低。仅有30%的农户掌握用计算机获取市场信息的能力，70%的农户不懂得通过网络开展生态农业产品电商经营（张玄素，彭珊，廖汝慧）。农户家庭经济水平一般较低，无法负担起购置电脑等设备费用（章宗敏）。农户主要通过人以及村委广播等形式获取产品价格和品种信息（贾铖等）。但这些信息传递方式较为落后，导致信息更新较慢与传播滞后。而且，目前极少有专门组织机构系统、规范地搜集、组织和公布产品信息。因此农户在生产、流通过程中很容易"失明"，承担较大的市场风险。二是信息使用效率较低。农业相关资讯最权威的网站是政府农业农村部门资讯网，但是它所搜集和公布的信息大多是相对宏观的数据，既没有专业的生态产品分类系统，也没有专门的生态产品数据采集区域（李光集）。导致农户对信息使用效率低，部分信息超出农户理解能力。三是缺乏信息化人才和项目。石漠化地区长期缺少信息化人才，地方政府市场信息化建设项目较少，也是影响生态产品流通信息化水平的主要因素（刘强）。同时，由于部分龙头企业对于信息化认识不够，也不愿投入信息化建设。四是存在低水平重复建设现象。缺乏统筹制定石漠化地区农村信息化工程的整体规划，不同地区考虑到行政边界因素，通常各自开展农村信息化工程建设，尤其以低水平的重复建设现象较为突出，不但浪费了资源，而且难以发挥信息化应有的效用（娄丽娜）。信息化的蓬勃发展，有利于为生态产业流通领域开拓新路，加之标准化、品牌化等服务水平的提高，将进一步提高生态产品流通效能，并减少生态产品流通成本。

信息化水平的提升使得生态产品供销更为精准。石漠化治理生态产品流通环节中充斥着各类信息，通过信息技术可以衔接有效信息，剥离无用信息，从而使生态产品流通过程更为高效，所以信息化水平的高低，成为直接影响生态产品流通效率的技术性因素（王熙，温继文）。完善的生态产品流通信息网络，一方面使得市场供求信息的获取更加高效、方便和精确（毛海涛），另一方面，流通主体也可以更加及时准确获知相关生态产品、交易市场价格等信息内容，因此应减少生态产品在上下游流通中间商之间的消息不对称，加速市场交易主体之间的信息交换，从而有效降低市场交易成本，进而增加流通效益（韩雨溪，李广）。此外，流通主体可以利用大数据信息技术获取生态产品的消费数据，从而使产品按需要生产、销售，以提高市场反应速度和成交效果。同时，通过分析销售区市场交易信息，来预测产品未来的购买趋势，加强生态产品流通精准营销。随着信息化建设水平的提高，不但能缩小产品购销双方相互之间的距离，也能增加生态产品的流通渠道，进而增加生态产品知名度和销售额（李霞）。同时，信息化的发展也使得生态产品流通业的支付方式、组织结构、物流管理等环节的效率显著提升（刘艳桃）。

基于上述分析，本研究提出假设5：信息化水平的提升有助于石漠化治理生态产品流通效率的提高。

五、流通环境的影响

流通环境通过政策环境与经济环境影响生态产品流通（杨薇）。

喀斯特地区政府先后出台系列支持政策，尤其在支持绿色、有机、无公害、生态产品建设现代化流通体系方面起到关键作用。但仍存在不足。一是市场交易平台建设方面。政府对生态产品经营企业发展的关注，远不如行业协会等非营利性组织，同时由于政府对建立生态产品交易市场的扶持政策还稍显薄弱，因此导致"最后一公里"问题仍是生态产品流通的一个顽症（张倩）。二是在生态产品流通标准化方面。标准化作为一项基础的研究工作，对于提升生态产品流通效率有着重要意义（李碧珍）。目前，生态产品流通规范还未制定，存在借用常规农产品标准现象，同时现有标准还存在交叉重叠，不能完全呈现生态产品的"生态"价值。三是在生态产品流通供应链整合方面。生态产品高效流通离不开供应链上交易主体有效衔接，但目前缺乏这方面的政策指导（王薇薇）。首先，尽管政府重视生态产品供应链的可追溯性以及交易主体之间的信息交换，却很少将其提高到供应链整合的高度（薛建强）。其次，虽然政府重视生态产业在农贸市场、龙头企业、大型商超交易主体之间的衔接，但未从供应链整合视角做统筹考虑，同时缺乏具体的指导措施（郑鹏）。

流通政策是影响石漠化治理生态产品流通效率的制度因素。一方面，政策在生态流通方面扮演着关键性角色，政府制定的有利政策措施将会推动生态产品流通，从而促进各地区经济社会的平衡发展（王立冬）。可见，政府制定的有利政策将会对生态产品流通效果产生正面影响。但是，如果政府所制定的政策与措施不精准，或者宏观调控手段不适用，则会阻碍生态产品的市场流通（李丰）。具体表现在：一是政府各部门之间很难形成有效合力对生态产品交易市场实施有效治理，政策重叠也会阻碍资源的合理有效配置，从而抑制交易市场的高效运转；二是政府对生态产业的资金投入、税费优惠政策等倾斜情况，可能会影响生态产品组织本身的发展壮大。

经济环境是影响生态产品流通效率的经济性因素。一般而言，在国民经济社会发展总体水平和质量相对较高的地方，由于其基础设施建设、经济社会信息化水平和企业的组织化程度等各方面发展普遍较好（杨薇）。可见，良好的经济基础也会通过影响其他各种因素进而对生态产品流通效率产生促进作用。城乡居民的消费水平和消费能力都能够反映一个地方的国民经济社会发展水平，而良好的居民消费基础也为发展生态产品提供了动力，从而促进产品的流动速度，间接提升生态产品流通效益。黄飞鸣通过大数据分析，得出造成我国宏观经济出现动态无效性的现象的最主要原因是城镇居民的消费能力不够，鉴于此提出想要降低国民经济的动态无效性，需要进一步提高城市居民收入和消费，切实增加有效需求。而随着城乡居民的消费能力和可支配收入增加，也就势必会增强消费者购物动机，进而扩大生态产品流通规模，提升生态产品流通效率。

基于以上分析，本研究提出以下两个假设：

假设 6：有效合理的流通政策对石漠化治理生态产品流通效率的提高具有正面影响。

假设 7：良好的经济环境对石漠化治理生态产品流通效率具有积极正向的促进作用。

六、产业化水平的影响

石漠化治理生态产业的产业化，是由农户分散经营转向大市场管理的生产方式。石漠化治理生态产业产业化的发展水平已经步入了一个全新的发展阶段，尤其是龙头企业数量增加和能力提升，产业链条不断完善，生态产业得到进一步巩固发展（陈俊杉）。但同时仍不能忽视生态产业产业化过程面临的问题：一是企业资源整合的能力有待提高，多数中小企业经营集约化、规模化管理水平低下，科技创新能力薄弱（吕微，巩玲俐）。二是企业结构并不合理，生产性质的企业远多于商品流通性质的企业，同时初加工型企业也远多于精深加工型企业。三是企业和农户之间的利益联结机制尚不健全（胡月，李扬等）。

石漠化治理生态产业产业化经营，可以剔除不适宜于市场需求的生态产品种类，根据石漠化治理阶段以及当地资源禀赋条件，优化生态产业结构。产业化经营能够提高生态产品流通效率，进而优化生态产品资源格局（赵旭彤）。产业化经营把农户的小生产组合起来，进而提升生态产品的规模化产出水平。可见，石漠化治理生态产业产业化是石漠化治理生态产品流通的先导因素，能够通过优化石漠化治理生态产品内部结构，克服政出多门所导致的生态产品流通不顺畅，从而提升石漠化治理生态产品流通效率。此外，我国加入世界贸易组织以来，生态产品市场也与国际市场接轨，在接驳更大市场的同时，也面对着更加激烈的竞争（王贺丽，娄锋），已不再是单纯依赖某个商品或生产主体的经营实力，而是通过环境友好型、质量、品牌和运营模式等方面竞争（曹贞艳，邓军蓉）。在这个背景下，通过实施石漠化治理生态产业产业化，将能够转变农户小规模、分散经营向产业化、规模化与现代化的生产方式发展，进一步提升石漠化治理生态产品流通规模化管理水平和效益，从而形成石漠化治理的生态产业品牌，进而应对国际竞争的挑战。

基于上述分析，本研究提出以下假设：

假设 8：生态产业的产业化水平越高，石漠化治理生态产品流通效率的提升越明显。

七、石漠化程度的影响

开展石漠化综合治理，有利于增加生态产业产出。在石漠化治理与经济发展的过程中，人们逐渐对生态环境有了新的认识，即追求人与自然的和谐共生。喀斯特脆弱生态环境的恶化，会导致石漠化地区自然灾害频发，这不但会对当地居民的正常生活造成影响，还会制约作物的正常生长，不利于喀斯特地区农业经济的可持续发展，进一步降低农产品产出，进而减少产品市场流通（刘肇军）。为此，必须遏制和治理石漠化，增强喀斯特地区农业生态环境稳定性与韧性，降低石漠化对生态产业的发展造成的影响，保障生态产品稳定产出，增强生态产品市场流通量，保证广大人民群众的需求。

有利于修复生态环境，减少水土流失，夯实生态产品生产基础。石漠化地区由于水土流失，森林生态系统严重退化（宋文，文军）。岩溶表层带对径流的调节能力降低，地下、地表径流变幅增大，造成表层带的岩溶泉枯竭，使有限的土地资源遭受严重破坏，最终无法利用（王晓帆）。同时也加剧干旱程度，每年进入冬春季节，山溪小河水源枯竭，部分河流干涸，成为季节河，人畜饮水十分困难（胡薇，王凯）。部分石漠化地区已丧失了人类生存的基本条件。因此，通过对石漠化的综合治理，有利于修复脆弱生态环境，夯实农业生产能力，从而增加农业生产产量。

有利于保护和恢复生物多样性，增强外部性的生态产品供给品类和数量。石漠化地区由于森林植被严重破坏，植物种群结构的垂直结构和水平结构越发单一，伴随而来的是生物遗传多样性和生物系统多样性的消失，生态系统内植物种群数量下降，很多珍稀濒危物种日益受到严重威胁或已灭绝（余霜，舒银燕，李永垚等）。因此，应综合治理石漠化，修复受损植被，重建喀斯特生态系统的食物链关系和食物网关系，恢复食物链、食物网层次性与多样性，增强外部性的生态产品供给品类和数量。

有利于构建生态产品畅通的渠道环境，降低自然灾害造成的损失。石漠化等级越高的地区自然灾害越频繁，同时，石漠化和水土流失等相互耦合，更使喀斯特地区各种自然灾害频繁，对工农业生产和人民生命财产安全构成极大的威胁（但文红，李勇）。可见，石漠化成为限制当地农业生产、生态环境和社会经济发展的"绊脚石"。因此，应加强石漠化治理及后续产业的发展，改善生态状况、生产生活条件，满足当地各民族群众长期以来的迫切愿望。

基于上述分析，本研究提出以下假设：

假设9：生态产业的所在区域石漠化程度越低，石漠化治理生态产品流通效率的提升越明显。

基于以上分析，可以得出喀斯特地区石漠化治理生态产品流通效率影响因素的作用机理框架如下：

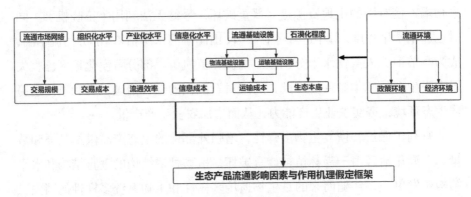

图 3-1　生态产品流通影响因素与作用机理假定框架

第二节　影响因素指标选取

按照前文中提出的生态产品流通影响因素的假设框架,从流通市场网络、流通企业组织规模、流通信息化水平、流通基础设施、流通环境、产业化水平、石漠化程度等 7 个维度,借鉴前人的研究成果,选取 9 个影响因素,开展石漠化治理生态产品流通影响因素与作用机理的分析。

1. 流通市场网络维度。生态产品交易市场是喀斯特石漠化地区主要的流通平台,交易场所规模大小影响着对生态产品的承载能力,进而对生态产品流通效率产生影响。因此,本研究参考黄梓轩等的研究思路,以农产品市场与综合农贸市场的数量之和,表征生态产品交易市场总体规模。

2. 流通企业组织规模维度。批发零售业、交通运输、物流服务均是社会化大生产的重要一环,共同影响着社会经济的健康运行,并在生态产品流通中承担着不可或缺的重要作用。本研究参考龚梦等的研究方法,选择运输、物流服务、批零业等三者企业数量之和与区域企业总数的比值,借以表征流通企业的组织规模大小。

3. 流通信息化水平维度。流通信息化使产品流通模式和交易关系发生根本性变化,对流通体系的结构和功能产生深远影响。可见,流通信息化水平高低，能够反映出生态产品流通主体信息化管理能力的强弱，影响着生态产品流通效率。所以，本研究参考刘军、李明霞研究思路，选择互联网普及程度，用以表征流通信息化水平。

4. 流通基础设施维度。生态产品需要通过运输和配送等物流环节，从农户手中传递到消费者手中，进而实现生态产品的价值。物流业发展水平通过配送成本对生态产品流通起着关键的作用，影响着生态产品的流通效率，而地区总的物流业发展水平，又能够反映出生态产品物流业的总体发展水平，故而，本研究中选取了交通、运输和邮政等行业产值与第三产业的比重，用以表征生态产品的物流发展水平。交通基础设施建设水平作为生态产品流通的保障性因素，对生态产品流通行业发展的重要影响毋庸置疑，其通过"木桶效应"影响着生态产品流通效率的提高，所以，本研究参考李文勇等的成果，选取区域内高速公路里程、轨道（含高铁）里程、内河航运里程之和用以表征流通基础设施建设水平。

5. 流通环境维度。主要包含两个方面。一是政府层面：具体表现在政策支持，涉及项目设立、税费减免、财政投入、免息贷款等支持方式。本研究参考李丽等的研究思路，选择政府在交通运输、粮油等大宗物资仓储方面的财政投入，用以表征政府对生态产品流通业的政策扶持力度。二是区域社会经济发展层面。通常来说，在社会经济发展水平越高的地区，对应的城乡居民家庭人均收入也越高，会进一步提高其对消费品质的追求，从"吃得饱、吃得好"向"吃得开心"转变，推动生态产品跨地域流通，从而促进其市场流通效率的提升。因此，本研究参考丁静的研究经验，选取城乡居民人均可支配收入，用以表征区域经济与社会发展水平。

6. 产业化水平维度。由于喀斯特地区传统农业逐步向现代农业演化，发展生态产业已成为喀斯特地区现代农业的主要发展方向，其产值占地区生产总值的比重越高，说明各种要素在生态农业领域的优化配置水平越高。本研究借鉴陈俊杉对产业化水平的定义，采用第一产业产值占地区生产总值的比值来表示产业化水平。

7. 石漠化程度维度。不同等级石漠化对生态产业发展影响程度不同，一般来说，石漠化等级越高，区域自然禀赋条件越差，生态产业发展起点越低，需要投入的资源与资本越高。而石漠化治理生态产业发展状况决定生态产品产出水平和供给能力，直接影响着石漠化治理生态产品流通效率。本研究在参考熊康宁等研究成果基础上（表 3-1），对石漠化六个等级分别赋以值 0、1、3、5、7、9，并乘以各等级面积占石漠化总面积的比重，最后加权求和，即表示区域石漠化程度量化指标。

具体影响因素变量如表 3-2 所示。

表 3-1　喀斯特石漠化强度分级表

石漠化等级		0.2 km² 图斑岩石裸露率（%）	0.2 km² 图斑植被＋土被覆盖率（%）	参考指标
无石漠化		<20	>80	坡度≤5°的非梯土化旱坡地、田间坝子、建筑用地等，生态环境良好，林灌草植被浓密，无水土流失或水土流失不明显；宜作农、林、牧地。
潜在石漠化		20-30	80-70	坡度>15°的非梯土化旱坡地、草地等，林灌草植被稀疏，成土条件好但水土流失明显；有岩石裸露的趋势。
石漠化	轻度石漠化	31-50	69-50	岩石开始裸露，土壤侵蚀明显，图斑植被结构低、以稀疏的灌丛或人工旱地植被为主。
	中度石漠化	51-70	49-30	石质荒漠化加剧，土壤侵蚀严重，土层浅薄，多为石质坡耕地和稀疏灌丛草坡。
	强度石漠化	71-90	29-10	石质荒漠化强烈，基本无土可流，多为即将丧失农用价值的难利用土地。
	极强度石漠化	>90	<10	完全石质荒漠化，地表无土可流，农用价值丧失，成为典型的难利用土地。
非喀斯特		—	—	非喀斯特区不考虑石漠化问题。

表 3-2　石漠化治理生态产品流通效率影响因素指标

影响因素	指标选取	量化表达	参数
流通市场网络	交易市场总体规模	农产品市场与综合农贸市场的数量之和	k1
流通企业组织化	流通企业组织规模	运输、物流、批零业等企业数量之和与区域企业总数的比值	k2
流通基础设施	物流服务业发展水平	交通、运输和邮政等行业产值与第三产业的比值	k3
流通环境	居民消费能力水平	城乡居民人均可支配收入	k4
流通环境	政策支持力度	政府对于交通运输、粮油等物资仓储管理方面的财政投入之和	k5
信息化水平	流通信息化水平	互联网普及程度	k6
流通基础设施	交通基础设施水平	高速公路里程、轨道（含高铁）里程、内河航运里程之和	k7
产业化水平	产业化水平	第一产业产值与地区生产总值的比值	k8
石漠化程度	石漠化水平	无石漠化赋分 × 权重+潜在石漠化赋分 × 权重 +……+ 极强度石漠化赋分 × 权重	k9

第三节　参数定义及描述性统计

一、参数定义

在被解释变量选择上，将 2015—2016 年（即 2016 年度）三个研究区的生态产品流通指数 MI 设为 1，每一年度的指数为从基年（2016 年度）到 2021 年的所有变化率的乘积。解释变量的数据源于 2015—2021 年的《贵州省统计年鉴》《七星关区统计年鉴》《贞丰县统计年鉴》《关岭布依族苗族自治县统计年鉴》与《施秉县统计年鉴》。

二、描述性统计

由于 9 个影响因素的数值量级差异较大，变量在运算过程中数据波动性较大，从而产生异方差。因此，本研究对数值波动大的指标（k1，k4，k5，k6，k7，k8）取对数处理。由于流通企业组织规模（k2）和物流服务业发展水平（k3）、石漠化水平（k9）指标数值较小且稳定，因此不进行数据处理。对以上9个指标变量计算平均值、最大值、最小值与标准差得到表3-3。

表3-3　生态产品流通影响因素指标变量的描述性统计

影响因素	符号	平均值	标准差	最小值	最大值
生态产品流通效率	w	0.864	0.238	0.675	1.192
交易市场总体规模	lnk1	1.055	0.864	0.012	2.709
流通企业组织规模	k2	0.536	0.461	0.244	0.711
物流服务业发展水平	k3	0.237	0.074	0.078	0.312
居民消费能力水平	lnk4	3.423	0.182	2.945	4.589
政策支持力度	lnk5	1.964	0.316	1.289	3.317
流通信息化水平	lnk6	0.667	0.143	0.067	0.812
交通基础设施水平	lnk7	9.969	0.798	8.984	12.921
产业化水平	lnk8	2.339	0.385	1.912	3.420
石漠化水平	k9	2.067	0.653	1.214	3.631

第四节　实证模型构建

　　面板数据的统计分析反映不同时段下不同变量的差异特征，它将横截面统计和时间序列统计的优点相结合。同时，线性回归模型对于面板数据的变量解释具有较好的效果。综上，本研究选择线性回归模型对上述指标进行数据分析。面板数据的线性回归模型公式表达为：

$$w_{ij}=\alpha_i+k_{ij}\beta_{ij}+\mu_{ij} \quad i=1,2,3,\cdots,N \quad j=1,2,3,\cdots,N \quad (1)$$

　　公式（1）中，w_{ij}表示被解释变量，α_i表示截距项，k_{ij}表示解释变量，β_{ij}表示对应系数，μ_{ij}表示随机扰动项。由于α_i、β_{ij}值存在变化的可能，又可将上述模型进一步分为以下三种模型：

$$w_{ij}=\alpha + k_{ij}\beta+\mu_{ij} \quad i=1,2,3,\cdots,N \quad j=1,2,3,\cdots,N \quad (2)$$

　　公式（2）为混合回归模型（mixture regression model）。该模型在时间与横断面上都不存在统计学的差异。因此，可以使用普通最小二乘法进行回归。

$$w_{ij}=\alpha_i + k_{ij}\beta+\mu_{ij} \quad i=1,2,3,\cdots,N \quad j=1,2,3,\cdots,N \qquad (3)$$

公式（3）为变截距面板数据模型（variable intercept panel data model），该模型从截面上看，单指标之间存在统计学差异，k_{ij} 的参数结构因为截面的不同而产生变化。

$$w_{ij}=\alpha_i + k_{ij}\beta_{ij}+\mu_{ij} \quad i=1,2,3,\cdots,N \quad j=1,2,3,\cdots,N \qquad (4)$$

公式（4）即面板变系数模型（variable coefficient model），从截面上看，单指标之间存在统计学差异，k_{ij} 的结构参数随着时间和单指标的不同而产生变化。

上述距面板数据变截模型又可细分为：固定效应模型、随机效应模型，模型函数表达如下：

$$w_{ij}=(\alpha^*+v_i) k_{ij}\beta+\mu_{ij} \quad i=1,2,3,\cdots,N \quad j=1,2,3,\cdots,N \qquad (5)$$

α^* 表示常数项，v_i 表示第 i 指标的截距项，如有关联则是固定效应模型，无关联则是随机效应模型。最后，一般用 Hausman 检验来确定模型的选择。

根据 9 个影响因素的选择情况，以及公式（1）–（5）的模型描述，同时鉴于现实中三个研究区的县域规模存在的差异，三个研究区的回归方程也不尽相同，还可能遗漏不随时间变化的其他变量，因此，选择随机效应模型。本研究构建石漠化治理生态产品流通效率影响因素的多元回归模型如下：

$$w_{ij}=\alpha_i +\beta_1\ln k_{1ij}+\beta_2 k_{2ij}+\beta_3 k_{4ij}+\beta_5\ln k_{5ij}+\beta_6\ln k_{6ij}+\beta_7\ln k_{7ij}+\beta_8\ln k_{8ij}+\beta_9\ln k_{9ij}+\mu_{ij}$$
$$i=1,2,3,\cdots,N \quad j=1,2,3,\cdots,N \qquad (6)$$

其中，w_{ij} 表示被解释变量，即石漠化治理生态产品流通效率值，$\ln k_{ij}$ 和 k_{ij} 分别表示不同的影响因素指标变量。

第五节　实证结果分析

一、研究区整体层面分析

运用 EViews7.2，基于三个研究区 2016—2020 年的县域面板数据，采用多元回归模型对石漠化治理生态产品流通效率影响因素进行统计分析。Hausman 检验的 P 值结果是 0.061，因此，本研究采用随机效应模型，面板模型回归结果如下。

表 3-4　三个研究区整体层面的两种标准误差下的数值

变量	RE_robust	RE
常数项	−0.639	−0.639
_cons	（0.712）	（−0.880）
交易市场总体规模	0.319***	0.319***
lnk1	（1.810）	（1.960）
流通企业组织规模	0.397**	0.397**
k2	（0.945）	（1.034）
物流服务业发展水平	0.069***	0.069***
k3	（3.330）	（3.430）
居民消费能力水平	0.318*	0.318*
lnk4	（1.870）	（1.980）
政策支持力度	0.248***	0.248***
lnk5	（3.420）	（2.760）
信息化水平	0.535***	0.535***
lnk6	（3.270）	（3.740）
交通基础设施水平	0.082***	0.082**
lnk7	（3.120）	（3.540）
产业化水平	0.412*	0.412*
lnk8	（2.240）	（2.460）
石漠化水平	−0.278*	−0.278*
k9	（3.140）	（3.140）

注：*$p<0.1$，**$p<0.01$，***$p<0.001$；括号中表示标准误差范围。

基于表 3-4 的回归结果，对石漠化治理生态产品流通效率影响因素和作用机理做如下分析。

1. 交易市场总体规模与石漠化治理生态产品流通效率呈正相关，与原假设一致。交易市场总体规模每提升 1%，石漠化治理生态产品流通效率可增加 0.319 个单位。交易市场规模的增加能够承载更多的生态产品，进而产生集聚效应与规模经济，有效推动生态产品流通效率的提升。同时，市场规模效应构成生态产业整合优势，并随着时间发展，使得产业链体系更加紧密和完善，促进相关企业、相关环节的紧密联系与密切协作，进而推动地区产业链体系整合提升，并产生更高的市场集群效果。

2.流通企业组织规模对石漠化治理生态产品流通效率呈现正显著影响，与原假设相符。流通企业组织规模每提升 1%，石漠化治理生态产品流通效率可增加 0.397 个单位。流通企业组织规模和交易市场总体规模对生态产品流通效率影响是相互协同的，即生态产品流通企业规模的扩大产生虹吸效应，区域交易市场规模也因此拓展，区域市场规模的拓展反过来倒逼企业组织化的完善，促进流通企业各类资源合理配置，提高生态产品的流通效率。

3.物流服务业发展水平与石漠化治理生态产品流通效率呈显著正相关，与原假设一致。物流服务业发展水平每提升 1%，则生态产品流通效率同步提高 0.069 个单位。石漠化地区通过持续不断的物流业基础设施的网络化分级建设，物流供应链的信息化统筹管理，物流集群发展效应的增强，实现生态产品运输成本的降低，因此有利于提高石漠化治理生态产品的流通效率。反之，物流业发展滞后，生态产品流通过程中易产生严重的损耗，运输成本居高不下，导致生态产品流通效率低。可见，物流服务业发展水平是影响石漠化治理生态产品流通的支撑因素。

4.居民消费能力水平对石漠化治理生态产品流通效率呈现正显著影响。居民消费能力水平每增加 1%，石漠化治理生态产品的流通效率相应提高 0.318 个单位，符合原假设。根据 2021 年中国消费者协会发布的消费者生活膳食调查数据，有 79% 的消费者关心"质量安全"，59.8% 的消费者选择"营养"，51.3% 的消费者表示关注"口感"，只有 36.36% 的消费者关注"价格"。可见，随着居民消费水平、品位和认知的提升，价格逐渐退出消费者的第一考量，消费者更多关注生活品质、饮食健康和食品安全。

总之，收入增加提高了居民对生活品质的追求，对优质生态产品的需求越来越迫切。作为产业链条之一环，生态产品的流通行业也面临着更高的要求，尤其是生鲜类生态产品保鲜与时效，促使生态产品流通效率也随之提高。可知，居民消费能力水平是影响石漠化治理生态产品流通效率的关键因素。

5.政策支持力度与石漠化治理生态产品流通效率呈显著正相关。政策支持力度每提高1%，石漠化治理生态产品流通效率则增加0.248个单位，符合原假设。2018年以来，"国发1号文件"提出加快推进农业现代化，对作为产品流通重要载体的交通运输与仓储业的发展愈发重视，也同样促进了生态产品流通效率的提升。2016—2021年三个研究区政府对运输、物流和邮政行业的财政投入保持稳定增长，从2016年24.93亿元提高到2020年26.18亿元，增长5.04%。可见，政策支持是影响石漠化治理生态产品流通效率的制度因素。

6.信息化水平对石漠化治理生态产品流通效率具有正显著影响，符合原假设。信息化水平每提高1%，石漠化治理生态产品流通效率增加0.535个单位，是影响生态产品流通效率最大的因素。生态产品流通产业信息化水平的提升，能够促进生态产品市场交易主体之间信息资源的交换，打破信息壁垒，缩短交易时长，实现信息在生产—流通—消费环节的畅通，使得生态产品产销衔接更加快捷，减少流通过程信息成本，有助于石漠化治理生态产品流通效率的提升。可见，信息化水平是影响石漠化治理生态产品流通效率的技术因素。

7.交通基础设施水平与石漠化治理生态产品流通效率之间呈正相关，符合初定假设。交通基础设施每提高1%，则石漠化治理生态产品流通效率增加0.082个单位。与其他8个因素相比，交通基础设施影响较弱，这主要因前期喀斯特石漠化地区交通基础设施的建设投入力度大，因而交通基础设施水平在短期内难以继续保持较大幅度的提升，年际变化不明显。2014年三个研究区实现县县通高速，并于2019年实现100%的村民组通硬化路。所以，随着交通基础设施的大幅改善，其虽然仍是影响生态产品流通效率的主要因素，但影响程度较轻。可见，虽然交通基础设施是生态产品高效流通的重要内容，但随着脱贫攻坚背景下农村基础设施建设基本完成，已由原来影响石漠化治理生态产品流通效率的基础因素转为保障因素。

8. 产业化水平与石漠化治理生态产品流通效率呈显著正相关，符合原假设。产业化水平每提高 1%，石漠化治理生态产品流通效率增加 0.412 个单位。中国加入世界贸易组织以来，生态产品也步入国际市场，面对着激烈的市场竞争。在这个背景下，为应对国际竞争，石漠化治理生态产业逐渐改变小农户的经营管理模式，通过推动石漠化治理生态产业产业化，提升生态产品流通规模化管理水平。另外，龙头企业以全产业链理念引领生态产品流通产业发展，突破上下游衔接，整合布局全产业链，推动产业链主体间形成战略协同关系，构建涵盖生态产品种植养殖、生产加工、物流和市场交易等纵向一体化，与上、中、下游紧密相连的生态产品产业化体系。可见，产业化水平是影响石漠化治理生态产品流通的先导因素。

9. 石漠化水平与石漠化治理生态产品流通效率呈显著负相关，符合原假设。石漠化水平每提高 1%，石漠化治理生态产品流通效率减少 0.278 个单位。但其影响程度相对较弱，这与自"九五"规划以来石漠化综合治理取得的成效有关，喀斯特区域石漠化得以较快修复。石漠化程度演化趋势逐渐从极强度向轻度、潜在转变，喀斯特生态系统脆弱性得到改善，其韧性和稳定性得到增强，生态产品的产出数量与质量较以往稳定增长，生态产品市场流通量逐年增加。随着生态产业治理石漠化模式的示范推广范围的扩大，石漠化面积与等级的逐年降低，生态产业规模与生态产品产出逐年提升，促进了生态产品的流通效率的提高。可见，石漠化水平是影响石漠化治理生态产品流通效率的限制因素。

二、三个研究区层面分析

为进一步分析三个研究区的石漠化治理生态产品流通效率的影响因素

和作用机理，将三个研究区的生态产品流通效率分别与上述 9 个影响因素进行面板回归分析，回归结果如表 3-5。

表 3-5　三个研究区 Hausman 检验结果

研究区	P 值	是否拒绝原假设	模型选择
毕节撒拉溪研究区	0.712	否	随机效应模型
贞丰—关岭花江研究区	0.625	否	随机效应模型
施秉喀斯特研究区	0.631	否	随机效应模型

基于 Hausman 检验结果，对三个研究区全部选择随机效应模型进行面板回归分析。三个研究区生态产品流通效率影响因素的面板回归结果见表 3-6。

表 3-6　三个研究区生态产品流通效率影响因素的面板回归结果

变量	毕节撒拉溪研究区	贞丰—关岭花江研究区	施秉喀斯特研究区
常数项	−1.645*	6.784	−2.998**
_cons	（−1.736）	（1.570）	（−2.212）
交易市场总体规模	0.239***	0.432***	0.038***
lnk1	（1.670）	（2.740）	（2.740）
流通企业组织规模	0.085***	0.113***	0.065
k2	（0.045）	（0.348）	（0.088）
物流服务业发展水平	0.046***	0.368***	0.147***
k3	（1.230）	（2.560）	（3.880）
居民消费能力水平	0.568*	0.635***	0.758**
lnk4	（1.880）	（2.790）	（2.480）
政策支持力度	0.048**	0.552***	0.356***
lnk5	（0.230）	（2.870）	（2.560）
流通信息化水平	0.365**	0.473*	0.016**
lnk6	（2.770）	（1.780）	（1.580）
交通基础设施	0.892*	0.012**	0.180***
lnk7	（2.090）	（1.340）	（3.340）
产业化水平	0.252*	0.465*	0.633*
lnk8	（1.840）	（1.680）	（1.980）
石漠化水平	0.−156*	0.−325*	0.−063
k9	（1.670）	（2.790）	（0.860）

注：*p<0.1，**p<0.01，***p<0.001；括号中表示标准误差范围。

由表 3-6 可知，毕节撒拉溪、贞丰—关岭花江、施秉喀斯特研究区生态产品流通效率的影响因素存在空间差异，具体表现如下。

1. 交易市场总体规模对毕节撒拉溪、贞丰—关岭花江、施秉喀斯特研究区各自的生态产品流通效率均具有正相关影响，与对三个研究区整体的影响效应相同。但三个研究区影响程度存在差异，交易市场总体规模每提升1%，石漠化治理生态产品流通效率在毕节撒拉溪、贞丰—关岭花江、施秉喀斯特研究区分别增加0.239、0.432、0.038个单位，可见，在贞丰—关岭花江研究区的影响效应最为显著。根据研究区统计资料显示，贞丰—关岭花江研究区的交易市场总体规模持续扩大，成交量逐年攀升，表明生态产品交易市场规模仍处于扩张阶段。交易市场总体规模是贞丰—关岭花江研究区影响生态产品流通效率的重要因素。但对施秉喀斯特研究区而言，它的交易市场规模较其他研究区小，同时由于地处世界自然遗产地、自然保护区、国家地质公园管控区，其交易市场设施建设投入大、建设标准要求高，致使面板回归结果数值较小。从施秉喀斯特研究区的交易市场总体规模未来发展来看，应重点补齐高标准规划建设的短板。

2. 流通企业组织规模对毕节撒拉溪和贞丰—关岭花江研究区的生态产品流通效率为正相关影响，对施秉喀斯特研究区影响并不显著。对毕节撒拉溪和贞丰—关岭花江研究区而言，流通企业组织规模每提升1%，石漠化治理生态产品流通效率分别增加0.085、0.113个单位。根据统计资料表明，在三个研究区中，施秉喀斯特研究区的流通企业组织规模最大，毕节撒拉溪研究区次之，贞丰—关岭花江研究区最小。因此对于毕节撒拉溪研究区、贞丰—关岭花江研究区来说，扩大流通企业组织规模对生态产品流通效率具有正相关效应。从实际调查发现，施秉喀斯特研究区的流通企业组织规模，目前能够满足生态产品流通现实需求，因此，流通企业组织规模并非制约该研究区生态产品流通效率的因素。

3. 物流服务业发展水平对三个研究区各自的生态产品流通效率的影响，与对三个研究区整体的影响效应相同。但三个研究区影响效应存在差异，物流服务业发展水平每提升1%，石漠化治理生态产品流通效率在毕节撒拉溪、贞丰—关岭花江、施秉喀斯特研究区分别增加0.046、0.368、0.147个单位。自2014年开展"脱贫攻坚"以来，石漠化地区产业扶贫和物流基础设施建设的投入力度加大，并伴随着生态产品产量增加，规模化效应逐渐显现，加之交通基础设施建设日趋完善，从而降低生态产品物流成本，推动生态产品流通效率的提升。但由统计数据来看，三个研究区的物流基础设施建设投入力度不同，进而造成区域差异。

4.居民消费能力水平对三个研究区各自的生态产品流通效率的影响，与对三个研究区整体的影响效应相同。该因素对施秉喀斯特研究区影响最为显著，其次为贞丰—关岭花江研究区，最后为毕节撒拉溪研究区。根据三个研究区的城乡常住人口家庭平均可支配收入分析，自2016—2020年均呈现逐年增加趋势，分别从2016年的26681元、23880元、24660元，提高到2020年的36147元、32901.5元、33695元，从三者数据差异可以看出，毕节撒拉溪研究区的城乡居民可支配收入，明显高于其他两个研究区。总的来看，在石漠化地区，随着城乡居民可支配收入的提高，有助于石漠化治理生态产品流通效率的提升。

5.政策支持力度对三个研究区各自的生态产品流通效率的影响，与对三个研究区整体的效应相同。但三个研究区影响效应程度存在差异，政策支持力度每提升1%，石漠化治理生态产品流通效率在毕节撒拉溪、贞丰—关岭花江、施秉喀斯特研究区分别增加0.048、0.552、0.356个单位。主要原因是三个研究区的当地政府对生态产业发展定位不同，导致政策支持力度有所差异。在贞丰—关岭花江研究区，早期石漠化程度较为严重，生态产品流通业发展基础薄弱，随着脱贫攻坚、消费扶贫与乡村振兴等政策的出台，加大了对生态产业相关交易主体的扶持力度。由此可知，针对石漠化程度深的地区，当地政府会统筹考虑产业发展与石漠化治理，因此对生态产品相关带贫主体出台的扶持政策较多，对于生态产品流通效率提升作用明显。对于毕节撒拉溪、施秉喀斯特研究区而言，石漠化程度相对较轻，生态产品流通业发展相对较好，故政策环境并不是影响毕节撒拉溪、施秉喀斯特研究区生态流通效率的关键因素。

6.信息化水平对三个研究区的生态产品流通效率有正向促进作用。从三个研究区的不同显著性数值可以看出，贞丰—关岭花江研究区生态产品流通效率受信息化水平影响的显著性最高（0.473），毕节撒拉溪特研究区次之（0.365），施秉喀斯特研究区最低（0.016）。生态产品流通过程包含采购、储存、加工、销售等4个环节，各环节间搭建起高效、畅通的信息交换平台，有助于更好地推动生态产品市场流通。对于三个研究区来说，提升信息化水平是生态产业产业化发展的必然选择，努力建成多元化、多层次、多类型的生态产业信息化服务平台，将大幅提升生态产品流通效率。尤其是施秉喀斯特研究区，需要加快补齐信息化水平的短板。

7. 交通基础设施水平对三个研究区生态产品流通效率均有显著正向作用。运输基础设施每提升1%，石漠化治理生态产品流通效率在三个研究区分别增加0.892、0.012、0.180个单位。交通运输作为发展生态产业不可或缺的重要组成部分，在生态产品流通中的重要作用不言而喻。交通运输过程中，路况一旦出现问题，将会延误生态产品的交易时机，尤其影响生鲜类生态产品的保鲜度，进而影响生态产品流通效率。贞丰—关岭花江研究区、施秉喀斯特研究区交通运输基础设施相对比较健全，因而对生态产品流通效率的提高影响不大，但对经济发展水平相对较为落后的毕节撒拉溪研究区而言，进一步完善交通运输基础设施建设无疑会大幅提高生态产品流通效率。

8. 产业化水平对三个研究区的生态产品流通效率均有正向促进作用。从三个研究区呈现的显著性影响可以看出，施秉喀斯特研究区生态产品流通效率受产业化水平影响的显著性最高（0.633），贞丰—关岭花江研究区次之（0.465），毕节撒拉溪特研究区最低（0.252）。产业化发展是分散小产品生产和社会化大市场衔接发展的重要途径，是推动生态产业发展、增加农户经济收入、实现喀斯特地区农业现代化的重要依托。应加快石漠化治理生态产业向产业化的方向发展，逐步建立产前、产中、产后服务工作全流程，建立整体综合搭配、体制灵活、保护得力、运行有效的生态产品流通机制。产业水平的提高，对于三个研究区而言，将为巩固发展石漠化治理生态产业健康发展发挥重要作用。

9. 石漠化水平对毕节撒拉溪研究区和贞丰—关岭花江研究区的生态产品流通效率呈负相关影响，对施秉喀斯特研究区影响并不显著。对毕节撒拉溪研究区和贞丰—关岭花江研究区而言，石漠化水平每降低 1%，石漠化治理生态产品流通效率分别增加 0.156、0.325 个单位。根据三个研究区石漠化面积和等级资料表明，施秉喀斯特研究区的石漠化程度最轻，毕节撒拉溪研究区次之，贞丰—关岭花江研究区最高，因此对于毕节撒拉溪研究区、贞丰—关岭花江研究区来说，持续推进生态产业治理石漠化工作，促进石漠化等级由高向低演化，逐渐减少石漠化覆被面积，对生态产品流通效率具有显著的促进作用。对施秉喀斯特研究区来说，其石漠化程度和面积已不再是制约生态产品流通效率上升的因素。

第四章　石漠化治理生态产品流通模式与运行机制

第一节　基于农户视角界定石漠化治理生态产品流通模式的合理性

　　截至目前，在喀斯特地区，从事石漠化治理生态产品生产的主体仍是相对弱小的农户，与农户擅长生产环节相比，其在流通环节表现出生疏的窘境。因此，补齐农户在生态产品流通环节的短板，指导小农户如何选择市场流通渠道，实际上也是在破解石漠化治理生态产品流通效率提升问题。喀斯特地区人均耕地少、地形破碎，农户的生产以小农经济为典型特征，主要表现出：以家庭为单位生产的分散性、自给自足的封闭性、抵御自然灾害的脆弱性、生产技术的落后性，共同作用成为石漠化地区传统农业向现代农业发展、传统产业向生态产业发展的阻碍（郑继承）。

　　"小农大市"是喀斯特地区的基本农情，如何推动小农户与大市场有效衔接，小农户该选择什么样的流通模式使生态产品进入市场交易，始终是学术界关心的科学问题，尤其是生态产业治理石漠化阶段性成果（生态产品）大量进入消费市场后，对这一问题的研究更加迫切。小农家庭经营难以对抗组织化相对较高的其他市场经营主体，因而农户在生态产品流通环节中始终处于弱势地位。小农户在石漠化治理生态产品市场上的弱势处境，不但制约着生态产品产业化进程与现代化生态产业体系建设，还影响着生态产业巩固脱贫攻坚成果以及与乡村振兴的有效衔接（杨伟民）。可见，提高农户在流通环节的组织化程度，能够有效改善农户面对生态产品流通市场中其他经营主体时的劣势状况。

对于确立农户视角下生态产品流通模式，在学术界和政府仍存在争论。在《中华人民共和国农民专业合作社法》（以下简称《合作社法》）颁布之前，尽管已经存在部分农户自发组建的"互助生产经营组织"，但政府主要借助龙头企业联农带农来扭转农户在市场连接中的弱势地位，农户与龙头企业的相关研究成为学术界这一时期的研究热点。《合作社法》实施以来，政府逐渐重视并充分发挥合作社的村（社）组织能力，使其在促进生态农业发展、生态产品流通和农户增收方面发挥组织作用。尤其在脱贫攻坚时期，"村社合一"的合作社普遍建立，有效地改善了"小农户"与"大市场"连接中的农户劣势处境。同时，政府仍积极引导龙头企业与小农户建立更为紧密的利益联结机制，与农户成为风险共担、利益共享的联合体，改善农户面对生态产品流通市场其他经营主体时的劣势状况。总的来说，政府、学术界对龙头企业和合作社带动农户的相关研究未见减弱，但对于农户选择何种流通模式进入生态产品市场更有效率、更有效益，以及喀斯特区域生态产业可持续发展仍未有定论。

在喀斯特区域，农户参与生态产品交易市场的形式有多种，农户会因为选择市场交易主体的不同而产生生态产品流通模式差异，其中，对农户最直观的影响是经济利益不同，此外，对石漠化地区的社会经济发展也会产生影响。那么，这些流通模式对于农户来讲哪种更为友好？这些流通模式的运行机制有何不同？这些流通模式对农户的交易成本有何影响？这些流通模式中农户的权益状况有何差异？对农户来说有没有更好的流通模式供其选择？等等。以上问题关乎喀斯特区石漠化治理生态产品流通体系的未来发展方向，以及石漠化治理生态产业持续健康发展。

所以，基于农户角度开展石漠化治理生态产品流通模式的研究，具有重要的理论与现实意义。

总的来说，本研究兼顾生态产品流通环节的起始主体（农户）与生态产品空间移动两个维度，将农户使石漠化治理生态产品进入市场流通的模式，界定为石漠化治理生态产品流通模式。对于农户而言，有不同生态产品流通模式供其选择，一方面体现农户与不同市场经营主体之间的交易方式，另一方面反映出二者在交易关系、过程与契约方面的差异，以上种种为本研究划分石漠化治理生态产品流通模式提供了重要依据。

第二节　生态产品流通模式的主要类型与特征

一、"农户—市场"流通模式

"农户—市场"的石漠化治理生态产品流通模式（以下简称"F-M"流通模式），主要是指农户不通过任何中间环节，直接向消费者售卖生态产品的销售模式。在喀斯特地区，部分农户主要利用乡镇露天赶场、批发市场等形式直接面对消费者售卖，又或是在县城居民小区等人员流动大的地方贩卖，实现生态产品的直接流通，较其他流通模式减少中间环节，节约生态产品交易成本。在这种模式中，农户与消费者之间的关系十分松散，并且主要为一次性买卖。同时，石漠化治理生态产品则大多由农户自行携带，农户距离乡镇露天交易市场的路程远近，以及农户是否拥有交通工具，影响着农户售卖量和交易成本。

"F-M"流通模式特点是农户与消费者当面进行生态产品交易，能够直接了解消费者需求偏好。但无法精确掌握消费者的整体消费情况，进而无法调节石漠化治理生态产品供求量。限于农户运输成本，生态产品销售的半径、辐射面积有限，农户和消费者之间的空间距离在运费方面小于利润范围。农户与消费者多为即时交易，难以形成稳固交易关系。"F-M"

流通模式中，农户交易灵活，但也充满不确定性，对于生鲜类生态产品而言，存在较大的市场风险。"F–M"流通模式主要存在于喀斯特区域商品流通较不发达的地方以及城乡接合处。

"F–M"流通模式具有喀斯特地区传统农产品露天交易的特点，农户在流通模式中，扮演着生产与销售双重角色。尽管在大多数情况下，"F–M"流通模式中农户和消费者之间没有中心环节的直接交易，但是农户精力、资源的双重分散，导致农户在"F–M"流通模式下无法进行专业化生产，从而造成石漠化治理生态产品流通效率低下。农户在流通环节投入时间和人力的过多，同样影响其生产环节。由于石漠化治理生态产品带有的季节性、鲜活性等典型特点，低效率的"F–M"流通模式无法支撑生态产品大量且快速销售，同时，市场不确定性给农户收益造成较大风险隐患。而且，小农户也因为受自身条件的制约（技术、资金和社会资本等相对缺乏），并不能够使石漠化治理生态产品实现规模化、保鲜化的高效流通。"F–M"流通模式是传统石漠化治理下生态产品流通领域的初级形式，并不能适应以专业化分工为特点的石漠化治理生态产业现代化的发展。

二、"农户—经纪人—市场"流通模式

"农户—经纪人—市场"的石漠化治理生态产品流通模式（以下简称"F–A–M"流通模式），指的是农户在生产地将石漠化治理生态产品出售给经纪人，后者经过贩运使产品进入市场交易的流通模式。经纪人作为农户与市场之间的流通中间商，在多数情况下，农户与经纪人之间的合作关系并非牢固，农户通常存储多个经纪人的联系方式，通过询价和亲疏来确定交易对象。由于石漠化地区农户分散经营、区位偏远以及市场交易信息获取难且滞后，在石漠化治理生态产品流通过程中存在先天劣势。因而，农户通常依托于经纪人来实现生态产品流通，尤其是习惯于传统农产品流通模式的农户，在生态产品流通中有明显的路径依赖。

经纪人的产生是石漠化治理生态产品流通领域市场化分工的重要成

果，在农户与市场中间搭建了一个桥梁。随着我国 2001 年进入 WTO 以来，生态产业的迅速发展壮大，生态产品流通领域也从以前的市场化向"市场化 + 专业化"演化。于是，从生态产品生产环节中分离出一批"五有农户"（有社会关系、有开拓精神、有管理能力、有知识水平、有资金实力），成为农户的经纪人。这些经纪人在石漠化地区从事生态产品的物资销售、产品采购等相关业务，在石漠化治理生态产品流通环节从事"中介服务"，实现农户与上下游市场交易主体有效衔接，从而实现生态产品流通，促进石漠化地区农村经济的发展。

经纪人作为沟通农户与市场的主要媒介，主要为农户提供市场信息发布、销售、物流配送、技术指导等服务，对促进石漠化治理生态产品流通，推进石漠化治理生态产业发展，提高农户人均收入水平，起到了积极的作用。经纪人大部分脱胎于农户，具有普通农户的行为准则和生意人的商业头脑，在偏远的喀斯特石漠化地区，由于龙头企业、合作社等市场流通主体的缺失，石漠化治理生态产品的集散和销售等流通活动通常由经纪人进行。目前，喀斯特地区传统意义上的经纪人数量相对较少，因此经纪人往往把物资销售和产品收购紧密结合起来，导致其业务范畴不仅包括石漠化治理生态产品收购，还涉及农业科技服务、农资供应等方面。所以，经纪人也通常被叫作物资经销人。同时，也不能忽视经纪人存在着强烈的市场投机思想，可能会利用与农户之间不对称的市场交易信息，挤占农户生态产品流通的大部分利润。

石漠化地区相对于非喀斯特、喀斯特非石漠化地区而言，由于经济基础相对脆弱、生态产业方兴未艾以及市场经营主体发育尚未健全等原因，使喀斯特石漠化区域经纪人的发展不管从规模、服务水平还是流通功能等方面都存在较大不足。一是自主经营，无序发展。因为经纪人都是自发形成的，小农色彩比较强烈，并没有隶属于某一组织机构，形式上较为松散，所以大部分经纪人处于自主经营、无序竞争的状态。二是财务管理能力欠缺。许多经纪人受制于资本局限，资本积累较少，无法扩大经营规模。三是文化素养普遍不高。由于受农村整体教育环境的影响，所以经纪人受教育程度普遍不高，掌握现代信息传媒工具能力有限，影响经纪人及时获取信息以掌握农业市场动态。四是外部环境的制约。一些地方的政府部门和领导观念较为陈旧，对经纪人工作缺少积极引导和政策保障，甚至也未能充分考虑到经纪人的社会地位与影响，故而在一定程度上制约着经纪人群体的发展壮大。

三、"农户—批发商—市场"流通模式

农户通过批发商使石漠化治理生态产品进入市场的流通模式称为"农户—批发商—市场"模式（以下简称"F-W-M"流通模式）。这个模式的主要特征：一是批发商从农户手中收购生态产品，在批发市场集聚为一定规模；二是批发商与销售区交易主体达成交易，实现生态产品跨地域的移动；三是农户通过批发商实现生态产品交易地与集散地的有效衔接。在"F-W-M"流通模式下，农户和批发商之间的交易关系并不稳定，尤其在以批发商委托小贩代为收购的方式中更加脆弱。

农户通过批发商销售生态产品，是当前石漠化地区生态产品流通的主要模式。本研究通过对三个研究区批发市场的调查发现，"F-W-M"流通模式中又包含两个具体模式。一种是部分批发商因经营生态产品品种较多，批发商会在当地委托一位农户（小贩）为其代收产品，然后运输到批发市场进行集散。这种模式是石漠化地区最常见的生态产品流通模式，其特征为：农户通过商贩与批发商进行生态产品交易，所以农户、批发商对小贩较为信赖。另一种是批发商只经营单一产品，例如施秉喀斯特研究区批发商只经营黄金梨，所以经营黄金梨的批发商与农户直接进行交易，批发商直接从产地收购黄金梨运往销地，从而略过小贩收购的中间环节。这个模式的前提是生态产业呈现规模化，也就是说生态产品（黄金梨、火龙果）在石漠化地区要形成规模种植，未来很有可能会形成该种产品专业批发市场。

"F-W-M"流通模式的特征是农户和批发商之间的交易关系并不十分

密切。原因主要为：一是石漠化治理生态产品多为生鲜水果类产品，产销存在季节性，当农户和批发商之间的石漠化治理生态产品交易结束后，农户和批发商之间的交易关系也随之终止。二是大量农户生产石漠化治理生态产品同质化严重，加上买方市场导致农户竞争激烈，批发商投机思想作用下可以改变交易对象，农户和批发商间相互依赖程度较低，所以交易双方没有形成持久稳固的利益联结关系。

同时，通过比较"F–W–M"流通模式的两个具体模式特征，能够发现"F–W–M"流通模式中存在的不足：一是农户和批发商作为石漠化治理生态产品流通交易主体，规模小、数量多、组织程度较低，增加了生态产品流通过程的复杂性，虽然交易频次的累积扩大了生态产品交易总量，但也增加了交易成本。二是石漠化治理生态产品流通模式中交易主体间的关系并不稳定。农户与批发商之间展开生态产品收益分配的博弈，批发商通常都会压低对农户的生态产品的收购价格，以此减少批发商的交易成本，从而规避价格风险，并使农户作为市场定价风险的主要承担者。三是由于石漠化治理生态产品流通模式存在着众多环节，导致流通效率低下。石漠化治理生态产品流通交易主体并非专业化分工的结果，而是由数量多、组织化程度低的参与者构成，因此交易主体在流通模式中的功能往往交叉重合，从而大幅增加生态产品的整体交易成本，降低生态产品的整体流通效率，其结果就是农户利润被挤占，同时迫使消费者承受较高的售价。

四、"农户—龙头企业—市场"流通模式

"农户—龙头企业—市场"石漠化治理生态产品流通模式，指的是农户经由龙头企业进入市场销售生态产品的流通模式（以下简称"F–LE–M"流通模式）。该模式中，通过合同（Contract）的约束，使得农户与龙头企业建立相对稳定且合理的利益联结机制，在生态产品流通模式中双方的交易关系十分密切。"F–LE–M"流通模式的实质是"合同农业"或"订单农业"。

对喀斯特石漠化地区的农户而言，选择"F–LE–M"流通模式的影响

因素主要有：首先，农户可以获得相对稳定的石漠化治理生态产品流通渠道，提高农户规避市场风险的能力，使农户从事生态产品的收益保持稳定。在"F-LE-M"流通模式中，农户通过与龙头企业的利益联结机制，把流通风险和交易成本（搜索成本、信息成本等）转嫁给龙头企业，与此同时，农户也因遵循契约而失去自由销售的权利。但也不能忽视二者交易关系的稳定，可能造成农户潜在收入的降低（例如，当生态产品的市场价格高于合同价格时），不过，这是利益联结关系所必须接受的机会成本。其次，农户能够得到龙头企业生产指导与技术服务，有助于提升其生产经营效益。龙头企业能够为农户提供生产资料、资金、技术等生产服务，为农户开展生态产品提质增效提供保障。最后，农户与龙头企业开展投资协作，可增加农户增收途径。农户能够利用其土地作为资本投入龙头企业种养殖基地，按比例分得红利，从而扩大农户增收渠道。

对龙头企业来讲，选择与农户合作的主要原因是：首先，可以获取稳定的生态产品供给来源，从而减少企业在运营过程中因为生态产品供给短缺而造成的经营风险。同时龙头企业规模越大，对稳定生态产品供给的要求也越强烈。其中的"稳定"不仅是指产量的稳定，更重要的是质量和价格的稳定。通过与农户签订"订单合同"，并进行必要的奖惩措施，龙头企业才能够实现这一要求，保证生态产品的稳定供应。其次，由于采用"F-LE-M"流通模式，龙头企业可以扩展生产经营规模，促进石漠化治理生态产品产业链的完善，如增加农资产品、生态资料（饲料、苗木、专用设备等）的销售，可以获得更多的"利润"，甚至可以看作是龙头企业的一种"捆绑"营销活动。再次，因为石漠化治理生态产品的生产特点，不可能像工业品那样实现完全的"工厂生产"。龙头企业直接管理生态农业产出环节，通常会造成"规模不经济"，所以，龙头企业通过和农户签订购销协议，开展石漠化治理生态产品的生产销售活动，对于龙头企业而言是一个理性的选择。

以"F-LE-M"流通模式为组合形态的农业产业化经营模式，在产业化初期，在启蒙农户产业化经营的理念，引导农户积极参与市场竞争，培育石漠化治理生态产品流通主体等方面做出了重要贡献。随着喀斯特区域农业产业化和订单农业的不断深入发展，"F-LE-M"流通模式也引发出诸多问题和矛盾。已有研究成果表明，"订单农业"的违约比例甚至一度超过80%（檀艺佳，张晖）。从根本上来说，"F-LE-M"流通模式组织形式具有两个短板：一是具有"不公平"的原始契约方式；二是面临着履约障碍以及违规治理成本较高的困境。

初始契约的"不平等"是指由于龙头企业和农户之间在信息、权利、社会地位等方面的悬殊处境，从而导致双方在合同协议中所约束的义务与权利方面的不平等。一是从市场信息经济学的视角分析，龙头企业和农户双方都面临着市场信息不对称的问题。虽然龙头企业通常掌握了超出一般农户所熟悉的市场经济信息来源与渠道，了解政府政策和宏观经济运行规律，在对市场信息的获取、管理、分析、预测与运用等方面占据了优势。反观农户，由于农户普遍受传统的小农经济思想的直接影响，以及受教育程度不高，市场意识较淡薄，无法准确、全面地捕捉、识别和分析市场信息，农户相比于龙头企业而言，就凸显出在了解与运用市场信息方面的劣势。其次，从渠道权利理论的视角出发，龙头企业与农户双方权利结构的失衡，导致了双方初始合同地位"不平等"（Yu Lerong），也就是说，由于双方的资本和能力都存在大的差异，导致双方谈判地位与权利的差别是巨大的。面对众多而分散的个体农户，龙头企业为了掌握农户更多的资源，往往利用实力展示、承诺、胁迫、引诱等策略，与个体农户达成对龙头企业更有利的合作协议。由于个体农户分散而弱小，往往无法和龙头企业公平协商。所以即便个体农户对具体条件并不认可，但只要不是个体农户的"集体行动"，龙头企业就不会在合同上做出让步。所以，在"F-LE-M"流通模式下，弱势农户表现出"依赖"强势的龙头企业的状况，导致农户失去了部分权益，个体农户也没有充分的积极性寻求更合理的生产经营方式，以此提高组织内的管理水平和经营成本。由于农户对龙头企业依附程度的提高，农户在很大程度上失去了生产经营的相对自主性，形成龙头企业垄断权力制约下的"生产车间"。不但意味着农户部分所有权的转让，而且表现出农户无法与龙头企业公平共享成果，即农户获得的流通收益低于龙头企业，从而削弱了农户的生产积极性。

契约履行难、合同违约处理成本高，是"F-LE-M"流通模式的另一短板。合同履行困难的根本原因是各方利益分配不合理。农户和龙头企业是截然不同的市场交易主体，都寻求己方流通收益的最大化。流通过程中双方都有强烈的机会主义倾向，有强烈的投机思想。根据消费经济学理论的看法，当流通过程中双方存在信息内容不完整和不对称时，通常会导致逆向抉择和道德风险。

五、"农户—合作社—市场"流通模式

生态产品通过合作社的渠道进入交易市场的流通模式，称为"农户—合作社—市场"生态产品流通模式（以下简称"F-C-M"流通模式）。"F-C-M"流通模式的特征是农户自发建立或村委会牵头成立的合作社，成为连接农户与市场的重要纽带，以寻求农户与市场力量均衡，改变农户弱势地位，实现和保障农户交易过程中的权益。"F-C-M"流通模式在保障农户权益等方面被赋予了重任，尤其是在 2014—2020 年脱贫攻坚期间的产业扶贫领域，帮助政府解决了如何动员、引导农户对接市场的难题。在这种流通模式中，合作社对农户的制约主要取决于社员与管理者之间的凝聚力，农户和合作社之间不具有真实的合同约束，而体现为半紧密、半松散的契约关系。

合作社通常由两类组织构成，即农民专业合作社和农民专业技术协会。前者是以农民为主体的一个具有互助性质的经济组织（《合作社法》）。后者是以解决农户的生产技术为主要目标的社会合作式经营组织（中国农村专业技术协会，1995）。从组织性质上看，前者是一个非营利性团体，组织管理松散；而后者则为互助式经济团体，获益能力较强，组织管理规范。从生态产品流通特征来看，二者在石漠化地区均承担生态产品市场流通的经济职能，其中合作社是石漠化地区实现生态产品流通的主要形式，在生

态产品流通环节中起着重要的作用，二者通过建立利益连接和利益共享机制，带领农户开展生态产品生产经营活动，共同推进石漠化治理生态产品流通现代化。

由于农户在受教育程度、现代技术掌握、市场信息获取、抗风险能力等方面的先天劣势，使得农户难以确保自身在与现代商业的"大市场"博弈中不受损害，这也是喀斯特地区农业现代化目标未能实现的重要因素。小农户与大市场连接难的问题同样引起了政府高度重视，为此政府遵循市场规律，针对经济合作组织出台了政策法规，积极推进小农户与大市场的有效对接。《合作社法》于 2007 年颁布，并在 2018 年修订，体现出政府为了让广大农户适应现代商业意识下的"大市场"而出台政策支持。因此，在喀斯特地区，应加快推进合作社在行政村的覆盖面，积极引导农户参与合作社，建立利益联结机制，并以此作为沟通市场的载体，促进生态产品流通和农业现代化发展。

政府、学术界针对上述"F–LE–M"流通模式的短板，提出了"农户—合作社—龙头企业—市场"的生态产品流通模式（以下简称"F–C–LE–M"流通模式）。"F–LE–M"流通模式特征是在农户和龙头企业之间引入合作社，通过合作社保障双方契约关系，虽然似乎拓展了生态产品流通链条的长度，增加了流通环节的交易成本，但其实是对"农户—龙头企业—市场"生态产品流通模式的进一步完善与修正。"F–C–LE–M"流通模式下农户、合作社和龙头企业三方的具体分工流程如下：首先，由合作社与龙头企业商讨确定生态产品需求数量、品质要求、交货时间、费用支付等条款，据此签订合作协议；其次，合作社召集社员（农户），根据农户土地资源禀赋确定生产标准和产量等事宜；再次，在农户开展生态产品生产的环节中，合作社向农户提供农资、融资、技术指导等咨询服务；最后，由合作社和龙头企业对生态产品共同验收和交割。

"F–C–LE–M"流通模式有三个方面的优点：一是由合作社代表该社社员（农户）同龙头企业进行签约销售，既可以降低交易成本，又能够有效制衡龙头企业违约现象，维系农户、合作社与龙头企业三方之间的合作关系。二是单个农户话语权不足，而合作社作为社会机构，组织能力较强，可以弥补农户和龙头企业谈判时的劣势地位，在洽谈、订约和履约等过程中，在可以代表农户权益的情况下，为农户谋得更多的利益。三是合作社通常为村（社）公益非营利性机构，其宗旨就是服务和惠顾广大农户，可使农户的权益受到更有力的保障。经过对"F–C–LE–M"流通模式与"F–LE–M"流通模式的对比分析，发现以下特征：一是农户和龙头企业在石漠化治理生态产品流通模式中工作分工未改变；二是农户与龙头企业不再进行直接联系，而由合作社全权代表全体农户，出面与龙头企业签订生态产品供销合同。合作社把分散的农户动员集中起来，按照龙头企业订单要求组织农户生产，收获后由合作社组织集中统一销售。

第三节　生态产品流通模式的运行机制

石漠化治理生态产品流通模式由生产（农户）、流通（流通商）、市场（消费者）环节组成。这些活跃在生态产品流通模式中的交易主体，构成石漠化治理生态产品流通系统的重要节点。即生态产品物权由农户出发，经批发商、经纪人、龙头企业、合作社等流通节点，实现向消费者的转移。剖析上述 6 种生态产品流通模式，总结归纳为直销、代理、自营、中间商和市场运行机制。

一、直销机制

农户通过市场或直接与消费者进行石漠化治理生态产品的交易过程。直销机制揭示"农户—市场"流通模式的运行过程（图 4-1）。这种流通机制是喀斯特地区最为传统的流通形式，农户通常将生态产品运输到乡镇集市、农贸市场等地就近就便流通，与消费者直接进行交易，没有流通商参与，因此农户能够获得较高的收益。

在这种流通模式中，农户与消费者双方皆为随机的市场交易主体，双方之间的交易活动存在随机性与不稳定性，体现在交易偶然性、交易规模小、契约关系松散。为提高交易稳定性，交易双方需在多次交易过程中逐渐增加相互的友好与信任，形成交易的路径依赖，具体表现为建立相互信任的关系网络。

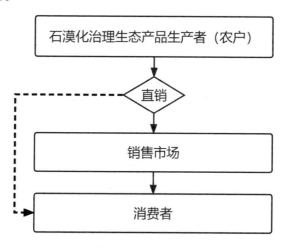

图 4-1　直销机制

"农户—市场"直销机制在生态产品流通模式中结构简单，但销售规模上看占比最少。从方式上来说，这是较为单纯的终端产品流通模式，交易场所通常位于农贸市场、乡镇集市（赶场）。"农户—市场"的直销机制由来已久，伴随着商品流通应运而生，随着生态产品规模化、产业化的发展，这种流通机制占市场交易形式的比重逐渐减少。

二、代理机制

石漠化治理生态产品生产者（主要为种养殖大户）委托从事生态产品销售的市场主体（主要为经销商），在生产地与销售地代理销售其生态产品的运行机制（图 4-2）。与直销机制相比较而言，存在生产规模门槛，因此农户的生产经营规模较大。同时，由于生鲜类生态产品具有易损、易腐坏、储存不便等特征，无法通过直销模式尽快消化产量，加上农户作为种植大户没有充裕时间和精力与分散的消费者直接交易，故而寻求委托代理销售的经销商从事生态产品流通工作对农户更为有利。

　　根据农户生产规模、产地市场供求情况与销售市场收益边际关系，经销商又可分为一级代理和二级代理商，目前，石漠化治理生态产品流通的代理主体大多为经销商。

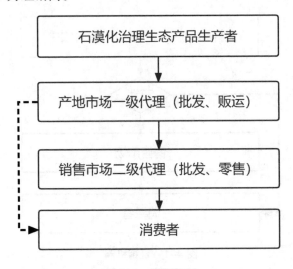

图 4-2　代理机制

三、自营机制

　　石漠化治理生态产品经营业务的龙头企业通过在生产地和销售地市场建立营销网点，其中在产地市场实施批发流通模式，或者贩运到销售市场实施批发与自营点零售模式。龙头企业通过流转周边农户土地，建立标准化生产基地，并以此为样本，辐射带动产地周边农户，按照标准化生产基地生产标准与周边农户签订保底收购协议，将全部生态产品通过自营渠道销售到消费者手中的流通机制（图 4-3）。

　　自营机制与"农户—市场"模式运行机制差异表现在：一是生产者不同，前者均为单一的普通农户，后者主体则为龙头企业和接受龙头企业技术指导农户；二是前者流通层级为农户至消费者，后者流通层级通常有三级；三是前者对生态产品未进行任何加工，后者通常采取简单加工或包装。

自营机制运营需要雄厚的资金支持，这有利于生态产品经营企业自主创建与塑造产品品牌，通过建立自营营销网点，减少流通中间环节，同时也降低交易成本。

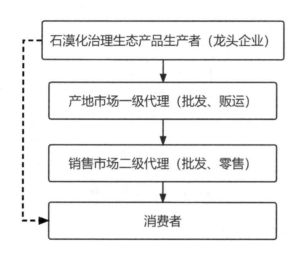

图4-3 自营机制

四、中间商流通机制

批发商从生产者（农户）手中将石漠化治理生态产品收购上来，再贩运到产销两地市场，这种流通模式是以批发商为主导的生态产品流通机制（见图4-4）。在中间商流通机制中，石漠化治理生态产品生产者是农户，经营生态产品的批发商，通常是批发市场拥有店面的个体工商业者。这种中间商流通机制的各市场主体交易随机性、即时性强，没有合同契约作为保障，是一种最为广泛、最为常见的石漠化治理生态产品流通形式。鉴于石漠化地区小农性质的生态产业生产活动仍占较大比重，这种流通机制背景下的生态产品流通模式目前在石漠化地区仍然占主导地位。

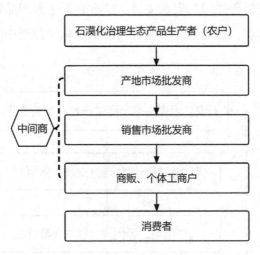

图 4-4　中间商流通机制

五、市场运行机制

石漠化治理生态产品市场运行机制包括两个方面：一是生态产品生产加工龙头企业主导型，其他市场交易主体为批发市场、农贸市场、菜市场、超市与便利店；二是以个体工商户为主的生态产品二级批发零售市场（见图 4-5），市场运行机制初始端为农户，即农户为整个市场运行机制的运转提供石漠化治理生态产品。

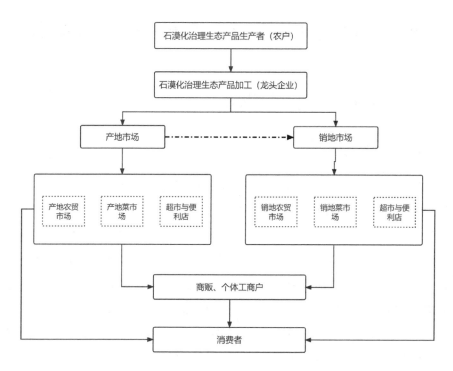

图 4-5　市场运行机制

　　综上，直销机制是石漠化治理生态产品流通的一种传统形式，对交易双方的规模要求最小，双方长期购销关系不稳定。代理机制与直销机制的原理基本相同，只是流通形式不同，代理商作为个体工商户，可以面向所有农户代理其所生产的生态产品。自营机制需要雄厚的资金支撑，这有利于龙头企业自主品牌的创建和产品附加值提升，并且降低在交易市场流通环节的交易成本。中间商流通机制，是以生态产品收购与流通中间商为主体的生态产品流通机制。这种流通机制同样没有合约协议作保证，但因有批发商店面支撑，因而相比直销机制稳定性较强。同样，作为一种相对传统的生态产品流通形式，在目前流通机制中占据主导地位。市场经营机制分为两个方面：一是以企业为主的商品批发市场、农贸市场、超市；二是以个体工商户为主导的生态产品批发零售市场。以上在充分认识石漠化治理生态产品的流通机制基础上，为本研究后续构建石漠化治理生态产品流通新模式奠定基础。

第四节 农户选择不同生态产品流通模式的影响分析

一、理论基础与实证模型构建

（一）理论基础

农户出于对自身权益的维护与追求，选择生态产品流通模式。一般来说，农户究竟选用哪种生态产品流通模式，受主客观原因的双重作用影响。主观原因来自农户自身、家庭成员素质以及所掌握的劳动力、资金、耕地、技术等生产资料丰裕程度。客观原因指农户所处的外部环境（如石漠化环境、交通环境与政策环境等）。主客观原因相互耦合影响着生态产品的交易成本，以至于左右农户选择石漠化治理生态产品流通模式。

交易成本在不同的石漠化治理生态产品流通模式中存在差异，通常而言，农户会选择交易成本较低的生态产品流通模式。虽然有学者表示农户不应过于注重眼前利益，但这是农户基于权衡自身资源禀赋条件，做出的较合理取舍（Bailey，Hunnicutt，杨毅，叶睿，李平，王维薇，张俊飚）。

交易成本理论作为国内外学界研究农户和交易市场之间互动的成熟理论，可借以研究石漠化治理生态产品流通模式。Williamson 指出交易成本（Transaction Costs）的产生源自交易本身的两项特征：一种是交易不确定性（uncertainty），指交易过程中由于人类有限理性的限制，使得对未来的情况，人们无法完全事先预测，并且交易过程中市场主体常发生交易信息不对称的情形；另一种则是交易商品或资产的专属性（asset specificity）（包括资产特异性、交易频率等）（Williamson）。为了更好地利用交易成本充分解释研究对象的市场选择行为，许多研究者结合实际情况，对交易成本概念、分类、测算等方面进行了大量知识生产，并将交易成本进一步划分为四项：搜寻成本、信息成本、议价成本和决策成本（Hobbs，周传荣，王立杰，吕建军，范慧荣，张晓慧，陈宏伟，穆月英）。

2015 年，学术界逐渐采用定性与定量相结合的综合主义方法，解释农户为何选择某种流通模式进入交易市场（苑鹏，张江舟），以及农户选择流通模式的影响因素（温亚平，冯亮明，刘伟平，王怡玄，毕梦琳，陈超，翟乾乾）。然而，诸多研究仅仅聚焦于解释农户选择某一种生态产品流通模式的原因，而关于比较不同生态产品流通模式的交易成本，以及如何指导农户在面对不同生态产品流通模式时进行选择的学术研究还相对较少。

本研究以三个研究区的农户调研数据为基础，从农户视角出发，定性与定量分析农户家庭基本情况与交易成本对其选择"F–M""F–W–M""F–LE–M""F–C–M""F–A–M""F–C–LE–M"等生态产品流通模式的影响程度，同时，揭示 6 种生态产品流通模式下农户权益状况的差异。

为阐明交易成本如何影响农户选择石漠化治理生态产品流通模式，揭示农户绩效水平在不同生态产品流通模式下差异状况，本研究参考郑鹏的经验做法，构建图 4-6 的研究理论框架。

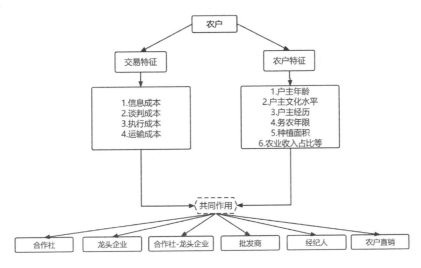

图 4-6　交易成本影响农户选择生态产品流通模式的理论基础框架

（二）实证模型构建

在实证研究中，通常选择 Probit 模型，该模型将农户与某一特定市场交易主体的成交量与总成交量之比作为因变量，所以这种研究方法仅适用于讨论交易成本对农户选择某一特定市场交易主体的影响程度，但不适宜应用在有多个市场交易主体的情况，而 Multinomial Logit 模型能够规避此类问题（薛莹，杨柳）。故本研究采用 Multinomial Logit 模型来阐明农户采用 6 种不同石漠化治理生态产品流通模式的主要原因，尤其是农户家庭基本情况、交易成本状况对农户选择生态产品流通模式的影响机理。从以上内容分析得出，家庭基本情况与交易成本状况影响农户选择生态产品流通模式的函数表达如下：

$$P\left(W_i=j\right)=\frac{e^{\beta_j K_i}}{1+\sum_{S=1}^{J} e^{\beta_N K_i}},\ i=1,\ 2,\ \cdots\cdots N;\ j=0,\ 1,\ 2,\ 3,\ 4,\ 5$$

公式中，N 表示样本数量，j 表示不同的生态产品流通模式，K_i 表示家庭基本情况与市场交易基本状况。变量类型与含义见表 4-1。

表 4-1　农户选择生态产品流通模式的变量类型与含义

变量名称	变量类型	变量含义
w_j	因变量	j=0 代表 "F-M"；j=1 代表 "F-W-M"；j=2 代表 "F-LE-M"；j=3 代表 "F-C-M"；j=4 代表 "F-C-LE-M"；j=5 代表 "F-A-M"
家庭共同生活人口数（K_1）	农户家庭基本情况	调查值
户主性别（K_2）		1 男性；0 女性
户主年龄（K_3）		调查值
务农年限（K_4）		调查值
户主经历（K_5）		1 村干部；2 公职退休；3 在外打工；4 退伍军人；5 退休教师；6 企业退休；7 其他（请文字说明）；8 无
户主受教育水平（K_6）		1 文盲或半文盲；2 小学；3 初中；4 高中（中职）；5 大专；6 本科及以上
参加生态产品技能培训情况（K_7）		1 有；0 无
参与生态产品流通组织的情况（K_8）		1 有；0 无
户主当前其他职业（K_9）		1 半年以内短期务工；2 半年以上长期务工；3 自营工商业；4 村干部；5 教师；6 学生；7 其他（请文字说明）；8 无
实际耕种的土地面积（K_{10}）		调查值
生态产品是否开展简要的包装及加工（K_{11}）		1 有；0 无

续表

变量名称	变量类型	变量含义
生态产品是否获得认证（K_{12}）	农户家庭基本情况	1 有；0 无
生态产品主要销往的市场（K_{13}）		1 乡内市场；2 县内乡外市场；3 省内县外市场；4 国内省外市场；5 国外市场
是否及时知道价格信息（K_{14}）	信息成本	1 是；0 否
了解的是哪类市场价格信息（K_{15}）		1 零售市场；2 批发市场；3 超市；4 经纪人；5 合作社；6 其他（请文字说明）
交易前了解几次价格信息（K_{16}）		调查值
是否认识交易对象（K_{17}）	谈判成本	1 是；0 否
交易对象来自何地（K_{18}）		1 本地；2 外地
认识什么类型的交易对象（K_{19}）		1 经纪人；2 批发商；3 消费者；4 合作社；5 龙头企业；6 其他（请文字说明）
认识几个同类型的交易对象（K_{20}）		调查值
交易所需的时间（小时）（K_{21}）	执行成本	调查值
是否需要做简单检验（K_{22}）		1 是；0 否
对生态产品质量是否有分歧（K_{23}）		1 是；0 否
支付方式（K_{24}）		1 现金；2 赊欠；3 微信或支付宝；4 其他支付方式
是否有赊账（K_{25}）		1 是；0 否
赊账比例（K_{26}）		调查值
是否签贩售合同（K_{27}）		1 是；0 否
农户所处区位的交通条件（K_{28}）	运输成本	1 较好；2 一般；3 较差
农户距最近的生态产品交易地点的距离（公里）（K_{29}）		调查值
农户所拥有的交通工具情况（K_{30}）		大型车辆（面包车及以上）；2 小型车辆（电瓶车、摩托车）；3 人畜力车；4 其他（请文字说明）；5 无

（三）实证结果分析

表 4-2　计量模型的拟合结果

样本容量	469
Prob > Chi-square	0.0000
Log likelihood	−1035.1456
Pseudo-R^2	0.7298

本研究采用 EViews7.2 对以上计量模型进行计算，从模型计算结果显示，Multinomial Logit 模型拟合情况以及近乎所有自变量均通过显著性水平的统计检验。因为该模型需要以某一生态产品流通模式作为参考基准，同时为比较"F-M"流通模式与其他模式的差异，故本研究把"F-M"流通模式（$j=0$）设为参考基准，并设定其标准化系数 beta 为 0。由此可以得出，与"F-M"流通模式相比，农户所选择其他 5 种生态产品流通模式的实际情形。

二、家庭基本情况对农户选择生态产品流通模式的影响

1.农户家庭基本情况对"F-W-M"流通模式的影响。模型计算结果对显示农户家庭基本情况中的户主个人特征、家庭特征以及生产经营特征等都具有显著性。相对于"F-M"流通模式而言，户主个人特征、家庭特征以及生产经营特征等，是影响农户选择"F-W-M"生态产品流通模式的主要原因，其中"家庭共同生活人口数""户主性别""年龄""生活经历""受教育水平""从事生态产品务农年限""实际耕种的土地面积""生态产品是否获得认证"等因素具有显著性特征。另一方面，农户"参与生态产品流通组织的情况""参加生态产品技能培训情况"和"生态产品是否开展简要的包装及加工"等因素未呈现显著性影响。

2.农户家庭基本情况对"F-LE-M"流通模式的影响。与"F-M"流通模式相比，"F-LE-M"流通模式通常需要农户与龙头企业签订订单合同，以契约形式约束双方。农户的"家庭共同生活人口数""户主经历""务农年限""受教育水平""其他职业""实际耕种的土地面积""生态产品是否开展简要的包装及加工""生态产品是否获得认证"和"生态产品主要销往的市场"等因素的作用让农户更有意向选择"F-LE-M"的流通模式。特别是"生态产品是否开展简要的包装及加工""生态产品是否获得认证"和"生态产品主要销往的市场"，这三个影响因素的显著性最高。

3.农户家庭基本情况对"F-C-M"流通模式的影响。与"F-LE-M"

流通模式具有合同"约束性"相比，"F–C–M"流通模式中农户具有更多发挥"个人主观能力"的空间。农户通过与合作社共同协作实现生态产品有效流通，更多地展现出双方的"合作共赢型"关系，合作社入社协议书对于农户的约束力不明显。Multinomial Logit 模型实证结果表明，相较于"F–M"流通模式，农户家庭基本情况中有 11 项因素对"F–C–M"流通模式的选择具有显著影响，仅有"户主性别""实际耕种的土地面积"两项影响不显著。

4.农户家庭基本情况对"F–C–LE–M"流通模式的影响。由于流通组织中加入合作社作为沟通农户与龙头企业的衔接主体，相比"F–C–M"流通模式而言，"F–C–LE–M"流通模式中交易主体的组织凝聚力强于 F–C–M""F–LE–M"流通模式。"F–C–LE–M"流通模式具有利益联结较紧密、产销关系畅通、风险共担与利益共享等特征。从模型实证结果来看，相较于"F–M"流通模式而言，农户家庭基本情况中的 13 项影响因素，均对"F–C–LE–M"流通模式呈现显著性影响，其中，以"参与生态产品流通组织的情况"的影响最为显著。

5.农户家庭基本情况对"F–A–M"流通模式的影响。与"F–M"流通模式相比而言，"F–A–M"流通模式主要受到"农户从事生态产品务农年限""户主年龄""受教育水平""参与生态产品流通组织的情况"等因素的显著影响。其中，"实际耕种的土地面积""生态产品是否开展简要的包装及加工""生态产品是否获得认证""生态产品主要销往的市场"等影响的显著性较高。总的来看，"生态产品主要销售市场"对于农户选择"F–A–M"流通模式的影响最显著，这可能源于农户欠缺产品市场流通业务能力，导致农户选择经纪人作为进入市场的渠道。

表 4-3 农户家庭基本情况影响其选择生态产品流通模式的回归结果

流通模式类型	"F-W-M"流通模式	"F-LE-M"流通模式	"F-C-M"流通模式	"F-C-LE-M"流通模式	"F-A-M"流通模式
家庭共同生活人口数（K_1）	1.87*	1.45*	2.43**	1.43*	0.63
户主性别（K_2）	0.67*	0.57	0.78	0.76	0.94
户主年龄（K_3）	0.77*	0.56	1.63*	0.52*	2.42**
务农年限（K_4）	1.05*	2.32*	0.54*	0.63*	1.21*
户主经历（K_5）	0.78*	2.79**	1.46**	2.04**	1.95
户主受教育水平（K_6）	2.19**	1.58*	1.86**	2.14**	1.91**
参加生态产品技能训练情况（K_7）	2.23	2.37*	1.34*	2.58*	1.57
参与生态产品流通组织的情况（K_8）	1.08	0.64*	3.67*	3.95**	2.03**
户主当前其他职业（K_9）	0.56*	0.72*	0.59*	1.21*	1.96
实际耕种的土地面积（K_{10}）	3.77**	2.31*	0.68	2.46*	0.68*
生态产品是否开展简要的包装及加工（K_{11}）	2.83	3.96*	0.84*	0.84*	2.78**
生态产品是否获得认证（K_{12}）	3.09**	3.86*	2.46**	1.97*	1.05*
生态产品主要销往的市场（K_{13}）	1.43	4.34*	2.78**	1.66**	3.97**

注：*、** 分别表示系数在 5% 和 1% 显著水平，运算结果取小数点后两位。

三、交易成本对农户选择生态产品流通模式的影响

（一）信息成本对农户选择生态产品流通模式的影响

1.信息成本对"F-W-M"流通模式的影响。生态产品的价格行情、交易量、质量等级等信息在批发市场率先披露和传播，因此，批发商在生态产品交易信息的获取上具有先天优势。一般来说，批发商为确保自身在生态产品流通市场的优势地位，通常会对其他市场交易主体进行信息隐瞒，更有甚者披露虚假信息。尤其是在与农户交易中，批发商充分利用市场信息垄断优势牟取更多利益。所以，与"F-M"流通模式相比而言，信息成本对"F-W-M"流通模式影响呈现显著性。信息成本 3 个指标中以"是否及时知道价格信息"的影响最为显著。

2. 信息成本对"F–LE–M"流通模式的影响。"F–LE–M"流通模式中龙头企业主要通过与农户签订生态产品产销合同，明确双方在生态产品品种、收购价格、质量指标等方面的约定。农户专注于生产环节，在交易对象寻找、了解价格信息等方面不再浪费精力和时间。因此，与"F–M"流通模式相比而言，信息成本对该流通模式的影响并不明显，这一点得到 Multinomial Logit 模型回归结果的证实。

3. 信息成本对"F–C–M"流通模式的影响。合作社是以农户为主体，兼有公益和营利目的的互助性经济组织。合作社的盈利能力主要受经营管理水平和政策支持力度的影响。而能否及时、准确获取生态产品交易信息，关乎合作社生存和发展，也是衡量其经营管理水平高低的标志。信息成本的 3 个指标对"F–C–M"流通模式的影响均呈现显著性。所以，与"F–M"流通模式相比而言，信息成本对"F–C–M"流通模式具有重要影响。

4. 信息成本对"F–C–LE–M"流通模式的影响。该模式下农户与合作社、龙头企业之间的三方合作关系，相对于"F–C–M"和"F–LE–M"流通模式而言，农户不直接出面与龙头企业合作。农户选择"F–C–LE–M"流通模式，主要因为合作社能够起到沟通龙头企业的作用，降低农户直接与龙头企业交易的市场风险。合作社作为全社农户的利益代表，在与龙头企业谈判中，切实维护农户的权益，保障三方经济收益合理分配。生态产品市场交易信息的及时获取，是维系三方共赢的重要保障。可见，与"F–M"流通模式相比而言，信息成本对"F–LE–M"流通模式具有显著性作用。

5. 信息成本对"F–A–M"流通模式的影响。在"F–A–M"流通模式中，经纪人要始终保持相对农户而言在获取交易信息方面的优势。交易信息的及时掌握是经纪人在生态产品流通市场获利的重要基础。因此，经纪人为保证自己长期占据着市场交易中的优势地位，就要努力增强自身对于交易信息的获取能力。因此，与"F–M"流通模式相比而言，信息成本对"F–A–M"流通模式具有显著性影响，且与上述其他 4 种市场流通模式相比，影响的显著性最大。

表4-4　信息成本对农户选择生态产品流通模式的影响

流通模式类型	"F-W-M"流通模式	"F-LE-M"流通模式	"F-C-M"流通模式	"F-C-LE-M"流通模式	"F-A-M"流通模式
是否及时知道价格信息（K_{14}）	3.25*	1.56	2.36**	3.54*	4.78*
了解的是哪类市场价格信息（K_{15}）	1.45**	1.03	1.38*	2.67**	3.89**
交易前了解几次价格信息（K_{16}）	2.96*	0.86	1.93*	2.57*	4.56**

注：*、** 分别表示系数在5%和1%显著水平，运算结果取小数点后两位。

（二）谈判成本对农户选择生态产品流通模式的影响

1.谈判成本对"F-W-M"流通模式的影响。由于农户在讨价还价方面的能力较弱，而批发商有着相对资金雄厚、市场经验丰富和信息获取便捷的优势，这使得批发商在与农户进行生态产品交易谈判时处于有利地位。实证分析表明，与"F-M"流通模式相比而言，谈判成本各指标均对"F-W-M"流通模式有着显著影响。

2.谈判成本对"F-LE-M"流通模式的影响。与其他4种生态产品流通模式相比较而言，由于农户与龙头企业之间订单合同的存在，使得"F-LE-M"流通模式拥有相对稳定的交易关系，并将其他潜在市场交易对象排除在"F-LE-M"流通模式之外。对于农户而言，这种排他性导致"F-LE-M"流通模式具有相对较低的谈判成本。模型回归结果显示，谈判成本对"F-LE-M"流通模式的影响并不显著。

3.谈判成本对"F-C-M"流通模式的影响。在生态产品生产、流通过程中，农户受到合作社的日常管理与指导。农户作为合作社的一员，在合作社与市场主体交易过程中没有自主性，而是更多地依赖于合作社。因此，与"F-M"流通模式比较而言，尽管"交易对象来自何地"与"认识什么类型的交易对象"对"P-C-M"流通模式没有显著影响，但"F-C-M"流通模式中农户的谈判成本却相对较低。

4.谈判成本对"F-C-LE-M"流通模式的影响。该模式表现出与"F-C-M"

流通模式基本相同的影响特征。由于订单合同的约束力，农户同时接受合作社和龙头企业的管理与指导。所以，农户即使在有利可图的情形下，因机会成本过高，也无法摆脱"F-C-LE-M"流通模式的束缚。因而，相较于"F-M"流通模式，谈判成本对"F-C-LE-M"流通模式未表现出显著影响。

5.谈判成本对"F-A-M"流通模式的影响。作为一个双方关系并不稳定的生态产品流通模式，农户对经纪人的认识与了解程度，在很大程度上影响农户对"F-A-M"流通模式的选择。所以，与"F-M"流通模式相比较而言，谈判成本对农户选择"F-A-M"生态产品流通模式呈现显著影响，并且显著性整体及单指标水平均高于其他流通模式。

表 4-5　谈判成本对农户选择生态产品流通模式的影响

流通模式类型	"F-W-M"流通模式	"F-LE-M"流通模式	"F-C-M"流通模式	"F-C-LE-M"流通模式	"F-A-M"流通模式
是否认识交易对象（K_{17}）	1.56*	0.43	0.64*	1.89	2.59**
交易对象来自何地（K_{18}）	1.34**	0.63	0.15	1.15	2.36*
认识什么类型的交易对象（K_{19}）	1.03**	0.45	0.45	1.61	1.76**
认识几个同类型的交易对象（K_{20}）	1.12*	0.74*	0.63*	2.4	2.86**

注：*、** 分别表示系数在5%和1%显著水平，运算结果取小数点后两位。

（三）执行成本对农户选择生态产品流通模式的影响

1.执行成本对"F-W-M"流通模式的影响。与"F-M"流通模式相比较而言，在"F-W-M"流通模式中，生态产品"是否需要做简单检验""对生态产品质量是否有分歧""是否有赊账""赊账比例""是否签贩售合同"等因素，对农户选择"F-W-M"流通模式有着显著性影响。相反，"交易所需的时间"和"支付方式"对"F-W-M"流通模式的被选择无显著影响。总的来看，在"F-W-M"流通模式中，农户更加关注产品质量、欠款状况和契约履行的情况。也意味着农户追求"F-W-M"流通模式所表现出的交易持久性和稳定性，对"交易所需的时间"和"支付方式"并不敏感。

2. 执行成本对"F-LE-M"流通模式的影响。与"F-M"流通模式相比较而言，"是否需要做简单检验""对生态产品质量是否有分歧""是否签贩售合同"对农户选择"F-LE-M"流通模式都有较显著的影响，而"交易所需的时间""支付方式""是否有赊账""赊账比例"无显著性影响。主要原因是，"F-LE-M"流通模式本身就是在订单合同约定下进行的交易模式，而合同中会明确双方的权责利，所以农户在"F-LE-M"流通模式中更加关注合同签订内容和产品质量。

3. 执行成本对"F-C-M"流通模式的影响。与"F-M"流通模式相比较而言，在执行成本的7个指标中，除了"是否有赊账""赊账比例"外，其余5个指标都显著影响着农户对"F-C-M"流通模式的选择。说明具备"村社合一"管理模式的合作社，能够赢得农户普遍信任，对于广大农户而言，其构成选择"F-C-M"流通模式重要条件。此外，减少"赊账"可以提升农户选择"F-C-M"流通模式的积极性。

4. 执行成本对"F-C-LE-M"流通模式的影响。与"F-M"流通模式相比较而言，执行成本的7个指标均对农户选择"F-C-LE-M"流通模式具有显著影响，其中影响最显著者为"是否有赊账"和"赊账比例"。显然，农户最关注的还是投资回款问题，这也在另一方面体现农户对"F-C-LE-M"流通模式的不信任，这是合作社与龙头企业在管理"F-C-LE-M"流通模式时，需要关注并予以切实改善的方面。

5. 执行成本对F-A-M"流通模式的影响。与"F-M"流通模式相比较而言，生态产品"是否需要做简单检验""对生态产品质量是否有分歧""是否有赊账""赊账比例"等4个指标对农户选择"F-A-M"流通模式具有显著影响。但"交易所需的时间""支付方式"以及"是否签贩售合同"等3个指标，则表现出影响不显著的特征。究其原因，可能是双方并不是长期交易，利益联结关系不稳定，因此只有关于检验、质量与赊账等指标对农户选择"F-A-M"流通模式具有显著影响。

表 4-6　执行成本对农户选择生态产品流通模式的影响

流通模式类型	"F-W-M" 流通模式	"F-LE-M" 流通模式	"F-C-M" 流通模式	"F-C-LE-M" 流通模式	"F-A-M" 流通模式
交易所需的时间（小时）（K_{21}）	0.68	0.35	0.79*	0.83*	1.67
是否需要做简单检验（K_{22}）	2.34**	2.89**	1.63*	1.67**	1.24*
对生态产品质量是否有分歧（K_{23}）	1.89**	1.46**	1.23**	1.24**	2.96*
支付方式（K_{24}）	0.67	0.68	1.67**	0.34*	1.34
是否有赊账（K_{25}）	1.42**	0.78	1.98	1.84**	3.63**
赊账比例（K_{26}）	1.62*	0.96	1.62	2.46**	2.64**
是否签贩售合同（K_{27}）	2.29**	2.53**	0.93**	1.59**	0.52

注：*、** 分别表示系数在 5% 和 1% 显著水平，运算结果取小数点后两位。

（四）运输成本对农户选择生态产品流通模式的影响

1.运输成本对"F-W-M"流通模式的影响。相较于"F-M"流通模式，在"F-W-M"流通模式中，批发商在批发市场拥有固定的摊位，农户为了将生态产品贩卖给批发商，通常需要把生态产品运送到批发商所在的摊位。模型回归结果显示，运输成本对"F-W-M"流通模式的影响具有显著性，其中尤其以"农户所拥有的交通工具"影响最为显著。

2.运输成本对"F-LE-M"流通模式的影响。龙头企业通常具备相对长距离、运力大的运输能力。农户与龙头企业签订购销合同时，由龙头企业上门收购，即由龙头企业提供运输服务，解决农户在生态产品运输方面的短板。因此，与"F-M"流通模式相比较而言，运输成本对农户选择"F-LE-M"流通模式的影响不显著。

3.运输成本对"F-C-M"流通模式的影响。部分合作社虽然具备生态产品运输能力（尤其是"村社合一"的合作社），但由于合作社社员较多且生产与销售时间相同，合作社运力有限，通常难以满足所有社员运输需求。因此，与"F-M"流通模式相比而言，运输成本对农户选择"F-C-M"流通模式表现出显著性影响。

4. 运输成本对"F–C–LE–M"流通模式的影响。由于农户与合作社、龙头企业之间通过入社协议和产销合同相互联系，故而三方组织结构相对紧密。由于龙头企业具有强大的运输能力，所以在与合作社签订订单合同时，龙头企业通常负责承担生态产品的运输任务。因此，与"F–M"流通模式相比而言，运输成本对农户选择"F–C–LE–M"流通模式的影响并不显著。

5. 运输成本对"F–A–M"流通模式的影响。经纪人为便于在农村地区走家串户，通常购置运载力较大的交通工具，这在很大程度上弥补了农户在交通运输能力方面的不足，可见，与农户相比，经纪人具有较强的生态产品运输能力，并且这种能力越强，活动区域越广。与"F–M"流通模式相比而言，运输成本对农户选择"F–A–M"流通模式具有显著影响。

表4–7　运输成本对农户选择生态产品流通模式的影响

流通模式类型	"F–W–M"流通模式	"F–LE–M"流通模式	"F–C–M"流通模式	"F–C–LE–M"流通模式	"F–A–M"流通模式
农户所处区位的交通条件（K_{28}）	1.21*	0.73	0.98*	2.24	1.52*
农户距最近的生态产品交易地点的距离（公里）（K_{29}）	1.43**	0.79	0.77*	2.45	2.86**
农户所拥有的交通工具情况（K_{30}）	2.34*	0.42	1.12**	1.84	1.62**

注：*、** 分别表示系数在5%和1%显著水平，运算结果取小数点后两位。

第五节　农户在不同生态产品流通模式中的绩效分析

一、方法选择与模型构建

交易成本在不同的生态产品流通模式中存在差异，交易成本的差异状况影响着农户对生态产品流通模式的选择。农户作为理性人，通常选择能给其带来经济利益（即农户绩效）最大化的生态产品流通模式，交易成本越低，农户获得绩效越高。故而，本节揭示交易成本对农户绩效的影响过程和机理。参考既往学者的研究成果，本研究借助多元线性回归模型（Multivariable Linear Regression Model）进行回归分析。影响农户绩效的回归模型的函数表达为：

农户绩效水平（生产经营性收入，即因变量）=W（农户家庭基本情况，即控制变量；信息成本、谈判成本、执行成本、运输成本）－随机误差项

表 4-8　影响农户绩效的变量类型与定义

变量名称	变量类型	变量含义
W_{ij}	因变量	6种生态产品流通模式中农户的生产经营性收入
家庭共同生活人口数（K_1）		调查值
户主性别（K_2）		1男性；0女性
户主年龄（K_3）		调查值
务农年限（K_4）		调查值
户主经历（K_5）		1村干部；2公职退休；3在外打工；4退伍军人；5退休教师；6企业退休；7其他（请文字说明）；8无
户主受教育水平（K_6）		1文盲或半文盲；2小学；3初中；4高中（中职）；5大专；6本科及以上
参加生态产品技能培训情况（K_7）	农户家庭基本情况（控制变量）	1有；0无
参与生态产品流通组织的情况（K_8）		1有；0无
户主当前其他职业（K_9）		1半年以内短期务工；2半年以上长期务工；3自营工商业；4村干部；5教师；6学生；7其他（请文字说明）；8无
实际耕种的土地面积（K_{10}）		调查值
生态产品是否开展简要的包装及加工（K_{11}）		1有；0无
生态产品是否获得认证（K_{12}）		1有；0无
生态产品主要销往的市场（K_{13}）		1乡内市场；2县内乡外市场；3省内县外市场；4国内省外市场；5国外市场
是否及时知道价格信息（K_{14}）		1是；0否
了解的是哪类市场价格信息（K_{15}）	信息成本	1零售市场；2批发市场；3超市；4经纪人；5合作社；6其他（请文字说明）
交易前了解几次价格信息（K_{16}）		调查值
是否认识交易对象（K_{17}）	谈判成本	1是；0否
交易对象来自何地（K_{18}）		1本地；2外地

续表

变量名称	变量类型	变量含义
认识什么类型的交易对象（K_{19}）	谈判成本	1 经纪人；2 批发商；3 消费者；4 合作社；5 龙头企业；6 其他（请文字说明）
认识几个同类型的交易对象（K_{20}）		调查值
交易所需的时间（小时）（K_{21}）		调查值
是否需要做简单检验（K_{22}）		1 是；0 否
对生态产品质量是否有分歧（K_{23}）		1 是；0 否
支付方式（K_{24}）	执行成本	1 现金；2 赊欠；3 微信或支付宝；4 其他支付方式
是否有赊账（K_{25}）		1 是；0 否
赊账比例（K_{26}）		调查值
是否签贩售合同（K_{27}）		1 是；0 否
农户所处区位的交通条件（K_{28}）		1 较好；2 一般；3 较差
农户距最近的生态产品交易地点的距离（公里）（K_{29}）	运输成本	调查值
农户所拥有的交通工具情况（K_{30}）		1 大型车辆（面包车及以上）；2 小型车辆（电瓶车、摩托车）；3 人畜力车；4 其他（请文字说明）；5 无

由于模型回归结果有异方差产生，致使随机误差项不满足同方差特征，为确保回归参数值具备良好的统计检验，本研究对变量中的连续变量取对数，因此具体模型表达为：

$$\ln W_{ij} = ak_{1ij} + bk_{2ij} + u, \quad i = 1 \cdots\cdots N; \quad j = 0, 1, 2, 3, 4, 5$$

其中 N 代表样本容量，i 代表第 i 个农户，j 代表 6 种石漠化治理生态产品流通模式。W_{ij} 为生产经营性收入，X_{1ij} 代表交易成本 4 个方面的向量，X_{1ij} 代表农户家庭基本情况向量（控制变量），a、b 代表回归系数。影响农户绩效的变量类型与定义见表 4-8。

二、实证结果分析

本研究采用 EViews7.2 分别对以上回归模型进行数据运算，统计结果如下：

表 4-9 农户绩效模型的计量结果

变量		"F-W-M"流通模式	"F-LE-M"流通模式	"F-C-M"流通模式	"F-A-M"流通模式	"F-C-LE-M"流通模式	"F-M"流通模式
常数项		4.73	4.25	1.62	2.52	2.23	1.78
控制变量	K_1	0.23*	0.63**	0.19*	0.42*	−0.35	−0.23
	K_2	0.68*	0.45	0.05	0.53*	−0.59*	−0.53*
	K_3	−0.45**	0.72*	0.57*	−0.74*	0.32*	0.45*
	K_4	0.45**	0.24	0.35**	0.45	0.52	0.63
	K_5	0.32	0.63	0.53**	0.85**	0.41*	0.32
	K_6	0.63**	0.67**	0.63*	0.78*	0.13**	0.21**
	K_7	0.45	0.26	0.24*	0.21*	−0.31*	−0.14*
	K_8	0.91*	0.42	−0.63*	0.42	0.92**	0.74**
	K_9	0.42*	0.78**	0.73	−0.32*	0.42	0.31
	K_{10}	0.73**	−0.73	0.52**	0.41*	−0.63*	−0.67*
	K_{11}	0.32	0.45**	0.63*	−0.15	0.69*	0.45*
	K_{12}	0.56*	−0.63*	0.74	0.24	0.34*	0.83*
	K_{13}	−0.85**	0.21	0.83*	0.43*	0.52*	0.53*
信息成本	K_{14}	0.25**	0.52*	0.51**	0.22*	0.47**	0.12*
	K_{15}	0.17*	0.47**	0.49*	0.19**	0.52*	0.17**
	K_{16}	0.26**	0.61*	0.64*	0.28*	0.69**	0.11*
谈判成本	K_{17}	0.82**	0.41*	0.53	0.64**	0.24	0.57**
	K_{18}	0.64*	0.42*	0.23*	0.86**	0.41*	0.75**
	K_{19}	0.52**	0.31*	0.52*	0.73*	0.35**	0.86*
	K_{20}	0.61*	0.25*	0.13*	0.43*	0.27*	0.74*
执行成本	K_{21}	0.75	0.54	0.23	0.48*	0.68*	0.68*
	K_{22}	0.71*	0.29*	0.19**	0.43*	0.53*	0.53*
	K_{23}	0.56**	0.27*	0.13**	0.33**	0.73**	0.73**
	K_{24}	0.64*	0.67	0.22	0.34*	0.61**	0.61**
	K_{25}	0.32	0.56	0.26	0.47**	0.59*	0.59*
	K_{26}	0.66*	0.85	0.17*	0.39	0.59**	0.59**
	K_{27}	0.39	0.35	0.23*	0.36*	0.23	0.23
运输成本	K_{28}	0.78*	0.13*	0.21*	0.58*	0.52*	0.73*
	K_{29}	0.86*	0.32	0.18*	0.61*	0.51*	0.68**
	K_{30}	0.71**	0.56	0.31*	0.49**	0.44*	0.72**
Adjusted R^2		0.66	0.59	0.68	0.71	0.52	0.54
F 值		877.13	694.25	901.74	793.64	983.26	989.63

注：*、** 分别表示系数在 5% 和 1% 显著水平，运算结果取小数点后两位。

根据上述模型的数据回归结果，具体分析如下：

（一）信息成本对不同生态产品流通模式中农户绩效的影响

在 6 种石漠化治理生态产品流通模式中，信息成本均对农户绩效产生显著影响，并且在信息成本影响下，流通模式显著性水平呈现三个梯队的分布特征。本研究共选择 3 个指标对信息成本进行量化表达，分别是："是否及时知道价格信息""了解的是哪类市场价格信息""交易前了解几次价格信息"。6 种石漠化治理生态产品流通模式的显著性特征值表现出"123"的梯队排列特征。即"F–M"流通模式显著性水平处于较低层次，"F–W–M"流通模式、"F–A–M"流通模式等 2 种处于中间层次，"F–C–LE–M"流通模式、"F–C–M"流通模式、"F–LE–M"流通模式等 3 种处在较高层次。

农户不具备及时、综合获取生态产品市场信息的渠道和能力。一般来说，农户获取交易信息的主要途径仍然是靠熟人的信息传递，尽管随着互联网技术的发展，以及智能手机的广泛使用，在一定程度上，削弱了农户与生态产品市场交易主体之间的信息壁垒，但这种壁垒并没有彻底打破。此外，市场交易主体相互联合建立内部信息交换"微信群""QQ 群"，通常将普通农户排斥在外。农户始终处于市场交易的弱势一方，更无法及时、精确掌控交易信息的变化。在"F–C–LE–M""F–C–M""F–LE–M"流通模式中，农户能够借助合作社、龙头企业平台优势，及时获得市场信息。在"F–W–M""F–A–M"流通模式中，由于农户和经纪人、批发商长期进行交易，往来过程中建立了相对稳定的"熟人"网络，但经纪人、批发商出于维护自身利益角度，不可避免地隐瞒部分信息或提供虚假信息，因此，信息成本在这 2 种生态产品流通模式中的影响程度，要低于前面 3 种流通模式。"F–M"流通模式，因农户缺乏有效获取信息途径和能力，始终处于无法及时准确把握市场信息境地，所以绝大多数农户不在信息获取方面过多投入时间、资金与精力，故而信息成本对于"F–M"流通模式中农户绩效影响显著性水平较低。

（二）谈判成本对不同生态产品流通模式中农户绩效的影响

不同石漠化治理生态产品流通模式中，农户绩效受到谈判成本的影响，表现出"两级分化"的特征。农户与其他市场交易主体的交易关系有两种形态：相对稳定和不稳定，其中，农户与合作社、龙头企业的交易关系相对稳定，而与经纪人和批发商交易关系并不稳定。6种生态产品流通模式中，谈判成本对农户绩效影响的显著程度，与交易关系的稳定性成反比。"F–A–M"和"F–W–M"流通模式中，谈判成本对农户绩效的影响显著程度高；相反，在"F–C–LE–M""F–LE–M""F–C–M"流通模式中，谈判成本对农户绩效的影响显著程度低。

对于农户来说，合作社、龙头企业通过订单契约形式与农户建立利益联结，承担了农户面对市场的谈判任务。可见，相对稳定的交易关系一般都会以正式合同或会员协议的形式存在，因此，可以降低农户的谈判成本。而农户一旦与市场交易对象的合作方式发生变化，农户为获取更高流通绩效，则必须通过不断扩大交易对象范围，或者与交易对象反复交流磋商后方可再进行交易，谈判成本因此较高。

（三）执行成本对不同生态产品流通模式中农户绩效的影响

不同石漠化治理生态产品流通模式中，执行成本对农户绩效的影响也表现为"队列性"的特点。在6种生态产品流通模式中，农户绩效受到执行成本的显著性影响程度，也呈现出从高到低的队列特征，依次为："F–M"流通模式＞"F–A–M"流通模式＞"F–W–M"流通模式＞"F–C–LE–M"流通模式＞"F–C–M"流通模式＞"F–LE–M"流通模式。

呈现"队列性"特征的主要原因是：

"F–M"流通模式中，农户在生态产品市场的交易对象是随机的、不稳定的，交易对象难以确定、极少复购，因此，交易过程中双方都有可能相互欺瞒，因而呈现出较高的执行成本。与"F–M"流通模式相比而言，"F–A–M"流通模式中，交易双方随着生态产品交易次数的增加，逐渐建立"熟人"信任关系，加上农户交易的"路径依赖"行为，能增加双方重复交易可能性，但交易过程各方为保障自身权益难免隐瞒各自市场信息，因而表现出相对较高的执行成本。在"F-W-M"流通模式中，农户与批发商的交易关系虽然也不牢固，但与"F-A-M"流通模式相比而言，批发商在批发市场有相应的摊位、门面，即使双方交易发生争执，农户也能较轻松找到批发商，因而其执行成本相对较低。"F-C-LE-M"流通模式中，农户与合作社、龙头企业合作关系相比于"F-C-M"和"F-LE-M"流通模式，紧密程度稍逊，故而，执行成本较后两者而言相对较高。"F-C-M"流通模式中，农户通过入社/入股申请，遵守合作社章程，与合作社结成牢固的利益联结稳定关系。"F-C-M"流通模式能大幅降低农户在生态产品流通中的执行成本。在"F-LE-M"流通模式中，农户与龙头企业签订生态产品订单合同，即双方达成有条件协作关系，这种订单合同具有法律强制力，因此，与其他生态产品流通模式相比而言，"F-LE-M"流通模式执行成本对农户绩效的影响程度较低。

（四）运输成本对不同生态产品流通模式中农户绩效的影响

不同石漠化治理生态产品流通模式中，运输成本对农户绩效的影响程度表现出"队列性"的特点。农户绩效受运输成本的影响具有显著性，6种生态产品流通模式中显著性水平从高到低依次为："F-W-M"流通模式＞"F-M"流通模式＞"F-A-M"流通模式＞"F-C-LE-M"流通模式＞"F-C-M"流通模式＞"F-LE-M"流通模式。

呈现以上分布特征的主要原因是：

在"F-W-M"流通模式中，由于批发商拥有固定的摊位，通常交易活动在批发市场或集贸市场，因此需要农户将所贩卖的生态产品自行运送到交易地点。在"F-M"流通模式中，农户受运输成本的影响较大，与"F-W-M"流通模式类似，都需要农户个人承担生态产品运送成本，运输费用随着距离远近而不同，受到生态产品收益的边际效益影响，农户通常选择较近乡镇集市或县城大型农贸市场。而在"F-A-M"流通模式中，虽然经纪人提供收购生态产品的上门服务，但其已经将运输成本折算加入生态产品交易成本中，经纪人给出的收购价略低于农户在市场了解到的价格，运输成本仍对农户绩效产生影响。在"F-C-M"流通模式中，合作社通常具备一定的运输能力，但合作社运输能力远不如龙头企业，后者拥有长距离、载量大的货运汽车。"F-C-LE-M"流通模式中，其运输服务通常由合作社或龙头企业又或二者联合提供，故而运输成本对农户绩效的影响介于"F-C-M"流通模式与"F-LE-M"流通模式之间。"F-LE-M"流通模式，由于农户与龙头企业双方签订合同，通常由龙头企业提供生态产品运输服务，因此，降低了运输成本对农户绩效的影响。

第六节　农户在不同生态产品流通模式中的权益状况分析

一、理论基础与评价模型

（一）理论基础

农户作为石漠化地区生态产业经营的理性个体，会根据自身的资源禀赋条件，选择交易对象进行生态产品流通活动。权益状况在不同生态产品流通模式中的差异，将会影响农户对生态产品流通模式的选择。不同等级石漠化地区，由于石漠化治理水平、阶段不同，导致生态产业规模化、产业化发展水平存在空间差异，以及生态产品流通模式的差异。例如毕节撒拉溪研究区，农户愿意通过合作社与龙头企业（毕节刺梨花开农业发展有限公司）出售他们的刺梨产品；而在贞丰—关岭花江研究区，农户更愿意将他们的产品通过合作社与大型商超出售；至于施秉喀斯特研究区，农户更愿意将产品卖给当地的龙头企业。总的来看，不同的生态产品流通模式给农户带来的权益状况是不同的。农户选择生态产品流通模式，通常基于自身所处的环境，做出有利于使自身利益最大化的选择。

交易成本虽已成为学术界较为通用的研究农产品（生态产品）流通的理论方法，但本研究认为在生态产品流通模式中，不能只考虑交易成本对农户选择生态产品流通模式的影响。因为，交易成本对不同生态产品流通模式下农户权益方面的解释度不够，也不能充分说明哪种生态产品流通模式更适合石漠化地区的农户进行生态产品流通。综上，为了综合分析石漠化治理生态产品流通模式对农户的影响机理、作用机制，不但要开展交易成本对农户选择不同生态产品流通模式的影响研究，更需进一步揭示不同生态产品流通模式下农户权益的差异状况。

本节以 Amartya sen 的可行能力理论，作为解释不同生态产品流通模式下农户权益状况的研究基本框架，以农户视角，建立对不同生态产品流通模式中农户权益的评估指标，并通过模糊数学评估法，综合评价喀斯特地区石漠化治理三个研究区不同生态产品流通模式中农户的权益问题，从而比较不同生态产品流通模式中的农户权益差异。

（一）评价模型

1. 农户权益状况的评价指标

Amartya sen 提出可行能力（capability）是农户权益的重要表现形式。Amartya sen 提出了"可行能力"的概念，但对"可行能力"的界定未做进一步探讨，后继学者通常采用量表评价"功能性活动（functioning）"来替代直接计算。本研究所要揭示的农户权益状况，其本质是生态产品流通模式下农户的功能性活动。在不同的石漠化治理生态产品流通模式中，因为农户心理状态以及所在场域的环境不同，导致农户的功能性活动存在差异。综上，本研究借鉴前人的经验做法，重点选取并评估以下 4 个方面功能性活动：

（1）经济利益

农户的权益状况虽然不能单从收入水平进行完全描述，但在当前喀斯特石漠化地区与脱贫县域相耦合的现实境况下，农户的生活质量可以通过增加收入而得到明显改善。可见，以增加家庭收入为代表的功能性活动，成为农户选择生态产品流通方式的重要因素，构成农户权益的主要来源。

农户收入水平在不同的生态产品流通模式下表现出较大差异。例如，在"F-C-M"流通模式中，合作社组织农户进入交易市场，开展生态产品的流通活动，在此过程中，提高农户面对市场其他经营主体的议价能力，通过团购农用物资降低农户生产成本。而"F-M""F-W-M""F-A-M"流通模式，农户在与消费者、经纪人、批发商的交易过程中，就无法享受合作社或龙头企业带来的组织化优势。一般来说，收入的高低是大多数农户选择生态产品流通模式的主要依据。总的来看，农户权益在不同生态产品流通模式下表现出差异情况，其根本原因是经济利益不同所导致的。

本研究用2个指标来表征农户的经济利益：①农户家庭纯收入增幅；②农户的家庭经营性成本降幅。

（2）市场风险

作为农户，不可避免会面对市场和自然双重风险。自然风险通常表现在自然环境等不可控因素，如霜冻、干旱、洪涝等自然灾害。由于有农业商业保险和政府帮扶，在一定程度上化解了农户因自然风险造成的损失。而市场风险，通常来自未能把握市场规模，无法获得精准的市场需求信息，盲目跟风发展，基本上需要农户独立承担。可见，市场风险是造成农民损失且止损困难的主要风险。所以，农户选择生态产品流通模式时，会重点考虑防范化解市场风险能力强的流通模式。因此，市场风险构成了农户权益的重要内容。

众所周知，农户通过组织化程度较高的市场交易主体进入生态产品流通市场，有助于防范化解市场风险。例如通过与合作社或者龙头企业签订订单合同，降低市场交易风险，提高农户收入的稳定性。而农户与消费者、经纪人、批发商进行直接交易，具有一定程度的随机性和不稳定性，由于交易对象的不固定而导致的交易图利行为的产生，加上农户处于市场交易信息的"洼地"，因此承担着较大的市场风险。所以，本研究将市场风险作为衡量农户权益的一个重要因素。

本研究采用 14 个指标来表征农户的市场风险：①是否及时知道价格信息。②了解的是哪类市场价格信息。③交易前了解几次价格信息。④是否认识交易对象。⑤交易对象来自何地。⑥认识什么类型的交易对象。⑦认识几个同类型的交易对象。⑧交易所需的时间。⑨是否需要做简单检验。⑩对生态产品质量是否有分歧。⑪支付方式。⑫是否有赊账。⑬赊账比例。⑭是否签贩售合同。

（3）交易纠纷

石漠化治理生态产品以生鲜类为主，具有季节性、时令性，存在保质期短、易损耗、易腐烂等特征，所以，交易纠纷在生态产品交易中较为常见。一般来说，由于农户在生态产品市场交易中处于先天劣势，在生态产品交易产生纠纷时，往往由农户承受所有损失。已有的研究结果表明，交易纠纷的数量和解决的难度，是农户选择生态产品流通市场交易主体时的一个重要考量。在生态产品交易过程中，农户为避免"麻烦缠身"，通常会选择不容易产生交易纠纷的交易主体。这表现出农户对交易纠纷的厌恶，避免交易纠纷成为构成农户整体权益的一个方面。

本研究采用 2 个指标来表征农户的交易纠纷：①交易对象是否积极解决交易纠纷。②交易对象是否协助农户开展生态产品的维权活动。

（4）交易心理

由于农户存在受教育程度低、区位条件落后、交易信息不对称等短板，在与其他市场经营主体博弈中处于弱势地位，因此在交易中自然而然表现出担心、怯懦等心理特征，承受着较大的心理压力。在 Amartya sen 的可行能力的权益分析框架中，心中满意和心情快乐也是农户整体权益的组成部分。本研究参考前人的研究成果，将交易心理作为评价不同生态产品流通模式下农户权益的重要内容。

本研究采用 2 个指标来表征农户的交易心理：①农户对交易对象的信任程度。②农户与交易对象合作的愉悦程度。

2. 农户权益评价模型的转换因素

在 Amartya sen 的可行能力权益分析框架中，不仅包含上述评价权益的功能性活动内容，还包括转换因素。Amartya sen 将权益转换因素定义为：因个人、社区、自然环境等不同，所引起产品或服务向权益转移时的差异。并具体概况为 5 个方面：个体差异、社会交往差异、家庭成员分工差异、社会氛围差异与自然资源禀赋差异。从转换因素作用上看，以上功能性活动各个层面指标向权益转换时的效率高低，由转换因素所影响。

本研究在总结 Amartya sen 的权益产生差异性的基础上，选择 4 个方面来表征转换因素，分别为农户家庭基本情况、生态产品属性、社会经济环境以及自然资源禀赋。农户家庭基本情况，选取指标时涵盖个体差异、社会交往差异与家庭成员分工差异等内容；生态产品属性，选取指标时补充个体差异对农户权益转换的影响；社会经济环境、自然资源禀赋分别揭示社会氛围差异和自然资源禀赋差异对农户权益转换的影响。

（1）农户家庭基本情况

农户作为个人权益的创造者和消费者，农户权益能否实现、实现多少，受到农户个人和家庭的基本情况双重影响。本研究选取与农户家庭基本情况相关的指标：①家庭中劳动人口的比例。②户主年龄。③务农年限。④户主经历。⑤户主受教育水平。⑥实际耕种的土地面积。⑦户主当前其他职业。通常而言，上述②③④⑤⑦等 5 个指标反映出户主的综合素养，而农户做出决策的正确与否，由综合素养的水平所决定。同时，这些决策又直接影响农户权益的转换效率。剩余①⑥指标表现出，农户经营石漠化治理生态产品的效益与农户权益的联系。

（2）生态产品属性

石漠化治理生态产品作为一种生态友好型产品，是生态产业治理石漠化的衍生产物。农户的功能性活动转化为权益的效率，受到石漠化治理生态产品的生态属性和经济属性的影响。表征生态产品经济属性的指标分别为：①生态产品是否开展简要的包装及加工；②生态产品主要销往的市场。

生态属性指标为：生态产品是否获得认证。生态产品的简单包装和初加工，减少生态产品运输过程耗损，扩展销售范围，增加货架期，有助于生态产品的价值提升。通过对生态产品的品质认证，有助于提高生态产品市场竞争力，增强消费者的识别和认可度，实现生态产品价值提升，强化农户在生态产品市场交易中的能动性。生态产品在交易市场表现出的受认可度和稀缺程度，也是生态产品价值的重要体现。

（3）社会经济环境

一个地区生态产品潜在交易对象的数量，受区域社会经济环境影响较大，这很大程度上，为农户自主选择生态产品流通模式提供了更多可能性。Amartya sen 认为自主权（Autonomy）是构成权益的一个主要内容。生态产品市场经营主体的多样，可以避免农户对单一主体的过度依赖，增加其在生态产品交易中的自主权，以及在生态产品交易中的议价水平。通常来讲，经济越发达的地区，人口集聚度和人均可支配收入越高，对于生态产品更易接受，拥有更为庞大的生态产品消费群体，生态产品供小于求，农户在市场的话语权、自主权较大；而在经济相对落后的地区，人口密度小并且人均可支配收入较低，生态产品供大于求，农户在市场的话语权、自主权较小。

本研究采用2个指标来表征社会经济环境：①县域人均GDP。②城乡居民人均可支配收入。

（4）自然资源禀赋

自然资源禀赋作为石漠化地区本底背景，通过自然环境和地理区位两个方面对农户的功能性活动产生影响。自然资源禀赋的差异，制约着生态产品产业化、规模化的发展，限制生态产品销售区域，以及生态产品市场从业人员规模，进而对农户选择市场交易主体产生影响。通常生态产品为了走出产地所在的区域，需要借助船舶、车辆进行运输。因此，农户所处位置和环境，影响着生态产品运输时长和运输成本。不难看出，如若区域内交通基础设施完善、区位条件优越、交通通达度高，在很大程度上可以降低交易的运输成本；而自然环境恶劣和区位条件较差的地方，往往交通基础设施薄弱、交通通达度较差，常常处于生态产品转运不出的尴尬境地。生态产品市场主体因为运费高、耗时长、收益低的原因而不愿意前往，农户选择交易对象的机会较少。

本研究采用 3 个指标来表征自然资源禀赋：①农户所处区位的交通条件。②农户与最近的生态产品交易地点的距离。③农户与最近公路的距离。

表 4-10　不同生态产品流通模式的农户权益状况评价指标体系

内容	分项	量化指标
权益构成	经济利益 L_1	①农户家庭纯收入增幅②农户的家庭经营性成本降幅
	市场风险 L_2	①是否及时知道价格信息②了解的是哪类市场价格信息③交易前了解几次价格信息④是否认识交易对象⑤交易对象来自何地⑥认识什么类型的交易对象⑦认识几个同类型的交易对象⑧交易所需的时间⑨是否需要做简单检验⑩对生态产品质量是否有分歧⑪支付方式⑫是否有赊账⑬赊账比例⑭是否签贩售合同
	交易纠纷 L_3	①交易对象是否积极解决交易纠纷②交易对象是否协助农户开展生态产品的维权活动
	交易心理 L_4	①农户对交易对象的信任程度②农户与交易对象合作的愉悦程度
转换因素	农户家庭基本情况 Z_1	①家庭中劳动人口的比例②户主年龄③务农年限、④户主经历⑤户主受教育水平⑥实际耕种的土地面积⑦户主当前其他职业
	生态产品属性 Z_2	①生态产品是否开展简要的包装及加工②生态产品主要销往的市场③生态产品是否获得认证
	社会经济环境 Z_3	①县域人均 GDP ②城乡居民人均可支配收入
	自然资源禀赋 Z_4	①农户所处区位的交通条件②农户与最近的生态产品交易地点的距离③农户与最近公路的距离

二、不同生态产品流通模式中农户的权益状况

1. 从农户权益整体情况看，6 种石漠化治理生态产品流通模式中，农户的权益状况具有显著的差异，表现出"倒金字塔"型的分布特征。"倒金字塔"顶层，农户权益状况在中等以上（0.500 以上）的有 3 种生态产品流通模式，即"F–C–LE–M"＞"F–C–M"＞"F–LE–M"流通模式（权益状况分别为 0.658、0.631 与 0.604）。中间层，农户权益状况在中等

偏下（0.300-0.500之间），有2种生态产品流通模式，即"F-A-M"和"F-W-M"流通模式（权益状况分别为0.485和0.477），趋近于0.500的中等权益状况。"倒金字塔"底层，即"F-M"流通模式中，农户的权益状况最低（权益状况为0.238）。可见，"倒金字塔"顶层与底层的生态产品流通模式中农户的权益状况相差至少2.66倍。综合来看，不同生态产品流通模式中农户权益由高到低排序为："F-C-LE-M"＞"F-C-M"＞"F-LE-M"＞"F-A-M"＞"F-W-M"＞"F-M"流通模式。

2. 从农户的经济利益情况看，农户谈判能力和生态产品交易价格在不同流通模式中存在差异，导致农户的经济利益呈现分异。评价结果表明：6种生态产品流通模式中，农户的权益状况表现出典型的"首尾均衡"的分布特征。"F-A-M""F-M"以及"F-W-M"流通模式中，农户的权益处于较低水平（权益状况分别为0.265、0.258与0.237），均明显低于"F-C-LE-M""F-C-M"和"F-LE-M"（权益状况分别为0.579、0.551与0.529），主要原因是后面这3种生态产品流通模式具备组织化管理的相关职能。总的来说，在石漠化治理生态产品流通中，农户参与流通的组织化程度越高，越能显著地提升农户的权益状况。

3. 从农户的市场风险情况看，在不同的生态产品流通模式中，与农户交易的对象不同，所以农户遭遇的市场风险程度不一，导致农户权益状况存在较大分异。对农户参与的不同生态产品流通模式开展交易风险的评价分析，回归结果表明：不同的石漠化治理生态产品流通模式中，农户权益状况差异显著，呈现出"队列式"分布特征，即"F-C-M"（0.615）＞"F-LE-M"（0.573）＞"F-C-LE-M"（0.529）＞"F-W-M"（0.342）＞"F-A-M"（0.276）＞"F-M"（0.245）流通模式。总的来看，农户的组织化程度越高、利益联结越紧密，越有利于农户防范化解市场风险。

4. 从农户的交易纠纷情况看，不同的生态产品流通模式中，与农户交易的对象不同，产生交易纠纷数量、形式和程度也不同，同样导致农户权益状况存在显著区别。交易对象存在复购行为的生态产品流通模式，其交易纠纷具有数量少、形式简单、解决难度小的特征。评价结果显示，6种不同的生态产品流通模式中，农户权益状况呈现"等距排列"特征：农户权益在中等水平以上的生态产品流通模式有2种，分别为"F-C-M"（0.573）和"F-C-LE-M"（0.517）流通模式。"F-W-M"（0.472）和"F-A-M"（0.458）流通模式中，农户的权益状况则趋于0.500的中等权益状况。而"F-LE-M"（0.227）与"F-M"（0.205）流通模式，只为农户带来了较低的权益状况。导致这种分布特征的原因：一是在"F-LE-M"流通模式中，农户与龙头企业签订购销合同，农户对合同部分内容的理解有误，又未及时沟通纠错；二是合同本身带有较高的履行难度；三是二者往来较少，加上没有第三方（如合作社）进行工作协调，容易产生纠纷。对于"F-M"流通模式而言，主要是农户选择交易对象具有随机性、不稳定性，农户对交易对象常持有警惕心理，不安全感贯穿整个交易过程，容易促发交易纠纷。

5. 从农户的交易心理情况看，不同生态产品流通模式中的交易对象不同，导致农户交易过程中心理状况存在差异，从而产生不同权益状况。对6种不同的生态产品流通模式中农户权益状况的评价结果显示：农户权益状况呈现出显著"倒金字塔"型分布特征。第一层级，农户权益状况在中等以上（0.500以上）的有3种生态产品流通模式，即"F-C-M"（0.618）、"F-LE-M"（0.604）和"F-C-LE-M"（0.594）流通模式。第二层级，农户权益状况在中等偏下（0.300-0.500之间）的有2种生态产品流通模式，即"F-A-M"（0.487）和"F-W-M"（0.469）流通模式，趋近于0.500的中等权益状况。在"F-M"流通模式中，农户的权益状况最低（0.242）。

表4-11　不同生态产品流通模式下农户权益状况的评价结果

功能性指标变量	"F-M"流通模式	"F-LE-M"流通模式	"F-C-M"流通模式	"F-A-M"流通模式	"F-W-M"流通模式	"F-C-LE-M"流通模式
经济利益 L_1	0.258	0.529	0.551	0.265	0.237	0.579
年度家庭纯收入的增加量 L_{11}	0.214	0.247	0.425	0.147	0.283	0.453
年度生产成本削减量 L_{12}	0.289	0.561	0.267	0.385	0.327	0.674
市场风险 L_2	0.245	0.573	0.615	0.276	0.342	0.529

续表

功能性指标变量	"F-M"流通模式	"F-LE-M"流通模式	"F-C-M"流通模式	"F-A-M"流通模式	"F-W-M"流通模式	"F-C-LE-M"流通模式
是否及时知道价格信息 L_{210}	0.239	0.087	0.529	0.492	0.326	0.039
了解哪类市场价格信息 L_{211}	0.340	0.219	0.602	0.198	0.262	0.111
交易前了解几次价格信息 L_{212}	0.235	0.392	0.739	0.245	0.726	0.262
是否认识买主 L_{213}	0.342	0.425	0.529	0.525	0.239	0.334
买主来自何地 L_{214}	0.583	0.348	0.593	0.673	0.301	0.276
认识什么类型的买主 L_{215}	0.738	0.872	0.452	0.834	0.713	0.898
认识几个同类型的买主 L_{216}	0.462	0.913	0.630	0.721	0.793	0.901
交易所需的时间 L_{217}	0.529	0.524	0.636	0.576	0.429	0.322
是否需要做简单检验 L_{218}	0.637	0.422	0.236	0.610	0.279	0.423
对生态产品质量是否有分歧 L_{219}	0.423	0.372	0.110	0.211	0.182	0.263
支付方式 L_{220}	0.462	0.381	0.093	0.135	0.164	0.342
是否有赊账 L_{221}	0.207	0.280	0.102	0.214	0.175	0.462
赊账比例 L_{222}	0.422	0.385	0.339	0.435	0.401	0.219
是否签贩售合同 L_{223}	0.109	0.019	0.478	0.827	0.043	0.078
交易纠纷 L_3	0.205	0.227	0.573	0.458	0.472	0.517
交易对象是否积极解决交易纠纷 L_{31}	0.532	0.429	0.568	0.477	0.419	0.293
交易对象是否协助农户开展一些生产产业领域的维权活动 L_{32}	0.278	0.337	0.461	0.640	0.148	0.414
交易心理 L_4	0.242	0.604	0.618	0.487	0.469	0.594
农户对交易对象的信任程度 L_{41}	0.126	0.011	0.158	0.028	0.249	0.248
农户与交易对象合作的愉悦程度 L_{42}	0.493	0.802	0.369	0.239	0.187	0.163
农户权益总体情况	0.238	0.604	0.631	0.485	0.477	0.658

三、不同生态产品流通模式中农户权益的整体分布特征

不同生态产品流通模式中农户权益状况的分布情况如下：

1. 在"F-M"流通模式中，36.1%的农户的权益状况，散布在"差"的0.101-0.200区间之内；其次，有35.2%农户的权益状况，散布在"较差"的0.201-0.300区间之内；再次；有22.1%农户的权益状况，分布在"相对较差"的0.301-0.400区间之内；累计93.4%的农户处于0.400以下的低水平权益状况；仅有6.6%的农户接近中等权益状况。由此可见，"F-M"流通模式中，农户的整体权益处在较低水平状态，也是6种生态产品流通模式中农户权益状况排位最后的流通模式。

2. 在"F-LE-M"流通模式中，多达79%的农户的权益状况都处于0.500的中等权益状况之上，尽管有9.3%的农户处于0.400以下较低的权益状况，11.7%的农户处于趋近中等的权益状况。由此可见，"F-LE-M"流通模式中农户的权益状况呈现出正态分布的特点。从权益状况角度来看，农户对"F-LE-M"流通模式广泛认同。

3. 在"F-C-M"流通模式中，只有10.4%的农户处于0.400以下较低的权益状况，在0.500的中等权益状况之上的农户高达89.6%，农户对"F-C-M"流通模式的认可度高。可见，生态产品流通模式的组织化程度，对提升农户在生态产品交易中的权益状况有较大促进作用。

4. 在"F-A-M"流通模式中，农户对该流通模式认可存在分异，有64.2%的农户的权益状况处在0.500的中等权益状况之下，其中，24.1%农户处在0.201-0.400的权益区间内，仅有35.8%的农户的权益状况处在0.500的中等权益状况之上。总的来看，在"F-A-M"流通模式中，农户的整体权益状况处于中等偏下的水平。

5. 在"F-W-M"流通模式中，有1.1%的农户的权益状况分布在"非常差"的0.101-0.200区间之内，7.2%农户的权益状况分布在"较差"的0.201-0.300区间之内，12.8%农户的权益状况分布在"相对较差"的0.301-0.400区间之内，多达63.8%农户的权益状况处在0.500的权益状况

附近（0.401–0.600），其余 15.1% 的农户处在较高权益状况的区间范围。总的来看，在"F–W–M"流通模式中，76.6% 的农户处在中等的权益状况附近（0.301–0.600）。

6. 在"F–C–LE–M"流通模式中，农户权益状况普遍较高。从表 4–12 中不难看出，农户权益状况从 0.301 区间节点开始跃升。统计数据显示，只有 7.7% 的农户的权益状况处在 0.500 的中等权益状况之下，同时，位于中高水平区间（0.701–0.800）的农户已达 25.6%。由此可知，生态产品流通模式中交易主体的组织化与利益联结相互耦合，对提升农户在生态产品流通中的权益有较大作用。

表 4–12　不同生态产品流通模式中农户权益分布水平

区间	"F–M"流通模式	"F–LE–M"流通模式	"F–C–M"流通模式	"F–A–M"流通模式	"F–W–M"流通模式	"F–C–LE–M"流通模式
0.000–0.100	0	0	0	0	0	0
0.101–0.200	36.1	0	0	1.5	1.1	0
0.201–0.300	35.2	2.7	0	5.4	7.2	0
0.301–0.400	22.1	6.6	3.6	18.7	12.8	2.8
0.401–0.500	6.6	11.7	6.8	38.6	37.6	4.9
0.501–0.600	0	23.3	19.9	23.3	26.2	16.8
0.601–0.700	0	38.4	46.1	12.5	15.1	49.9
0.701–0.800	0	17.3	23.6	0	0	25.6
0.801–0.900	0	0	0	0	0	0
0.901–1.000	0	0	0	0	0	0

第五章　基于价值链理论的石漠化治理生态产品流通模式的优化

本章主要探讨石漠化治理生态产品流通模式的优选方案，在比较传统供应链与价值链管理的生态产品流通模式优缺点基础上，提出生态产品流通需要由传统供应链管理向价值链管理转变，以合作社、大型商超、龙头企业为价值链链主，建立基于收益合理分配和信息资源共享机制的价值链管理流通模式，并运用 Rubinstein 价格博弈模型，揭示农户和流通商之间关于生态产品流通收益合理分配的逻辑关系，发现在建立生态产品流通价值链的模式中，为了激发农户参与价值链管理的积极性，可以将流通过程中产生收益的分配适当向农户倾斜。

第一节　石漠化治理生态产品流通模式优化的目标

一、效率目标

对任何一个产品来说，只有进入市场才能实现真正意义上的商品流通，借助流通渠道促成产品空间移动和价值实现，即产品由生产环节到流通环节转变的过程。针对石漠化治理的生态产品，特别是生鲜类生态产品，鉴于面临较高的易腐损失率，因此更需要考虑流通模式的效率问题。而怎样让石漠化治理生态产品高效进入流通领域下一环节，并迅速交付到广大消费者手中，是优化石漠化治理生态产品流通模式的基本原则所在。

二、公平目标

由于生态产品交易市场存在多种流通模式和交易主体，因此在不同流通模式中不可避免地存在交易主体之间的权益竞争。占据优势地位的主体，将会充分发挥自身的优势，挤占生态产品流通模式中的其他主体的利益，造成流通收益分配不合理，导致主体之间关系的破裂。所以，对石漠化治理生态产品流通模式的优化，就必须兼顾公平目标，即流通环节的整体收益在市场交易主体之间进行合理分配，从而实现生态产品流通市场各方的利益合理和关系稳定。

三、共赢目标

石漠化治理生态产品流通模式建立的主要目的是实现生态产品从农户手中向消费者餐桌的空间移动，期间借助流通主体进入终端消费实现市场流通的职能。生态产品的流通过程中各个市场交易主体，虽然相互之间存在博弈，但是为了保障生态产品市场流通的顺畅，交易主体必须维持一定的协作关系，才能实现生态产品市场流通的主要职能，从而确保生态产品的价值实现。总的来说，为了实现石漠化治理生态产品在市场中有效流通，各交易主体需要联合协作，以相互协同减少生态产品的交易成本，从而达到生态产品流通的高效通畅和各方共赢。

四、安全目标

石漠化治理生态产品大都为可食用的产品，食品安全原则是不可触碰的红线和底线。因此，在生态产品流通模式建设过程中，除了提倡高效和公平外，食品安全工作更是重中之重。食品安全要做好预案，流通过程中秉承防微杜渐原则，以应对可能出现在生态产品流通过程中的安全问题，例如在生态产品的运输流程中违规喷洒保鲜剂、消毒药剂。不管哪一个环节的问题，都会对消费者的健康造成危害，所以，在对石漠化治理生态产品流通模式的优化中，必须遵守安全目标。

第二节　传统供应链与价值链管理的生态产品流通模式特征分析

一、供应链与价值链的概念比较分析

供应链是指产品生产和流通过程中所涉及的生产者、加工商、流通商以及消费者等市场交易主体，通过上、下游之间的产品连接（linkage）组成的关系网络结构。即由从产品生产、产品加工、产品流通，到产品送到用户手中这一过程所涉及的市场交易主体组成的一个网络。

价值链概念首先由 Michael Porter 所提出，他在《竞争力》一书中认为，企业通过经营活动逐步发挥其竞争优势，为营销的产品提供支持性活动，以便产生更多的价值，从而形成一连串的增值服务，即"价值链体系"。这一概念起初运用于企业内部价值增加的过程，后推广而应用到行业内部以及产品领域的经营活动。

从概念上看，供应链强调不同市场流通环节的调整与衔接，从而确保实现消费者的诉求，它更注重于节省生产成本和协调生产关系。而价值链则侧重于产品价值的增长，聚焦于怎样满足和服务好消费者，并通过提供独特的产品服务来取得超额价值，可见，价值链环节注重协作与分享。原因一是，价值链管理作为一个综合的战略管理理论，其主要目的就是实现各市场主体在产品流通过程中的收益增长，所以更为重视交易主体的相互联系，不但包括生产者（农户），还涉及流通环节中的企业（加工企业、物流企业、交通运输企业）等诸多主体。价值链聚焦于整体的经济活动，

目的是为了实现全部交易主体收益增长，并努力保持整个链条的竞争优势，以便长期稳定地满足消费者的需求，从而推动整个链条的讯息传递、交流互动。原因二是，由于价值链旨在对产品价值创造过程的研究，所以整个价值链的管理过程中更加重视并强调以服务和满足消费者为导向。因而，在整个流通环节中更加需要各个交易主体间的相互沟通，从而尽可能提高交易主体间的合作默契，更好地实现产品流通目标。

总的来说，与供应链相比较而言，价值链聚焦于流通环节中各个交易主体的相互配合。同时，为了尽可能满足消费者需求，在链条上的每一个交易主体需要摒弃隔阂、主动联系和积极互动，通过高效、及时的相互交流与协同，从而实现价值链所有环节的价值提升。通过合作共赢，以保持市场领先优势，进而实现生态产品的价值增值。

二、传统供应链管理下生态产品流通的特征

根据石漠化地区的三个研究区实地调研，总结出 6 种石漠化治理生态产品流通模式，根据概念比照，均符合供应链定义的生态产品流通模式。基于供应链管理的石漠化治理生态产品流通模式，在各个生态产品流通主体之间建立有机联系。以生态产业中生产者（农户）为初始，农户收获生态产品后，使生态产品通过流通商、加工商等流通环节，最后进入消费环节的过程，即为石漠化治理生态产品流通的供应链过程（图 5-1）。

供应链视角下以农户为初始，以消费者为终端，整个链条中交易主体是以线性的联系为纽带。由于链条上前一个交易主体与其后主体是单线双向的信息联系，导致主体不能跨链条进行协同生产与信息交换，从而造成通过石漠化治理生态产品的生产、流通与消费的信息沿着整个产品供应链单向层层地传导，往往会出现信息延迟与扭曲，进而大幅降低整个供应链效率以及削弱交易主体连接关系。尤其是对于生鲜类石漠化治理生态产品而言，若由农户到消费者中间交易主体过多，意味着供应链环节复杂，生态产品在流通环节耗时过长，将增加生态产品流通过程的交易成本，进而

影响石漠化治理生态产品供应链系统效能的提升。

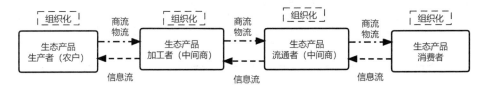

图 5-1　基于供应链视角的石漠化治理生态产品流通运行机制

另外，因为石漠化治理生态产品生产与终端流通环节的信息基本上是相互脱节，再加上农户在信息获取上的先天劣势，石漠化治理生态产品的生产中往往存在着"价格上涨—生产过剩—供过于求—价格下跌—生产减少—供小于求—价格上涨"的恶性循环，生态产品价格呈波浪式起伏特征，供应链上的所有交易主体都承受着价格失衡带来的损失，尤其是受冲击大且抵御力弱的农户。

三、价值链管理下生态产品流通的特征

基于价值链管理的石漠化治理生态产品流通模式指的是参与流通的所有交易主体，包括农户、流通中间商和消费者，在整个生产和流通环节实现商流、物流、信息流等相互共享，在整个链条上公平分摊交易成本，开展价值创造、价值增值与价值分配等活动，并进行合理的交易组合形式的构建，以相互协作削减整个价值链上各交易主体的交易成本，实现各个交易主体利益最优化。

在石漠化治理生态产品流通模式的构建中，价值链上各交易主体按照各自的职能分工，分别履行在生态产品流通模式构建中所承担的职责，推动价值链上各交易主体相互连接，构成生态产品流通的交易整体，共同实现流通模式构建的目标任务（图 5-2）。

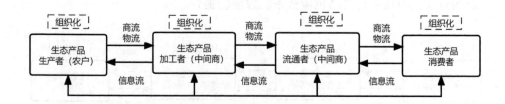

图 5-2　基于价值链视角的石漠化治理生态产品流通运行机制

四、传统供应链与价值链管理生态产品流通特征的比较分析

从图 5-1 和图 5-2 对比可知，石漠化治理生态产品流通模式在供应链和价值链条件下的主要区别如下：

1. 市场交易主体的连接方式不同。在供应链管理下，尽管石漠化治理生态产品流通模式上需要主体之间及时的信息交换和合作互助，但由于这些互助方式基本是线性的，仅能在毗邻连通的主体间实现传递，跨环节的信息资源分享是难以达成的。

而在价值链的管理下，交易信息的传递不仅包含紧邻分享，而且实现了跨环节的共享，即价值链管理下每一个主体都可以在整个价值链系统中进行市场信息的查阅。交易主体的信息分享有助于农户在生产环节中根据流通环节的市场需要，对生态产品种类与数量进行调度。生态产品流通环节的经纪人、龙头企业、合作社等可以按照农户生产的生态产品数量来确定市场供给量与优先供给区域。交易主体充分利用共享的信息来确定生产与流通的策略，从而提高生态产品流通中的市场交易效率，使得信息成本在生态产品流通环节有效降低。

2. 协作的程度差异大。在传统供应链条件下，交易主体相互之间的合作主要表现在提高信息在紧邻环节的分享和推动产品流通的实现。而在价值链的管理下，从表面上看，交易主体之间也是通过共同配合，实现传统意义上的生态产品流通职能，只不过在共同完成生态产品流通职责的过程中，主体的协作范围和程度出现明显的变化，除能进行跨等级、跨对象的市场信息查阅之外，还可以利用成本分摊与利润的公平分配方式方法，从而实现对价值链整体环节收益的最优化。通过交易信息在各主体间的共享，可以削弱农户与流通中间商之间在生产、流通环节的隔阂，从而减少生态产品流通中的交易成本，提高这个生态产品在流通环节的收益，且收益能够在各个主体之间实现公平分配，并以此调动各个交易主体在价值链各环节中参与的主动性，进而增强价值链各环节的市场交易主体内部的契约稳定性。

3.合作的宗旨不同。在供应链条件下，交易主体之间协同的出发点都是为了实现收益的最大化。例如：农户想以较高的价格，尽快将采收完成的生态产品销售，而批发商、经纪人等则是想要以较低的价格，尽早地采购到所需要的石漠化治理生态产品数量和种类。为了能使生态产品从生产环节进入到消费环节，在生产、流通环节各交易主体之间进行最低程度的协作。在供应链条件下，市场交易主体间协作的目的都是在尽可能达到各自最大收益的前提条件下，同时完成其本身的市场流通职责。

与供应链相比而言，在价值链管理下，各个市场交易主体除完成各自环节的全部职责之外，还期望价值链整体的价值总量能够达到最优。因此，各个主体除重视自身的利益之外，同时还关心重视价值链其他环节各主体的利益，会在协调各方权益的前提下进行协作。可见，在价值链管理下，生态产品流通各个主体之间协作的主要目标是实现生态产品流通共同利益的最大化。市场交易主体凭借着联合与协作实现全部职能，达到整体生态产品流通过程中的收益最优化，各个主体将不再只是重视各自职责的完成，还重视主体之间共同利益的达成。

第三节　传统供应链与价值链管理的生态产品流通效率的比较分析

一、传统供应链管理下生态产品流通效率的实证模型

在传统的供应链管理下的石漠化治理生态产品流通体系中，生态产品从生产端到消费端要经过生产、集货、批发（一级批发、二级批发）、零售等流通环节，在此过程中市场交易主体主要有农户、合作社、经纪人、批发商、龙头企业、大型商超、零售商，供应链上各个主体共同作用，实现生态产品"从农田到餐桌"的流通。本研究以夏大慰新产业组织理论为依据，构建基于供应链管理的石漠化治理生态产品流通模型。为了简明流通模型，本研究假定石漠化治理生态产品的流通环节为生产、集货、批发、零售，并假定石漠化治理生态产品从农户供给到消费者采购，只经过一个流通中间商（包含经纪人、批发商、龙头企业、合作社）以及一个零售商。基本假定如下：

1. 农户生产的石漠化治理生态产品（刺梨、火龙果、黄金梨）总成本计量公式表达为 $C=cN$（c 为常数项，$c>0$），其中，农户产出的生态产品均为恒定的成本 c 和生态产品市场流通量（N），并把参与生态产品流通的所有农户视为一个整体，假定各个农户之间不存在异质性。

2. 农户通常以高出生产成本的价格 P_0（$P_0>c$），将生态产品出售给生态产品流通中间商（通常为经纪人、龙头企业、批发商、大型商超、合作社等），即流通中间商收购生态产品价格为 P_0。

3. 零售商以 P_1 价格从流通中间商购买生态产品。

4. 消费者从零售商购买生态产品的价格为 P_2，即生态产品最终零售价格为 P_2。

5. 可知，生态产品的市场需求函数为 $N=D(P_2)=m-nP_2$（m、n 均为常数项，$a>0$，$b>0$）。通过公式推出，生态产品零售价格 P_2 直接

影响着消费者的需求量 N（也为生态产品市场流通量）。

6. 农户、流通中间商和零售商的交易成本均已计入相应流通价格中。
通过以上的假定，可知零售商的收益函数表达为：

$$y_2 = P_2 N - P_1 N = (P_2 - P_1)N = D(P_2)(P_2 - P_1) = (a - bP_2)(P_2 - P_1) \qquad (1)$$

根据收益最大化目标，零售商收益最大化的一阶条件为：

$$\frac{\partial y_2}{\partial P_2} = \frac{\partial(a - bP_2) - (P_2 - P_1)}{\partial P_2} = a + bP_1 - 2bP_2 = 0 \qquad (2)$$

公式（2）整理后得到：

$$P_2 = \frac{a + bP_1}{2b} \qquad (3)$$

将公式（3）代入到公式（1）中，得到零售商的收益函数表达为：

$$y_2 = \frac{(a - bP_1)^2}{4b} \qquad (4)$$

同理，流通中间商收益的函数表达为：

$$y_1 = P_1 N - P_0 N = (P_1 - P_0)N = (a - bP_1)(P_1 - P_0) \qquad (5)$$

根据收益最大化原则，流通中间商收益最大化的一阶条件为：

$$\frac{\partial y_1}{\partial P_1} = \frac{\partial\big((a - bP_1) - (P_1 - P_0)\big)}{\partial P_1} = \frac{a + bP_0 - 2bP_1}{2} = 0 \qquad (6)$$

化简后得到：

$$P_1 = \frac{a + bP_0}{2b} \qquad (7)$$

将公式（3）、（7）代入公式（5）中，最终得到流通中间商收益的
函数表达为：

$$y_1 = \frac{(a - bP_0)^2}{8b} \qquad (8)$$

再次，将公式（7）代入公式（4）中，整理后得到零售商收益的函数

表达为：

$$y_2 = \frac{(a-bP_1)^2}{4b} = \frac{(a-bP_0)^2}{16b} \qquad (9)$$

最后，量化农户的收益函数表达：

$$y_0 = P_0 N - C = P_0 N - cN = (P_0 - c)N = (P_0 - c)(a - bP_2) \qquad (10)$$

农户收益最大化的一阶条件为：

$$\frac{\partial y_0}{\partial P_1} = \frac{\partial \left((P_0 - c) - (a - bP_2) \right)}{\partial P_0} = 0 \qquad (11)$$

将公式（3）、（7）代入公式（11），得到：

$$\frac{\partial y_0}{\partial P_0} = a + bc - 2P_0 = 0 \qquad (12)$$

进一步整理，得到：

$$P_0 = \frac{a + bc}{2b} \qquad (13)$$

$$c = \frac{2bP_0 - a}{b} \qquad (14)$$

将公式（13）代入公式（10）中，得到农户的收益 y_0 为：

$$y_0 = \frac{(a - bP_0)^2}{4b} \qquad (15)$$

显而易见，$\dfrac{(a-bP_0)^2}{4b} > \dfrac{(a-bP_0)^2}{8b} > \dfrac{(a-bP_0)^2}{16b}$，即农户总收益是流通中间商的 2 倍、零售商的 4 倍（$y_0 = 2y_1 = 4y_2$）。在以上对石漠化治理生态产品流通环节交易主体收益的函数推演中，农户的收益最高，流通中间商收益次之，而生态产品零售商的收益最低。虽然农户的总收益最高，但是这是针对农户整体而言，如果均分到每一户来说，那么得到的收益相比后两者而言却是极少的。

为获悉石漠化治理生态产品从流通中间商到零售商的价格变化：将公

式（13）代入公式（7），得到传统供应链管理下生态产品流通模式的流通中间商出货价格函数表达为：

$$P_1 = \frac{a+bP_0}{2b} = \frac{3a+bc}{4b} \qquad (16)$$

将公式（7）、（13）代入公式（3）中，得到传统供应链管理下生态产品流通模式的流通零售商销售价格函数表达为：

$$P_2 = \frac{a+bP_1}{2b} = \frac{3a+bP_0}{4b} = \frac{7a+bc}{8b} \qquad (17)$$

根据上述假定条件 $P_0 > c$，将公式（13）代入 $P_0 > c$ 并整理得到：

$$a > bc \qquad (18)$$

比较公式（13）、（17）、（18）之间的数量关系，可以看出：

$$P_2 > P_1 > P_0 \qquad (19)$$

从公式（19）价格关系得到，随着石漠化治理生态产品在市场交易主体间接续传递，生态产品价格也在不断递增，生态产品最终的零售价格远高于农户销售价格。在实地调查中也得到印证，一是流通中间商压低石漠化治理生态产品收购价格，加上农户生产组织化程度低，市场供需信息获取有限，不同农户生产的生态产品质量表现不一，处于完全开放的竞争环境，最终导致农户未能卖出理想的价格。二是供应链前端的收益由大量农户同时分享，个体分享到的极为有限，在整个生态产品供应链中农户获利最小并处于弱势的地位。三是石漠化治理生态产品随着流通环节增多，其市场价格也随之推高，因为生态产品价格被流通过程中各市场交易主体不断加价，因此，消费者接受的零售价格远高于农户销售价格，在生态产品流通过程中产生的流通收益，绝大部分被流通中间商攫取。

在传统的供应链理念流通模式下石漠化治理生态产品从生产到消费的总收益函数公式表达为：

$$Y = y_0 + y_1 + y_2 = \frac{(a-bP_0)^2}{4b} + \frac{(a-bP_0)^2}{8b} + \frac{(a-bP_0)^2}{16b} = \frac{7}{16b}(a-bP_0)^2 \qquad (20)$$

为了与基于价值链管理的生态产品流通新模式进行比较，将公式（13）代入公式（20）中，得到总收益函数公式第二种表达：

$$Y = \frac{7}{16b}(a-bP_0)^2 = \frac{7}{16b}(a-b\frac{a+bc}{2b})^2 = \frac{7(a-bc)^2}{64b} \qquad (21)$$

二、价值链管理下生态产品流通效率的实证模型

本研究为了与传统供应链的石漠化治理生态产品流通模式做比较，在构建价值链管理下的石漠化治理生态产品模式中，暂不考虑加工、物流、品牌建设等增值内容，而是在传统供应链管理模式基础上，将生态产品流通市场交易主体重新按价值链管理模式进行一体化整合，建立简明适用的价值链管理下石漠化治理生态产品流通模式，即假定在石漠化治理生态产品流通模式中，有实力的市场交易主体作为链主，通过组织一体化来进行价值链经营，改变过去供应链管理下的生态产品生产、集货、批发、零售等环节各自为营的状况，转为由信息共享、协调共进、互利共赢的石漠化治理生态产品流通主体构成的价值链管理体系。

在本研究创建的基于价值链管理的流通新模式中，传统供应链模式中的流通中间商，其大型商超、龙头企业、合作社等因为有足够的实力进行价值链管理能力，成为价值链中的核心即链主，实现了生态产品流通过程中各个市场交易主体间的信息共享和协调调度。总的来说，农户、流通中间商和零售商等市场交易主体融合为一个有机整体，以链主为核心，基于价值链理论从生产到消费的全过程管理石漠化治理生态产品。假定价值链管理下石漠化治理生态产品的农户生产成本保持稳定，石漠化治理生态产品的零售价格仍旧为 P_2，并假定价值链理念下的生态产品流通模式只有生产—消费两个流通环节，则收益函数表达为：

$$y^1 = P_2N - cN = (P_2-c)(a-bP_2) \qquad (22)$$

该函数实现收益最大化的一阶条件是：

$$\frac{\partial y^1}{\partial P_2} = \frac{\partial \left((P_2-c)(a-bP_2) \right)}{\partial P_2} = a+bc-2bP_2 \tag{23}$$

公式（23）化简为：

$$P_2 = \frac{a+bc}{2b} \tag{24}$$

将公式（24）代入到公式（22）中，得到价值链管理模式下的收益是：

$$y^1 = (P_2-c)(a-bP_2) = \left(\frac{a+bc}{2b} -c \right)\left(a- \frac{b(a+bc)}{2b} \right) = \frac{(a-bc)^2}{4b}$$

$$\tag{25}$$

通过公式（25）与公式（21）的比较，可知：

$$\frac{(a-bc)^2}{4b} > \frac{7(a-bc)^2}{64b},\ \text{即}\ y^1 > y^0 \tag{26}$$

三、传统供应链与价值链管理的生态产品流通效率比较分析

本研究将从流通收益、流通成本及零售价格3个方面差异揭示价值链管理对石漠化治理生态产品流通模式的提升作用。

（一）生态产品流通收益的差异

由公式（26）函数关系可知，基于价值链管理的石漠化治理生态产品流通模式的收益要大于传统供应链下的生态产品流通模式的总收益，由此表明生态产品价值在价值链管理的流通模式下实现了增值。在价值链管理下，生态产品流通链主通过协调各个交易主体信息共享、协同发展，将上游的农户和下游的零售商利益联结在一起，有效协调各方利益诉求，充分实现了价值链管理的生态产品流通的收益最大化。如果假定价值链管理下各个市场交易主体的收益分配是均分的，那么三方平均的收益是：

$$\overline{y^1} = \frac{y^1}{3} = \frac{(a-bc)^2}{12b} \tag{27}$$

为了便于价值链与供应链管理收益的比较，将公式（13）分别代入公

式（15）、（8）和（9）中，可以得到y_0、y_1和y_2的另一种表达：

$$y_0 = \frac{(a-bP_0)^2}{4b} = \frac{(a-\frac{(a+bc)b}{2b})^2}{4b} = \frac{(a-bc)^2}{16b} \qquad (28)$$

$$y_1 = \frac{(a-bP_0)^2}{8b} = \frac{(a-\frac{(a+bc)b}{2b})^2}{8b} = \frac{(a-bc)^2}{32b} \qquad (29)$$

$$y_2 = \frac{(a-bP_0)^2}{16b} = \frac{(a-\frac{(a+bc)b}{2b})^2}{16b} = \frac{(a-bc)^2}{64b} \qquad (30)$$

通过对比$\overline{y^1}$与y_0、y_1、y_2函数的数量关系，可知：$\overline{y^1} > y_0 > y_1 > y_2$。显而易见，价值链管理的生态产品流通模式下的农户等各个市场交易主体所得的收益，均明显大于他们各自在传统供应链管理的生态产品流通模式下的收益。

（二）生态产品流通成本的差异

广义的流通成本可以理解为消费者购买生态产品的价格与农户出售价格之差（赵庆功）。根据上述模型的假定可知农户出售生态产品价格为，供应链和价值链管理的石漠化治理生态产品流通成本的差异。

将公式（3）、（7）、（13）整合并化简，得到在传统供应链管理的石漠化治理生态产品流通模式下的流通成本P^0为：

$$P^0 = P_2 - c = \frac{a+bP^1}{2b} - c = \frac{3a+bP_0}{4b} - c = \frac{7}{8b}(a-bc) \qquad (31)$$

将公式（24）代入并化简，得到在价值链管理的石漠化治理生态产品流通模式下的流通成本P^1为：

$$P^1 = P_2 - c = \frac{a+bc}{2b} - c = \frac{3a+bP_0}{4b} - c = \frac{1}{2b}(a-bc) \qquad (32)$$

由公式（18）中得到的 $a > bc$，通过对比公式（30）和（31）函数表达，可以获知：

$$P^0 > P^1 \qquad (33)$$

由公式（33）函数关系可知，石漠化治理生态产品流通成本在价值链管理下明显小于在传统供应链管理下。

（三）生态产品零售价格的差异

将公式（7）与（13）先后代入公式（3）中，整理并简化，得到在传统供应链管理的生态产品流通模式下的生态产品零售价格的函数表达为：

$$P_2 = \frac{a + bP_1}{2b} = \frac{3a + bP_0}{4b} = \frac{7a + bc}{8b} \qquad (34)$$

已在公式（24）中获得价值链管理下的生态产品零售价格为：

$$P_2 = \frac{a + bc}{2b} \qquad (35)$$

通过公式（34）与（35）比较得到传统供应链模式与价值链模式下的零售价格之差：

$$P^2 = \frac{7a + bc}{8b} - \frac{a + bc}{2b} = \frac{3(a - bc)}{8b} > 0 \qquad (36)$$

显然，价值链管理模式下的石漠化治理生态产品零售价格要低于传统供应链管理模式下的价格，可见消费者在价值链管理模式下可以更低的费用购买到生态产品，解决消费者"买贵"的难题。

四、模拟结论与引申

通过对比模拟价值链管理与供应链管理的石漠化治理生态产品流通模式，可以得出以下三个结论：首先，生态产品流通模式在价值链管理下的整体收益明显高于在传统供应链管理下，同时，各个市场交易主体在价值链管理模式下的收益也显著高于其在传统供应链管理模式下的收益；其次，生态产品流通模式在价值链管理下的流通成本明显低于在传统供应链管理下；最后，生态产品在价值链下的零售价格也低于在传统供应链下的价格。这三个结论也是对价值链管理模式有助于提升石漠化治理生态产品流通效益的科学解释。

生态产品的流通效率通常由流通产出与流通支出的比值来量化表达。在现实中，由于参与生态产品流通的市场交易主体众多，导致量化指标的相关数据获取较为困难（赵庆功）。若以流通收益和流通成本分别表示流通产出、流通支出，由上述公式可知，生态产品的流通效率在价值链管理下明显高于在供应链管理下。基于价值链管理的石漠化治理生态产品流通模式，不仅可以提高整体的石漠化治理生态产品流通模式的流通效率，同时也增加了价值链上各个市场交易主体的收益，以及提高了消费者的权益状况。

在对传统供应链管理下的石漠化治理生态产品流通模式的流通收益进行分析时，在将交易成本计入生态产品售价的情况下，已获知随着生态产品流通主体数量的增加，生态产品的流通收益呈逐渐递减走向（$y_0 > y_1 > y_2$）。在此基础上递推得出：

生态产品流通交易主体参与数量越多，则流通收益在流通环节中的分配对象越多。虽然每个生态产品流通中间商都有收益，但是越接近下游的流通市场交易主体所获得收益就越少；而且随着流通中间商数量的增加，生态产品价格会在流通中间商之间逐步提高，最终由于层层递推而使得生态产品的零售价格高企。在实际调查中，参与石漠化治理生态产品流通的市场交易主体数量越多，就越容易增加主体之间在生态产品流通组织与管理等方面的沟通成本，也就越有可能对生产端和消费端造成间接影响（"中间笑两头哭"），同时还会增加运输环节、组织环节、执行环节等费用的支出，各项成本的叠加最终抬高生态产品总的流通成本。这也解释了为什么生态产品价格上涨，而生态产品流通中间商收益却并未见到明显增加的原因。

农户的生态产品流通组织化程度越高，将越有利于提升农户的收益水平。由上述函数公式（20）可知，在供应链管理生态产品流通模式中，农户整体在生态产品流通过程中的收益分配较其他环节交易主体多，但不能忽略这是由大量分散的小农户收益加权所得，因而单个农户的平均收益仍然较低。总的来说，农户适度扩大生态产品生产规模，并同时与生态产品流通中的其他交易主体开展信息共享，以及提高自身在生态产品流通中的组织化水平，将有助于提高农户在生态产品流通供应链中的收益。这也可以解释合作社、大型商超、龙头企业等组织存在的必要性和合理性，以三者为链主构建石漠化治理生态产品流通模式，可以促进农户实现生态产品生产规模的有效调控，同时，加入三者的价值链管理模式，也意味着将提升农户的组织化水平。

第四节 基于价值链理论的石漠化治理生态产品流通的模式构建

一、不同价值链链主管理的生态产品流通模式构建

在价值链理念下，根据以上的研究成果，综合考虑石漠化治理生态产品流通各个环节、生态产品特征属性以及市场交易主体的主导类型，本研究分别以合作社、大型商超和龙头企业为链主，构建三种适宜于不同等级石漠化地区的生态产品流通模式。链主的角色意味着生态产品流通模式是基于价值链理论建立和管理，并通过链主对整个生态产品流通模式中的社会关系进行维护，生态产品流通过程中的争端统一由链主处理与协调，这样就可以保障生态产品流通的高效运转。基于价值链管理的生态产品流通模式，有利于充分发挥价值链协同管理、合作共赢的优势，从而实现各个交易主体间信息与资源共享，使生态产品交易成本得以下降，并能有效协调平衡各交易主体的利益诉求。

（一）以合作社为链主构建石漠化治理生态产品流通模式

以合作社为链主构建的石漠化治理生态产品流通模式，即以近邻农户生产环节的合作社为主导。发挥合作社临近农户的地理优势，以便于合作社的管理人员与农户日常交流沟通，有助于构建农村社会的"熟人"网络，在"人情"的加持下，使合作社组织、协调与管理农户的职能得以充分发挥。同时，合作社与农户利益联结机制的建立，有效增进了农户从事生态产品生产环节的积极性。合作社作为石漠化治理生态产品流通模式的核心，价值链链条上各交易主体通过合作社共享信息来实现生态产品高效流通，尤其是对保障农户收益发挥着积极作用。

以合作社为链主构建石漠化治理生态产品流通模式，对于合作社的门槛要求，主要包括：一是组织规模，通常社员在50人及以上；二是组织机构职能，拥有健全的章程规定，以及完善的权力、执行和监督机构；三是理事长具备较强的管理能力和社会认可度（社会资本），能够合理统筹农户、其他市场交易主体的利益与要求。

（二）以大型商超为链主构建石漠化治理生态产品流通模式

该模式是以流通领域中的零售综合体——大型商超为主导，构建的石漠化治理生态产品流通模式。以大型商超为核心，借助大型商超在零售端辐射面广的优势地位，在价值链中通过市场需求信息的共享，充分统筹权衡农户和其他市场交易主体的利益诉求，实现各方的共赢。该模式中，大型商超不仅可以与农户直接签订生态产品供销合同，也可以通过合作社连接农户而开展对生态产品的流通。总之，该模式充分发挥大型商超低流通成本、交易量大的渠道特征，同时，缩减生态产品市场交易主体的规模，缩短流通环节，对农户和大型商超而言，均可取得可观的收益，同时对消费者来说也可以减少消费支出。

以大型商超为链主的石漠化治理生态产品流通模式，对大型商超的门槛设置条件主要包括：经营规模较大、店面数量较多、辐射区域广、运营水平较高，例如北京华联、永辉超市、合力超市、地利生鲜、惠民生鲜、盒马生鲜等大中型的社会化连锁大型商超。

（三）以龙头企业为链主构建石漠化治理生态产品流通模式

由龙头企业作为价值链管理石漠化治理生态产品流通模式的链主，作为价值链链条上各个市场交易主体的核心，有效联系上游的广大农户与下游的其他市场交易主体，既能够规避传统的"农户—合作社—市场"生态产品流通模式中，合作社经营管理经验不足与无法远距离大规模运输的短板，也能够避免以大型商超为市场链主的生态产品流通模式中，基础流通环节组织力量不足的问题。在价值链管理下，有效发挥龙头企业在生态产品市场中收集需求信息的资源长处，并借助龙头企业的市场长期运营管理经验，把生态产品的生产环节、流通环节整合起来，将上下游的流通结节打通，从而充分地运用龙头企业的市场统筹能力，把大量农户生产的生态产品规模化、产业化、品牌化经营，增强区域生态产品市场竞争力。充分实现龙头企业在生态产品市场流通方面的重要职能，并同时保证生态产品流通过程的顺畅。总的来说，通过以龙头企业为价值链链主构建的生态产品流通模式，可以促进龙头企业对价值链整体的有效统筹与管理。

二、价值链下石漠化治理生态产品流通模式的优势

上述基于三种链主构建的石漠化治理生态产品流通模式，相对传统供应链理念下生态产品流通模式具有以下四个方面优势：

（一）有利于广泛吸收农户参与组织化生产活动

以合作社、龙头企业、大型商超为价值链链主构建的石漠化治理生态产品流通模式，是基于对"农户—合作社—市场"、"农户—合作社—龙头企业—市场"或"农户—龙头企业—市场"、"农户—超市"等供应链管理模式深入研究而提出的。"农户—合作社—市场"生态产品流通模式下，

石漠化地区的广大农户在合作社组织引导下，能够共享生态产品生产技术与经验。同时，合作社对接市场签订订单后，要求农户全部按照统一的质量标准、规格开展生态产品生产活动，并由合作社进行监管与检查。之后，由合作社对所有农户生产的石漠化治理生态产品统一加以采购、管理和营销。在合作社的技术引导下，农户生产的产品受区域生产环境影响较小，能保证相同的产品生产标准，实现生态产品品质的统一。在以合作社为核心的价值链管理下，能够应对生态产品市场的需求增加，保障所生产的产品在市场的占有率。"农户—龙头企业—市场"或"农户—合作社—龙头企业—市场"生态产品流通模式下，由龙头企业直接和农户或者农户的组织者（如合作社）签订协议，组织者根据龙头企业产品订单中给出的收购标准，组织、培训与监督农户按此条件进行生产，并且负责采购农户所产出的石漠化治理生态产品。"农户—超市—市场"生态产品流通模式中，大型商超与农户直接进行生态产品交易活动。农户负责生产，保证品质和数量达到合同要求，再由大型商超从产地采购运输到商超所在地进行销售。

基于价值链管理的三种生态产品流通模式的建立和管理，可以缓解大部分农户被经纪人、批发商等市场交易主体"剥削"的问题，并且提前锁定石漠化治理生态产品的市场销路，农户只需要根据合作社、龙头企业和大型商超的产品需求，生产符合质量标准和数量要求的生态产品即可，使得石漠化治理生态产品的高效流通有了保障，从而能够更有效促进农户的生产积极性，进一步提升价值链整体流通的效率。

（二）有利于发挥出以链主为中心的流通职能

在以合作社、大型商超、龙头企业为链主构建的三种石漠化治理生态产品流通模式中，当各市场主体在成本承担、收益分配等方面不能达成一致解决方案时，链主根据实际能够有效协调有关各方的权益。以链主为核心，进行上下游交易主体的生态产品销售相关信息资源共享，统筹各市场交易主体的责、权、利，建立相应的生态产品流通领域的管理制度，可以有效地提升生态产品流通效益，增强生态产品流通模式的稳定性，充分发挥链主在流通领域的职能。

（三）有利于链主落实协调责任促进信息交流

在以链主为中心界定各个交易主体的职能、责任与权力的同时，链主还可以起到中间沟通服务功能，并带动各个生态产品流通环节交易主体进行价值链上的信息互动。显而易见，价值链的链主在三种石漠化治理生态产品流通模式中都是更接近于消费终端，因此更熟悉整个生态产品需求市场的真实情况，故而在流通环节中的话语权通常比其他市场交易主体更大。链主对价值链链条上各个市场交易主体进行收益、分工的协调，能够有效促进不同交易主体之间在价值链链条内进行交易信息的分享和交流。以合作社、大型商超、龙头企业为核心的三个生态产品流通模式，充分调动各市场交易主体的商流、物流、信息及生产知识在价值链上共享，避免农户发生"大小年"增产不增收的现象，从而减少农户生态产品市场风险，并推动生态产品流通过程中各市场交易主体的协调发展。

（四）有利于政府对市场指导与监督管理

以往政府部门对生态产品流通领域实施监督管理时，很难深入到每一位农户中实施监督，而在以合作社、大型商超、龙头企业为链主的三种生态产品流通模式下，基于链主的牵头作用以及核心位置，有关政府部门可以选择通过对价值链的链主实施监管，从而推进价值链链条中其他交易主体流通职能的实现。政府政策的制定与实施，可以选择从价值链链主位置出发，通过在价值链链条上的信息传递，达到较好的政策宣传目的，进一步提升政府政策实施的整体效果，也有利于政府部门的管理监督职责的实现。

第五节　石漠化治理生态产品流通模式中价值链管理的关键问题

一、生态产品流通过程中的社会资本形成

实现价值链管理的前提条件，主要是通过构建农户、批发商、经纪人、龙头企业、合租社等生态产品市场交易主体内部的社会资本，借助社会资本互利的良性循环，通过信用、人际网络和共同情感，建立起生态产品市场交易主体内部的组织关系。基于社会资本组织架构，实现交易主体间的信息分享、资源共用、成本分摊和利润公平分配的共赢局面。

当交易主体之间通过石漠化治理生态产品逐渐建立起社会资本时，生态产品流通中各个交易主体将不再像过往独立在交易市场上开展流通活动，而是共同组成一个基于价值链的整体面向生态产品交易市场开展流通交易。尽管在外界看彼此仍是单独的拥有经济理性的个体，然而却在相互开展交易活动过程中建立起了相互信赖的关系，并且通过社会关系网络的形成，交易主体内部拥有了一致的目标和准则。

生态产品流通中各个交易主体最大限度地实现信息资源畅通共享，并在生产成本与收益分配等关键环节上彼此达成协助共识，能够相互信任，以生态产品流通价值链的提升与利益最大化为出发点共同进入交易市场。唯有通过生态产品流通过程中不同交易主体共同建立起的社会资本联系，才能建成资源共享、成本分摊和利润公平的价值链模式。

总的来说，实现基于价值链管理的石漠化治理生态产品流通模式的前提条件，是社会资本的产生与发展。

二、生态产品流通模式中的信息共享

（一）生态产品商流、物流信息的共享

在石漠化治理的生态产品流通市场经济运行中，由于生态产品流通商

等交易主体更接近消费端，对生态产品市场相关信息的获取也较多。与之相反，绝大部分农户对生态产品消费端的情况并不熟悉，或是对市场经济相关信息接收滞后，反应较缓慢，这也将直接影响农户对生态产品的生产调整。

而在价值链管理条件下，在生态产品流通过程中各个交易主体之间，通过供需信息的相互交换，能够更有效地让农户把握生态产品市场的供求情况和变化趋势，从而适时改变生态产品生产的品种与规模，做出更适合市场经济的产品策略，以适应广大消费者的需要。产销信息及时交换，能够有效提升生态产品运输调度效率，从而使得价值链中各个环节的主体准确地掌握产品的运输状况，并采取调整运送、及时补货、适时采摘等活动，减少生态产品的运输时长，从而满足消费者对优质新鲜的生态产品的需求。

（二）生态产品生产信息的共享

采用价值链理论对石漠化治理生态产品的产业链进行管理，农户的生产信息被"价值链"及时采集并共享在整个链条上。即农户的种、管、收等生产环节的信息能够被价值链上的交易主体所掌握，这样的优势主要体现在：

（1）当生态产品流通过程接受了价值链的管理，那么可以把农资销售者也加入价值链中的生产环节。由于农资销售者成为价值链的交易主体的一员，也就意味着农资销售者接受了价值链其他交易主体对其经营资格与是否诚信进行全面审视，从而就可以保证农户所选择的农资用品均为质量安全的、符合国家有关规范的产品，使应用上述农资所产出的生态产品，在食品安全方面也有了相应的保证。

（2）因为价值链上其他交易主体都能获取农户种植生态产品的生产信息，所以，链条上的其他交易主体也就能够根据农户的生产信息制定自身采销行动。当农户生产规模扩大、产量增加时，交易主体就能够及时开拓新的市场，调整供销区域，或者联络其他非价值链上的交易主体。总而言之，价值链上其他交易主体共同协作保障农户的生态产品能够及时出售并且全部售罄。当农户的生产活动遭受到自然灾害等不可抗力而减产，并且该信息被价值链上其他交易主体及时获知，生态产品流通商就可以据此信息及时调整收购计划，也就可以留给流通商更充裕的时间，寻找非价值链上的其他区域农户进行替代生产，从而确保价值链上的交易主体生产流通活动不会中断。所以，石漠化治理生态产品生产信息的共享有利于价值链的稳定与效益提升。

（三）生态产品知识与技术的共享

为了满足石漠化治理生态产品的各个阶段需求以及喀斯特区域农业产业结构调整，伴随着科技的进步，在石漠化综合治理生态产品种植资源和耕种方面，也开发出更多新型的种植品种和种植技术。尽管农户本身从事着生态产品的生产活动，对生态产品耕种也有着更直观的经历与感知，但因自身受教育程度有限，对新专业知识和新技术的理解较困难，进而对提升农户整体生产能力的作用有限。加上获取生产信息途径和方式对于农户而言也是极其不足的，通常生产知识主要靠家庭代际传授，从其他农户处学习生产经验是较为困难的，其他农户所使用的农业科技更不可能无缘无故传授给其他农户。对于价值链上的流通中间商而言，其联系着庞大的农户，经过和众多农户的联系，能够全方位掌握不同农户的生态产品生产情况。对于农户来说，通过价值链的信息共享功能，农户能够查阅学习流通中间商分享的相关生产种植技术，打破了生产信息与农业技术在农户层面传播的壁垒，有利于推动生态产业现代化的演进。从农户视角看，价值链上流通中间商类似于一种信息网络平台，各个农户借助该网络平台能够进行知识的资源共享，农户之间通过共同学习，交换种植经验，提升生态产品耕作的技术水平，提高生态产品的产量。价值链的不同环节的交易主体通过资源共享，促进信息、知识和技能在价值链上共享传递，交易主体间通过信息共享实现协同，提高生态产品流通效率，提升行业的区域竞争力。

三、生态产品流通模式中的收益分配

（一）基于价值链的收益分配原则

目前石漠化治理生态产品流通模式建立在传统供应链的视角下，生态产品销售信息从农户直接向下游环节的其他交易主体层层传递。在喀斯特区域的社会经济状况中农户大多生产规模相对较小，所生产的生态产品在采收后，由批发商、经纪人、龙头企业或合作社集中采购销售，后者直接掌握主要的生态产品流通领域的话语权，农户往往处在生态产品流通中弱势地位，很难获取稳定的生态产品收益，而石漠化治理生态产品销售中的终端市场即消费者，则承担了较高的生态产品市场价格。所以，在现行石漠化治理生态产品市场流通模式中，通常面临着利润分配不合理、交易成本无法共同负担等问题。简言之，合理的利润分配才有助于生态产品流通和石漠化治理可持续发展，利润分配不均则将阻碍整个价值链的形成，从而妨碍整个生态产品流通价值链的长远发展。

所以，在价值链管理下生态产品流通模式内各交易主体在信息公开、全面合作的形势下，怎样实现公正的利益分配是其必须仔细思考的问题。通过构建科学合理的石漠化治理生态产品利益分配机制，对流通模式中的增值收益加以分配，唯有这样方可提高石漠化治理生态产品流通交易主体的整体收益规模，并激发各交易主体积极参与整个价值链建设的主动性。

本研究将借助 Rubinstein 的议价博弈模型，构建农户和流通中间商面对流通利益展开博弈论的情景，并运用熵工具说明如何让各方利益的分配更加均衡适度，以推动石漠化地区治理生态产品市场流通的良性发展。而该模式的创建是以信息公开、市场主体希望能实现充分合作共赢的价值链管理为前提条件。

（二）基于价值链视角的农户与流通中间商议价博弈模型分析

生态产品流通模式中，拥有竞争优势的交易主体往往会通过利用优势功能而攫取更丰厚的收益。在生态产品流通模式利润有限的情形下，拥有竞争优势的交易主体通常也会损害其他市场经营主体的权益。

在基于价值链管理的生态产品流通模式中，Rubinstein 议价博弈模型是一种信息全部透明下的动态博弈模型，生态产品流通交易主体可以透过议价博弈达成合作。而在博弈过程中，市场交易主体相互之间既具有共同利益下的协同合作，又具有自身趋利所导致的矛盾。通过议价博弈过程，最终达成各个交易主体都认可的利润分配方案。

因为 Rubinstein 议价博弈模型建立在一种信息充分共享的假设下，满足价值链理论要求，所以很多研究者把该模式视为在价值链环节中分享利益的研究方法。梁雯等使用 Rubinstein 模式对价值链环节中的二级供应链激励契约进行深入研究，并提出了使不同的行动主体共同认可的方案。杜义飞等把整个产业链条中的物流管理部门视为同一个公司下的各个子公司，为了实现利润分配合理化、最大化的要求，也使用 Rubinstein 模式研究分配的方法。孔令昊为了解决民用航空旅客在碳补偿支付过程中存在信息不对称问题，采用 Rubinstein 议价博弈模型加以核算，实现合理分摊。

综上，本研究运用 Rubinstein 议价博弈模型，在价值链中的所有生态产品交易主体信息均公开且成本函数已知的情形下，对最终收益的合理分配方式进行了评估，并提出价格信息公平分享的新方法，为现实社会中对生态产品在流通领域收益分配的创新研究提供了建议。

假定生态产品流通市场中存在两个主体：农户和流通商（经纪人、批发商、龙头企业、合作社等），以生态产品为基础，对生态产品流通过程的增值收益进行议价博弈。对于议价博弈模型，本研究做了以下假定。

假定 1：农户、流通商双方都是完全理性的行为主体。同时，农户和流通商之间的利润和成本等信息都是相互公开的。

假定 2：采用 Rubinstein 议价博弈模型进行收益的分配，则农户与流通商各自得到总收益的占比为：φ_1、φ_2，且 $\varphi_1 + \varphi_2 = 1$。

假定 3：农户与流通商都不囤积产品，储存为空。农户不介入生态产品销售，而流通商对农户生产的全部生态产品进行收购。

假定 4：农户与流通商的贴现率为：δ_m、δ_f，贴现率代表双方议价博弈的能力，贴现率越大，表示议价博弈的能力越强。$1 \le \delta_m$，$\delta_f \le 1$。

根据上述假定，采用 Rubinstein 议价博弈模型，对双方在生态产品流通过程中的收益进行分配，假设收益为 θ_e，双方对此进行多轮谈判。

第一回合，流通商对收益分配提出方案 1（φ_1^1，φ_2^1），若是农户认可，则谈判达成；反之，由农户接着提出方案。第二回合，农户提出方案 2（φ_1^2，φ_2^2），若是流通商认可，则谈判达成；反之，由流通商继续提出方案。第三回合，流通商提出方案 3（φ_1^3，φ_2^3），农户仍然不认可，则由农户接着提出分配方案，循环往复进行（图5-3）。

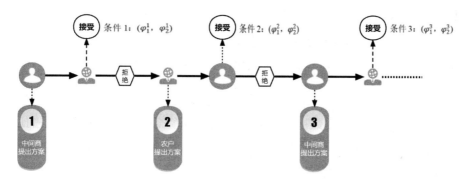

图5-3　Rubinstein 议价博弈分析过程

根据逆向思维进行回溯，先研究第三回合流通商提出的方案（φ_1^3，φ_2^3），接着研究第二回合农户提出的方案（φ_1^2，φ_2^2），为了让流通商接受，则要满足 $\varphi_2^2 \ge \varphi_2^3 \cdot \delta_m$，当 $\varphi_2^2 = \varphi_2^3 \cdot \delta_m$ 时，农户获得的收益为 φ_1^2 $=1-\varphi_2^3 \cdot \delta_m$，因为 $0 \le \delta_m \le 1$，得到这一条件下分配的最优方案为（$1-\varphi_2^3 \cdot \delta_m$，$\varphi_2^3 \cdot \delta_m$）。最后研究第一回合，流通商提出的解决方案为（$\varphi_1^1$，$\varphi_2^1$），为了让农户接受，需要满足 $\varphi_1^1 \ge (1-\varphi_2^3 \cdot \delta_m) \cdot \delta_f$，当 $\varphi_1^1 = (1-\varphi_2^3 \cdot \delta_m) \cdot \delta_f$ 时，流通商获得的收益为 $\varphi_2' =1- \delta_f + \varphi_2^3 \delta_m \cdot \delta_f$，此时得到这一条件下分配的最优方案（$\delta_f + \varphi_2^3 \delta_m \cdot \delta_f$，$1- \delta_f + \varphi_2^3 \delta_m \cdot \delta_f$），均衡时 $\varphi_1^1 = \varphi_1^3$，$\varphi_2^1 = \varphi_2^3$，代入函数方程，得到双方均衡收益分配：

$$(\varphi_1^*, \varphi_2^*) = \left(\frac{\delta_m - \delta_f \delta_m}{1- \delta_f \delta_m}, \frac{1- \delta_f}{1- \delta_f \delta_m} \right) \qquad （1）$$

（三）基于价值链管理的收益分配比例

通过对 Rubinstein 议价博弈模型的推导，即可知道农户、流通商等对流通增值的收益分配方式如下：

农户获得收益为：

$$\partial_f = \frac{\delta_m - \delta_f \delta_m}{1 - \delta_f \delta_m} \cdot \theta_e \qquad （2）$$

流通商获得收益为：

$$\partial_m = \frac{1 - \delta_f}{1 - \delta_f \delta_m} \cdot \theta_e \qquad （3）$$

在公式（3）中，不难得出，流通商的议价能力越强，越会减少农户的收益分配，进而直接影响双方分配的公正性，本研究采用公正熵值来衡量分配的公正性，参考 Chen 研究结果，公正熵值的函数表达为：

$$H = -k\,(r_1 \ln r_1 + r_2 \ln r_2) \qquad （4）$$

公式（4），k 为常数项，r_1、r_2 分别表示两个流通主体的交易分配占比，与 φ_1、φ_2 概念相同。公正熵值 H（$\leqslant 1$）越大，则表明收益分配越公平。当 $H=1$ 时，表明收益分配达到最公正。

以农户和流通商个体视角分析，由于农户的经营实力比较薄弱，贴现实力也较小，所以讨价还价实力也较弱。相反，由于流通商拥有相当多的讨价还价资源，所以在收益分配中，能够获得较多的收益。本研究继续对农户与流通商议价博弈做进一步分析，即当农户与流通商的贴现值 δ_m、δ_f 取值不同时，分配比例和公正熵值的变动情况。当 $\delta_m=0.1$、$\delta_f=0.9$ 时，得到收益分配的比例为（0.091，0.909），代入公式（4），得到公正熵值 $H=0.304k$。反映出，当农户与流通商的议价博弈的能力值分别为 0.1、0.9 时，农户与流通商的收益分配比例为 0.091、0.909。当农户与流通商之间的分配比例发生变化后，即农户的分配水平提高以后，公正熵值的水平也在提高，收益分配逐渐趋向于公正状态。总的来说，提高农户议价博弈能力，公正熵值会同步提升，农户在收益分配中的处境随之改善，将极大促进农户参与价值链管理的积极性。

由此不难发现，当农户和流通商之间的议价博弈能力的差距逐渐缩小时，农户的分配收益逐渐增加，分配的公正性也随之增强，有利于推动喀斯特石漠化区经济社会整体效益的提升。

总的来说，截至目前，以供应链方式管理的石漠化治理生态产品流通模式，仍是石漠化地区生态产品产业链的主要形式。通过研究发现，供应链管理下石漠化治理生态产品流通模式，整个链条上的交易主体以线性模式相互连接。尽管供应链上的各个环节均和上、下游交易主体存在着紧密联系，但由于上下游市场交易主体之间大多仅以供货为纽带，很少开展交易主体之间的信息共享和各个交易主体跨环节的协作，未能充分释放整个生态产品流通模式的效能，因此无法发挥交易主体间的协同优势。

与供应链管理短板相比，在价值链管理模式下，供货与销售已不再是各个交易主体之间关系维系的主要方式，在价值链的各个环节中，每个交易主体都能够进行信息分享和获取，生态产品流通中的成本费用和流通利润都能够通过共享的形式由各个交易主体分担，进而解决交易成本因为信息不对称而过高的问题，并且促进价值链上各个交易主体之间协同共进，进而提高了价值链管理下生态产品流通过程的整体效益。

第六章 石漠化治理生态产品
价值提升技术与策略

　　石漠化地区生态产品的生产、加工技术尚处于发展初期，多以初级产品为主。同时，生态产品收购、运输、保鲜等方面装备少、技术落后，品质保障工作较为薄弱。缺乏将本地特色产品转化为区域或全国品牌的远见与能力。营销模式局限在传统线下营销，缺乏运用大数据与个性化定制的营销视野，生态产品价值未得到充分的挖掘和提升。对此，本研究根据生态产品分级分拣、保鲜储存、道路运输、品牌建设与大数据营销等环节，开展石漠化治理生态产品价值提升技术与策略的研究。

第一节　石漠化治理生态产品自动称重分级作业技术

　　主导消费升级的基础是"人的需求"，随着居民生活水平的提升，消费者越发重视商品的品质。农户也由过去偏重产量，逐渐转型为以品质为主、产量为辅的生态格局。分拣技术有助于农户提升对生态产品品质把控，面对其他市场交易主体开展定向营销。对水果类石漠化治理生态产品实施分级分拣，除划分市场定位、增加产品收益外，科学化的分级标准将有助于生态产品分级分拣团体标准的建立，使得石漠化治理生态产业迈入另一个新纪元。目前，石漠化治理生态产品的分拣方式大都是利用人工根据水果大、中、小等外观标准进行分级，或使用天平式、砝码式秤等传统设备进行分级，虽能够实现整体重量的量化分级，但是仍然无法针对单个水果明确标示其重量和自动分级，同时，分级分拣效率低、成本高。

本研究以 LabVIEW 建立水果类石漠化治理生态产品称重分级控制系统，结合信号处理界面，进行生态产品称重信号采集及传感器信号的接收，并输出信号控制出料机制。生态产品进料区是以手动方式将水果置于承杯上，再由输送系统输送至称重区。称重区以光纤式光电开关进行生态产品及承杯的检测，若检测到有果实时，则以 Load Cell 进行重量量测。出料区则由控制系统输出信号经过继电器界面，控制水果的出料分级，共分为五级。本研究参考台湾学者果蔬分级机并列式出料控制原理的研究成果。

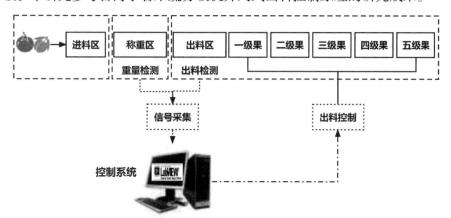

图 6-1　动态称重分级出料系统的架构图

动态称重分级出料系统以环形输送系统为主体，上面固定水果承杯，水果类生态产品置于承杯上。输送系统运转时，带动承杯依序经过进料区及称重区，进行称重信号采集、运算及判定等级。当承杯进入分级出料区时，控制出料机构，将水果类生态产品倾倒于出料槽中。

水果类石漠化治理生态产品称重分级系统主要构件及设计原理如下：

一、输送系统和承杯

输送系统由相互连结的进料、称重及出料等单元构成，采取单边出料输送方式。承杯固定于输送链条上，当输送链条运转时，运送水果进行进料、分拣及出料等动作。动力源为 373W 的三相 220V 四极交流感应马达，额定转速为 1730rpm/60Hz，连结 80：1 的减速装置，输送速度利用可程序变频器进行调整改变。马达输出轴连接链轮，带动链条转动，承杯数量为 70 个，承杯中心间距为 152.4mm。链轮齿数为 72T，链条截距为 25.4mm，采用双截距链轮。最大链条速度为 330mm/sec，每小时的最大输送处理量为 7785 个，即每秒处理 2.16 个。

表 6-1　马达输入频率与链条输送速度的关系

频率（Hz）	主动轮转速（rpm）	链条速度（mm/sec）	称重速率（个/sec）
10	3.60	54.93	0.36
20	7.21	109.85	0.72
30	10.81	164.78	1.08
40	14.42	219.70	1.44
50	18.02	274.63	1.80
60	21.63	329.57	2.16

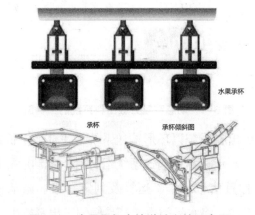

图 6-2　水果承杯在输送链上的示意图

水果承杯在输送链上运送时则由导轨支撑保持水平（图 6-2）。每个出料口有一组出料机构模块，当承杯运送到正确出料位置时，控制系统送出出料信号，驱动出料电磁阀，将该段出料口的导轨向上拉移，此时承杯失去支撑力量，因杠杆原理而倾倒，将水果倒入出料槽中，达到出料目的。每个承杯的重量可使用砝码来进行微调，也可以根据分拣水果的外形或特性的不同而更换杯套。

二、称重环节

称重区将待测物置于承杯上，根据杠杆原理，待测物重量由承杯支撑板端施加至导引轨上，该支撑板在经过称重区时，待测物重量以反作用力施加至荷重元上，借此改变荷重元的电压输出值。

三、出料环节

采取单边出料，共分五级，利用电磁铁驱动出料机制。未出料时，电磁铁不做功，活动式导轨和固定导轨成同一平面，承杯由导轨支撑，保持水平向前移动。出料时，电磁铁做功，将活动式导轨拉移，使导轨产生一个缺口。承杯移动到该处时，因失去导轨支撑而倾倒，将果实倒入出料槽中。

四、控制系统

称重分级出料系统的整体架构如图 6-1 所示，以 LabVIEW8.2 图控式程序语言搭配硬件撰写控制程序。本研究使用两组光电开关为监测水果与承杯中间位置的传感器，分别为水果监测开关以及承杯定位开关。水果称重分级机运行时，两组开关开始进行监测，当空承杯经过时，仅有承杯定位开关有信号输出；当承杯上有果实时，水果监测开关以及承杯定位开关均会监测到信号，且承杯到达正中间位置时，触发开始采集荷重元的称重信号。称重信号先经过 PCLD-789D 多功能放大卡进行电压信号放大，再经过 PCI-6025E 信号采集界面卡输入控制系统，最后再经电压和重量转换公式换算，进行级数判定，并将水果重量显示于人机界面，同时将信号送入该级数的出料处理程序，进行出料控制。

第二节　石漠化治理生态产品保鲜控制技术开发与应用

石漠化治理生态产品，产地多处于山区，虽然交通基础设施得到改善，但由于山高坡陡弯道多，运输时间较长，难以短期内从产地运出，因此需要保鲜冷库就地储存。同时，为避免同质产品相同时间上市而引起激烈竞争，则需通过冷库保鲜以错峰销售，促进产品价值提升。保鲜冷库技术的发展在解决石漠化治理生态产品贮藏与错时上市等问题上，受到政府、企业的重视和农户的欢迎。鉴于此，本研究使用可编程逻辑控制器开发基于PLC 的生态产品保鲜冷库系统，整个系统软件程序需要控制四个阶段的基本作业，分别为预冷入库、恒温运行、通风管控与释温出库。

一、整体设计

生态产品保鲜冷库的软件操作系统设计思路涉及输入、控制与执行三个机制（图 6-3）。由温度传感器（Temperature transducer）、湿度传感器（Humidity transducer）、二氧化碳浓度传感器（Carbon dioxide concentration transducer）和氧气浓度传感器（Oxygen concentration transducer）等四个方面构成输入机制；控制机制则由 S7-200 PLC 编程软件对输入信号进行解译和算法控制；输出机制由控制温湿度的制冷机（Refrigerator）、加湿控制阀（Humidification control valve）、电加热除霜（Electric defrosting）、二氧化碳与氧气浓度传感器（Concentration transducer）等设备构成。

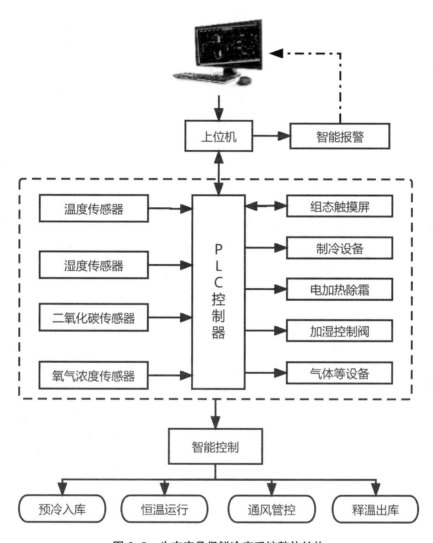

图 6-3　生态产品保鲜冷库系统整体结构

二、技术要求

水果类石漠化治理生态产品（刺梨、黄金梨、火龙果）大多在夏秋两季成熟，采摘后在常温环境下仍然容易变质耗损。同时，大多数石漠化生态产品需要控制在一个合适的保鲜温度（-2—0℃），其中，保鲜水果和蔬菜的最低温度是 -2℃，当温度低于 -2℃时生态产品很容易被冻坏；相对湿度一般控制在 90%—95%，这对于普通的保鲜冷库来说是比较困难的，需要额外增加湿度调控设备。除温、湿度控制外，二氧化碳和氧气含量对石漠化生态产品的冷库存储也有很大的影响。如果能准确控制冷库的气体含量，延缓生态产品糖分、酶等转化和微生物作用，降低生态产品的能量耗损，出库时产品就可以保持较佳品质。

三、系统设计思路

如图 6-4 所示，石漠化治理生态产品保鲜控制系统开启后，使用者可根据生态产品的状态选择工作模式。一般情况下，石漠化治理生态产品采收后，第一阶段进入预冷储存模式，使石漠化治理生态产品高温采收后预冷，在 20℃环境下储存 12 小时，减少制冷机热负荷；第二阶段是进入 -2—13℃预冷后根据生态产品保存温度的特点启动恒温保存模式，湿度控制在 90% 左右；第三阶段对冷库内二氧化碳和氧气浓度进行调节，使石漠化治理生态产品处于休眠模式，降低耗损；第四阶段是产品出库阶段，也就是在石漠化治理生态产品出库之前适当提高温度，缓解其与外界的温度差异，保持生态产品的品质。

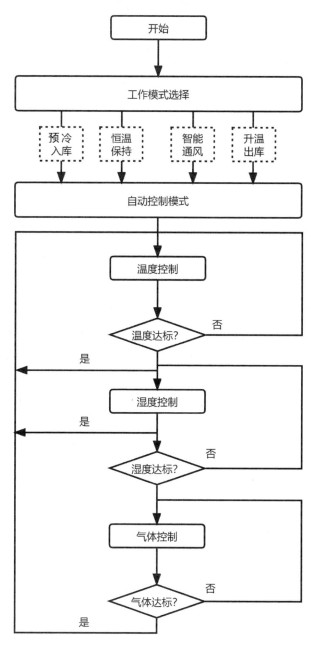

图 6-4　程序设计流程

第三节 石漠化治理生态产品多式联运构建与应用

石漠化治理生态产品种植面积随着示范推广的深入而持续增长，生态产品产量也逐年增加，石漠化地区生态产品运输已成为喀斯特地区生态产品流通的前提，在交易过程中起着不可忽视的重要作用。由于部分石漠化治理生态产品具有易腐坏、保鲜时限短等特征，尤其是火龙果、黄金梨等。对于易腐类农产品如何开展长距离运输的问题，国内外学界主要聚焦在冷链物流领域。在国外发达国家，以规模化大农场模式农业生产为主，因此完善的冷链物流技术广泛应用，大大降低农产品在物流过程中的耗损，耗损率一般不高于5%，而目前我国的冷链物流技术推广应用还处在早期发展阶段，目前农产品从产地到销地物流过程大多采用常温下的公路运输，加上农产品跨区调控机制尚不健全，导致工作效率低、成本费用高昂、物流时效偏低等问题在运输过程中常有发生，造成了农产品在物流过程中的耗损极高，耗损率通常在25%—30%，是国外同类农产品运输损失量5—6倍。总的来看，降低石漠化治理生态产品在物流过程中的耗损，是当前生态产品流通中亟待解决的问题。

多式联运系统整合各种运输方式，实现区域经济发展过程中的人、物的空间位移。人员和商品是经济要素在空间中流动的载体。鉴于喀斯特地区生态产品的多式联运问题还缺乏相应的研究，本研究在参考既往研究的基础上，结合多模型、多系统的优点，建立石漠化地区生态产品多式联运模式。与传统工业产品物流数学模型相比而言，本研究出发点不仅是降低总运输成本，还包括缩短物流时间。结合石漠化地区生态产品常规运输工具，通过调控运输时间，降低石漠化地区生态产品运输的耗损率，减少生态产品的运输总成本。同时，考虑消费者对收货时长满意度的因素，对石漠化地区生态产品多式联运进行时间约束，构建带时间窗的生态产品多式联运控制系统，验证其有效性和可行性，有利于促进石漠化治理生态产品多式联运运输系统的发展。

一、带时间窗的生态产品多式联运模型的构建

与传统的多式联运相比而言，带有时间窗的多式联运在关键节点强调时间约束。本研究以水果类的石漠化治理生态产品为例。根据生态产品生产成本、利润和运费三者关系，以及生态产品现实流通情况，主要选取公路、铁路、水路构建多式联运运输系统。

（一）模型假设

鉴于石漠化治理的水果类等生态产品存在着保质期短、容易变质的特点，公路运输过程中对时效范围有更严格的规定，时间窗需求也随之提出，带时间窗的水果类生态产品多式联运是指在规定时效区域内，通过两种及以上的运输方式把水果类生态产品由产地直接运送到销地，如图 6-5 所示。本研究将构建一个多式联运运输系统数学模型，通过整合调控产销两地之间的公路、铁路、水路运输方式，不但实现节约生态产品运输成本，而且可以在特定时间内向终端顾客送抵产品，提高顾客购物满意度。

水果类生态产品要在有限的保鲜期内及时销售，必须做到产品运输及时。同时，在以往的研究中，衡量终端顾客购物满意度的指标中，时间因素是极其重要的因素。为了便于量化表达，本研究在衡量顾客满意度时，仅采用时间因素。

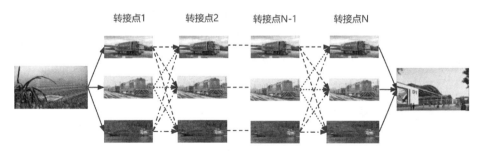

图 6-5　石漠化治理生态产品多式联运网络图

（二）模型的构建

本研究参考 Kozan 提出的多式联运的运输思路，构建石漠化治理生态产品多式联运运输模型，函数变量定义如下：

N 代表：转接点集合，i、$j \in N$。

K 代表：运输方式集合，k、$l \in K$。

$x_{i,j}^k$ 代表：转接点 i 与 j 之间以第 k 种运输方式进行配送。

$d_{i,j}^k$ 代表：转接点 i 和 j 之间以第 k 种运输方式配送时的距离。

$c_{i,j}^k$ 代表：转接点 i 和 j 间以第 k 种运输方式配送时单位货物的单位距离成本。

$T_{i,j}^k$ 代表：转接点 i 和 j 之间以第 k 种运输方式配送时所需的时间。

$Q_{i,j}^k$ 代表：转接点 i 和 j 之间以第 k 种运输方式配送时能够承担的最大运量。

r_i^{kl} 代表：转接点 i 处由第 k 种运输方式转换为第 l 种运输方式。

c_i^{kl} 代表：转接点 i 处由第 k 种运输方式转换为第 l 种运输方式时的单位货物中转成本；当运输方式未发生转换时，$c_i^{kl}=0$。

t_i^{kl} 代表：转接点 i 处由第 k 种运输方式转换为第 l 种运输方式所需的中转时间；当未发生运输方式转换时，$t_i^{kl}=0$。

$q_{i,j}$ 代表：转接点 i 和 j 之间的运输量。

a_k 代表：以第 k 种运输方式运输时单位货物在单位时间内的耗损成本。

b_i 代表：转接点 i 处发生运输方式转换时单位货物在单位时间内的耗损成本；当未发生运输方式的转换时 $b_i=0$。

$[E_T, L_T]$ 代表：满足顾客要求配送的时间区间。

多式联运的函数表达式：

$$\min Z_1 = q_{i,j} \left(\sum_{(i,j)\in N} \sum_{k\in K} c_{i,j}^k d_{i,j}^k + \sum_{i\in N} \sum_{(k,l)\in K} c_i^{kl} r_i^{kl} + \sum_{k\in K} \sum_{(i,j)\in N} a_k T_{i,j}^k + \sum_{i\in N} \sum_{(k,l)\in K} b_i t_i^{kl} \right) \tag{1}$$

$$Z_2 = \sum_{(i,j)\in N} \sum_{k\in K} x_{i,j}^k T_{i,j}^k + \sum_{i\in N} \sum_{(k,l)\in K} r_i^{kl} t_i^{kl} \tag{2}$$

① 限制条件：$q_{i,j} \leqslant Q_{i,j}^{k}$，$\forall_{i,j} \in N$，$\forall_k \in K$。

② $\sum\limits_{(k,l) \in K} r_i^{kl} \leqslant 1$，$\forall_i \in N$。

③ $\sum\limits_{k \in K} x_{i,j}^{k} \leqslant 1$，$\forall_{i,j} \in N$。

④ $x_{i,j}^{k} \left\{ \begin{array}{l} 1 \ 在转接点 \, i \, 与转接点 \, j \, 之间选择 \, k \, 种配送方式 \\ \qquad\qquad 0 \ 否则 \end{array} \right.$

⑤ $r_i^{kl} \left\{ \begin{array}{l} 1 \ 在转接点 \, i \, 与转接点 \, j \, 之间选择 \, k \, 种配送方式 \\ \qquad\qquad 0 \ 否则 \end{array} \right.$

⑥ $x_{i,j}^{k} + x_{h,i}^{k} \geqslant 2r_i^{kl}$，$\forall_{h,i} \in N$，$\forall_{k,l} \in K$。

⑦ $Z_2 \in [E_T, \ L_T]$。

上述公式中，为表达在整个生态产品运输过程中运费最少目的，故采用多式联运的函数表达式（1）；采用多式联运的函数表达式（2）表示在整个生态产品运输过程中的时长；限制条件①代表运输量在最大运力范围内；②表示在转接点处只进行一次运输方式的转换；③表明在两个城市间全部运量通过一次运输即可完成；④、⑤表示变量 $x_{i,j}^{k}$、r_i^{kl} 取值范围在 0—1 之间；⑥确保运输过程中采取的某种运输方式的连贯；⑦表示运输时长的取值区间。

二、模型分析与结果验证

本研究函数模拟生态产品多式联运运输系统在 11 个转接点城市之间的运行状态。为了验证上述模型，假定从产地 S 到销地 H 运送 100 吨水果类生态产品，整个运输过程途经 c_1、c_1……c_{11} 等转接点城市，通过对公路、铁路、水路三种运输方式的排列组合，实现在规定运输时间（[39，45]）内完成配送任务。

在生态产品运输过程中，公路、铁路、水路这三种交通运输方式，单位时间的消耗成本分别为 0.73、0.54、0.41 元 /t·h。由表 6-2 可知，转接点城市完成交通运输方式转换时间成本、商品损耗成本和交换时间。

表 6-2 不同节点处货物运输方式转换数据表

节点城市运输方式	公路 ⟷ 铁路			公路 ⟷ 水路			水路 ⟷ 铁路		
	中转成本	损耗成本	中转时间	中转成本	损耗成本	中转时间	中转成本	损耗成本	中转时间
c_1	20	0.32	1	∞	0	∞	∞	0	∞
c_2	22	0.32	0.8	24	0.33	0.9	∞	0	∞
c_3	18	0.32	1.2	22	0.33	1	25	0.31	1.1
c_4	21	0.32	0.8	∞	0	∞	∞	0	∞
c_5	20	0.32	0.9	∞	0	∞	∞	0	∞
c_6	21	0.32	1	23	0.33	1	24	0.31	1.2
c_7	21	0.32	0.9	∞	0	∞	∞	0	∞
c_8	22	0.32	1	∞	0	∞	∞	0	∞
c_9	20	0.32	1.1	24	0.33	0.9	24	0.31	1.1
c_{10}	21	0.32	1	23	0.33	1	25	0.31	1
c_{11}	20	0.32	1	23	0.33	0.9	24	0.31	1

注：中转成本的单位是元/t，损耗成本的单位是元/t·h；中转时间的单位是50t/h。

设定初始化种群数量 P=5，交叉概率 P_c=0.9，变异概率 P_m=0.9，迭代 G=100 次数。采用 MATLAB 对函数进行求解，得到最优运输方案为 $S \xrightarrow{水} C_3 \xrightarrow{铁} H$，即从产地 S 出发，以水路运输抵达转接点城市 C_3，然后在转接点 C_3 城市由水路运输转换为铁路运输，最后到达销地 H。得到多式联运总成本为 35854.5 元，运输总时长为 39.8 小时，适应度值 D=0.8532。

由表 6-3 可知，对水果类生态产品进行单一运输方式配送，得到单一运输方式的最优解。与不带时间窗的多式联运模型相比而言，既实现了节约运输成本，又缩短了运输时长。避免了单一生态产品运输方式在时效成本最优时，所产生的总体运输成本提高问题。

表 6-3 公铁水运输总费用和运输总时间仿真结果

运输方式	运输总成本（元）	运输总时长（小时）	适应度
公路	46262	39	0.4578
铁路	44893	43	0.4841
水路	27321	45	0.5651

第四节 石漠化治理生态产品品牌建设策略

在生态产品品牌建设方面,本研究参考孙曰瑶的品牌工程学理论研究成果,采用10个指标评价品牌信用指数,对贞丰—关岭花江研究区石漠化治理生态产品"黔龙果—红心火龙果"品牌进行测度,定量地测量商标与品牌的差距,为生态产品商标的品牌建设、品牌改进与提升提供依据。

表6-4 生态产品地理标志产品区域品牌信用评价指标

指标	内容释义
1. 消费对象精准性	在产品同质化的情况下,只有能满足其需求并对产品价格不敏感的消费者,才是产品的目标消费者
2. 利益承诺单一性	在目标消费者确认之后,减少其选择成本也将成为关键问题,核心就在于对产品单一利润点的保证
3. 单一利益对立性	在有强大竞争对手的情形下,只保证商品单个利益点是不够的,商品的单个利益点必须和竞争对手完全独立或相反,以确保更有效地减少目标消费者的选择成本,在商品竞争中胜出
4. 品牌建设岗位性	公司或团体商标的品牌建立,通常需要品牌部门与专职的品牌经理,品牌经理协助产品发展、生产与销售部的管理工作,并管理产品品牌建立的全过程
5. 单一利益持久性	在品牌信用建立的过程中,产品利润点的准确、持续,是保证品牌能取得持久成功的关键所在
6. 终端建设稳定性	销售终端的稳定性,可以有效降低目标消费者在考虑是否购买产品时所受到的干扰程度
7. 品类需求敏感性	品类需求越敏感的目标消费者对商品的单一利益点越敏感,对产品的信任度也就越高,则产品的信用度也就越大,对该商品实际销售额的影响也越大
8. 注册商标单义性	商标注册是产品的品牌建设组成部分,产品商标会成为目标消费者心中持续需求的代言符号
9. 媒体传播公信性	媒介宣传的传播公信性,是指在产品的品牌建立过程中,目标消费者对产品传播方式的信任度
10. 质量信息透明性	即商品的质量信息必须要全面、客观和清晰地表现出来,使消费者可以对商品做出正确的辨别和评估,而不要通过错误信息或模糊信息来诱惑或欺诈消费者

一、"黔龙果—红心火龙果"商标品牌信用度测量和溢价分析

利用 TBCI2.0 商标品牌信用度评价模型，对石漠化治理生态产品"黔龙果—红心火龙果"商标的品牌信用度 10 项指标进行详细的统计、分析与评价，形成"黔龙果—红心火龙果"品牌建设的诊断与治理基础数据，在此基础上对"黔龙果—红心火龙果"商标的品牌声誉度和品牌溢价进行综合计算，得出"黔龙果—红心火龙果"品牌信用指数，如表 6-5 所示：

表 6-5   "黔龙果—红心火龙果"品牌信用指数

序号	指标名称	指标分值	测试等级		
1	消费对象精准性	0.79	A 级		
2	利益承诺单一性	0.74	A 级		
3	单一利益对立性	0.76	A 级		
4	品牌建设岗位性	0.58	B 级		
5	单一利益持久性	0.54	B 级		
6	终端建设稳定性	0.55	B 级		
7	品类需求敏感性	0.44	B 级		
8	注册商标单义性	0.92	AA 级		
9	媒体传播公信性	0.55	B 级		
10	质量信息透明性	−0.56	B 级		
$TBCI=\left[\left(1+B_{10}\right)\sum_{i=1}^{9}B_i\right]/9$		0.26			
等级划分	1.0	0.8–0.99	0.6–0.79	0.4–0.59	0.2–0.39	0–0.19
	AAA 级	AA 级	A 级	B 级	C 级	D 级

采用品牌信用指数模型（TBCI2.0），对"黔龙果—红心火龙果"商标的信用进行评价，结果显示"黔龙果—红心火龙果"商标的品牌信用指数为 B_c=0.26，从另一个层面来讲，"黔龙果—红心火龙果"商标到品牌的距离是 1−0.26=0.74。最终的测试等级为 C 级，表明"黔龙果—红心火龙果"商标距离品牌的距离仍有较大的提升空间。根据孙曰瑶的品牌工程学理论，生态产品的终端销售价格（P_q）与消费者的最高意愿价格（P_d）之间的函数关系为 $P_q=\dfrac{P_d}{1-e^{1-\frac{1}{B_c}}}$。如果"黔龙果—红心火龙果"的终端销售价格 P_q 是 10 元 / 斤，那么根据函数公式计算出"黔龙果—红心火龙果"消费者购买的最高意愿价格 P_d 为 11.1 元 / 斤，"黔龙果—红心火龙果"产品溢价率为

11.1%，可见"黔龙果—红心火龙果"的产品溢价水平较低。

二、"黔龙果—红心火龙果"品牌建设的治理方案

根据上述模型分析，总结得出"黔龙果—红心火龙果"商标品牌建设中存在的不足，并提出以下治理建议：

（1）"黔龙果—红心火龙果"生态产品对于消费者的利益承诺属于物质层面，而在情感层面承诺较少。根据孙曰瑶的品牌工程学理论成果，生态产品对消费者的影响包含物质效益、情感效益两个方面，物质效益对于消费者而言是短暂享受与容易替代的，而情感效益则是能够维持消费长久依赖与难以替代的。生态产品对于消费者消费的持久性，决不仅仅是建立在物质效益方面，而一定是结合物质效益和情感效益的双重作用。所以"黔龙果—红心火龙果"品牌建设需要强化对产品情感效益的塑造，补齐商标面向品牌之路的短板。

（2）假冒火龙果对"黔龙果—红心火龙果"品牌塑造影响较大，商标持有方和关岭火龙果协会应当加大对市场假冒行为的监督，维护企业和区域共同的商标权益，必要时协调工商、公安部门进行严格查处。同时，加快"黔龙果—红心火龙果"生态产品信息的可追溯化建设力度，使用二维码或条码实现产品防伪措施，并开展更广泛的信息宣传，以增加消费者对商品的辨识度和认可度。

（3）"黔龙果—红心火龙果"商标持有方和关岭火龙果协会不仅需要对不同区域市场销售情况进行总体把控和跟踪分析，获知不同等级火龙果产品的区域认可情况，还需要定期对消费者进行调查和分析，了解消费者偏好和想法，及时反馈给农户，以便其进行火龙果品种和种植规模调控。

（4）"黔龙果—红心火龙果"产品需要设置专业的品牌管理人员，由专管人员负责制定和运营"黔龙果—红心火龙果"商标事宜。品牌管理人员根据不同区域文化差异和火龙果消费群体差异制定品牌推广与宣传策略，积极做好与政府有关主管部门接洽与推动工作。

（5）"黔龙果—红心火龙果"截至目前尚未布局自营旗舰店，或者形成连锁加盟的销售终端。产品销售主要依赖批发商、零售商和自营电商，并且自营电商推广范围有限，与下游市场交易主体利益联结程度较弱，因而产生销售终端不稳定的情况。因此，"黔龙果—红心火龙果"产品既需要强化与批发商、零售商等市场交易主体的营销关系，增强"黔龙果—红心火龙果"分销能力，也要开展专属的产品体验店或自营旗舰店的终端布局，并推广和构建"黔龙果—红心火龙果"产品稳定的营销渠道。

第五节　石漠化治理生态产品大数据精准营销与个性化定制

完善生态产品市场精准营销策略，推动基于大数据的石漠化治理生态产品市场分析及精准营销的研究，有助于喀斯特地区石漠化治理生态产业健康发展。大数据技术带来了更精准、更高效的市场营销研究视野，大数据市场分析和精准营销的耦合为生态产品价值提升给出具体的实践方案，推动有关价值实现与提升方面的研究向前迈了一大步。借助生态产品市场海量的数据资源，提炼石漠化治理生态产品消费群体、区域消费特征、同类竞品、区域价格变化等方面的信息，借助大数据精准营销与个性化定制，促进石漠化治理生态产品价值提升。

一、基于大数据的生态产品市场分析与定位

（一）石漠化治理生态产品市场数据采集

本研究首先基于淘宝账号，采用 Get_cookies（ ）方法获取网页 Cookie 值，使用 Add_cookie 工具将获取的 Cookie 值添加到后续登录信息中。再结合 selenium 工具、requests 工具、re 工具和 Beautiful Soup 工具等进行网络目标数据的抓取。基于关键字"黔龙果—红心火龙果"进行爬虫查找，共

爬取了 221 页的店铺数据，合计 3478 个产品。在研究中将通过正则法则和 Beautiful Soup 解析工具对 HTML 文件进行解析，从而得到商品价格、销售量、商家名称和评论数量等目标数据。

（二）石漠化治理生态产品市场数据预处理

1. 数据清洗

在该阶段会对所收集到的错误数据进行剔除。在清理数据的流程中，采用工具库 Pandas 工具，借助库内封装的分析方法，对数据进行清理。

2. 评论文本预处理

（1）分词与去停用词

本研究利用 Python 中的 jieba 分词工具进行分词，并对词库中停用词汇进行剔除。分词后的文本包含与评论内容无关的停用词汇，如语气词、介词、助词、感叹词或标点符号等，这些停用词汇对后续的结果分析作用不大，故可将停用词汇剔除。

（2）关键词提取

评论文本在经过上述分词和去停用词的处理之后形成词汇集合，在词汇集中由于词汇体量较大、无相关规律，围绕商品的词汇描绘通常不能提炼。总的来说，倘若在评价文本中某个词汇出现的频率比较高，在一定程度上反映出，消费者对产品的兴趣点。因此，为了准确了解"黔龙果—红心火龙果"产品中哪些因素对消费者最具有吸引力，以及这些因素对消费者的吸引程度，本研究对评论词汇集实施关键词提取，并使用 TF-IDF 值计算法对提取的关键词进行量化处理，然后根据关键词的 TF-IDF 值从大到小地依次排序（表 6-6）。

表 6-6　关键词 TF-IDF 值结果 top20

关键词	TF-IDF 值	关键词	TF-IDF 值
果汁	1.228937198	服务态度	0.134114549
味道	1.081859280	重量足	0.129425111
新鲜	0.434798200	大小均匀	0.122913815
健康	0.406794579	果香	0.118652134

续表

关键词	TF-IDF 值	关键词	TF-IDF 值
甜度	0.379013227	果肉	0.118601545
维生素	0.363510726	维生素	0.114487059
发货	0.346656765	纤维	0.113089873
皮薄肉厚	0.270435477	营养	0.106462603
营养价值	0.261296817	汁液	0.104014624
鲜红	0.242272676	实惠	0.094402814
超甜	0.241932127	水分	0.092071182
价格	0.229932628	果肉细腻	0.083713034
饱满香甜	0.217234245	颜色	0.070626270
快递	0.194347364	减肥	0.070289381
美味	0.147335381	爽口	0.041484934

（3）K-means 聚类分析

采用信息聚类分析方法对评论文本开展词汇分析，可以看到消费者对"黔龙果—红心火龙果"产品的兴趣来源于哪些方面，反映消费者体验"黔龙果—红心火龙果"产品后的相关反馈。本研究利用 Python 中 sklearn 工具进行 KMeans 聚类分析。

采用 sKlearn 工具对评论文本实施 K-means 聚类分析，将所得结果汇总，见表 6-7 所示。

表 6-7 K-means 聚类分析结果

序号	类别	代表词语	TF-IDF 值加权
1	质量	分量足、包装严实、斤两足、重量足称、个头大、果型饱满	3.381859282
2	物流	物流、飞速、速度、运送、快递、顺丰、申通、中通、发货	3.124227268
3	价格	价格、便宜、实惠、不贵、价钱、物美价廉、优惠、划算	2.222993263
4	服务	服务、客服、态度、耐心、贴心、负责、沟通、细致、细心	1.413215978
5	品质	美味、爽口、果香、色泽鲜亮、水分充足、味道甜美	0.597251431
6	促销	"双十一"、"双十二"、"618"、赠品、活动、促销、优惠券	0.457531243

二、基于 GIS 的生态产品个性化选购系统设计

目前，在生态产品线上市场中，鲜有商家采用个性化的商品销售方式。虽有一些企业通过电话回访、实地调查开展产品调研，并在一定程度上了解消费者的需求以及对商品的喜好，但限于人力、物力等原因，沟通范围和了解消费者层次有限，所以调研结果只代表某一特定区域和部分消费阶层的消费者的需求。因此其反馈生产端，促使调整生产、开发新产品以满足不同消费者需求的作用有限。

石漠化治理生态产品的同质性更加严重，商品种类繁杂。消费者在购物上会耗费更多的时间和精力，这会削弱消费者的购物愿望和冲动。同时，由于商家对生态产品的特性定位模糊不清，从而增加了消费者挑选生态产品的困难度，这也影响了消费者对生态产品的体验。石漠化治理生态产品在消费者心中品牌形象难以持续。这主要由于商家并不能很高效地帮助消费者开展个性化消费，所以商家在为消费者选择最合适的生态产品的同时，也要通过自身对生态产品信息的了解，协助消费者选择与个人需求相匹配的生态产品，使得消费者享受到互动体验和个性化服务。此外，大部分商家并没有把线上线下的营销活动整合起来，始终处于割裂经营状态，并不能达到商家经营效果的最优化。因此商家应该将线上经营与线下销售相结合，给消费者创造多种购物方式，以增加消费者购买率。

网络购物具有便捷、省时、价钱实惠等好处，但也同样具有一些弊端。网络购物最大的弊端是消费者由于在线上购物缘故，不能接触和看到真正的商品，而产品信息又由商家所描述，难免被进行"艺术加工"，因此消费者常常担心购买商品的真实情况和商家描述的内容差异较大。所以，商家必须确保产品描述的真实性，尽量消解消费者的疑虑。所以，倘若网站中的物品有实体店经营，那么网站商品销售网页就要让消费者清楚知道该产品实体店在自己所属城市中的具体地址，并贴心地为消费者指明前往实体店面的最优路径。线上与线下经营相结合是减少消费者对网络购买恐惧的最好办法。

当前，虽然电商平台的购物页面较吸引消费者的注意，但没有面向消费者的个性化购物功能。石漠化治理生态产品将根据精准的营销策略、商品特性以及地域空间布局思维，为客户设计出个性化的选购体系，既作为生态产品流通的技术亮点所在，也能提升生态产品的市场附加值，从而增强客户对品牌与生态产品的认可度。而石漠化治理生态产品个性化购买体系的主要设计语言为 C 语言，研发工具为 Visual Studio2010，数据库管理系统为 SQL Sever2008，基本组件库为 ArcGIS Engine（如图 6-6）。

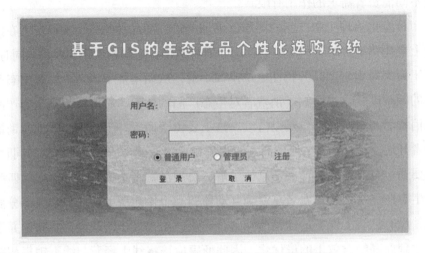

图 6-6　基于 GIS 的生态产品个性化选购系统

基于 GIS 的石漠化治理生态产品个性化选购系统由以下 9 个部分构成：一是登录界面，通过登录账号来鉴别进入系统的是管理员还是消费者，以便使其进入不同的应用界面。二是产品背景，着重介绍石漠化治理生态产品作为喀斯特地区治理石漠化衍生产品的历史、生产环节、生产主体、流通主体与服务等有关内容。三是产品类别，在产品类别中列出了生态产品不同规格、不同价格等信息，以供消费者选择适宜的产品。四是产品简介，详细呈现生态产品的特征，以便消费者全面了解，增强体验感。五是产品购买，如果消费者已经选择某商品，则可以直接跳转至购买页面实现快速购买，省时省力。六是商品辅助选择，该部分也是系统个性化的特色服务功能，不仅实时更新各种生态产品的全国购买量专题图，直观反映出在不同地区选择各种生态产品的数量空间分布状况，还拥有人机交互智能辅助消费者挑选合适产品规格的功能。当消费者选择了自己所属的地区，由系统根据该区域既往消费者购买特征，向消费者推荐适宜的生态产品，消费者可以据此购买自身需求的产品。七是产品销售情况，使用嵌套函数公式生成各个规格生态产品销售情况的柱状图和饼状图，让消费者了解各个规格生态产品的实际销售状况，在购买时做参照。八是同城采购，即该个性化系统服务的另一个特点，不仅仅给出了各种生态产品在国内所有经销店、零售店的具体地址，同时还为消费者提供空间定位服务，通过加载高德地图为其提供所在城市各个经销店、零售店位置，并规划前往最近实体店最佳路径和交通工具，以便于消费者进行店面实地选购。九是后台信息管理，是企业专职员工以管理员身份进行系统管理，不但涉及线上产品更新维护，还包括处理消费者个人注册信息的相关管理工作，以及采集和分析对提升消费者购物体验有用的数据信息。

图 6-7　生态产品消费者选购系统操作界面

第七章　石漠化治理生态产品流通模式与技术应用示范和推广

为验证石漠化治理生态产品流通模式的适用性，在贵州省选择三个示范区开展石漠化治理生态产品流通模式与技术示范。分析示范区年度生态、经济、社会等指标，监测评价示范区石漠化及生态产品流通状况，提出模式中问题和优化办法。根据三个示范区人口、资源、石漠化、生态产品、交通基础设施、自然地理及生态状况等属性，结合以合作社、大型商超、龙头企业为链主的石漠化治理生态产品流通模式适用范围，遴选总结出三种模式推广应用的边界条件，在地理信息系统支持下获取中国南方喀斯特区指标层，通过 ArcGIS 栅格叠加分析，分析三种石漠化治理生态产品流通模式在中国南方喀斯特八省（区、市）适宜性区域。

第一节　模式应用示范与验证

示范区的选择聚焦贵州省不同石漠化程度区域，关注区域地貌类型、气候特征和贫困程度，寻找能最大限度代表贵州省的石漠化治理生态产品流通模式的类型组合。根据典型性、代表性、可行性、示范性等原则，在对贵州省前期石漠化综合治理工程情况综合分析基础上，结合贵州省自然地理环境、人文社会经济等因素，在三个示范区开展石漠化治理生态产品流通模式构建。经综合筛选与专家咨询，选取毕节、贞丰—关岭和施秉示范区作为典型代表开展示范验证。

一、示范区选择与代表性论证

三个示范区分别地处贵州省西北、西南和东南部，分别代表高原山地、高原峡谷和山地峡谷三个主要的喀斯特地貌类型。也代表石灰石、白云岩、白云质灰岩和灰质白云岩等岩性类型。石漠化等级则包括中强度石漠化、轻度石漠化和轻度－潜在石漠化类型。分别隶属于贵州省的滇桂黔石漠化地区、乌蒙山区和武陵山区。石漠化治理生态产品主要代表分别为：刺梨、火龙果和黄金梨。涵盖石漠化治理生态产品流通模式 6 种类型，具有很强的代表性。

（一）贞丰—关岭示范区选择与代表性论证

1. 示范区自然概况

贞丰—关岭示范区地处黔西南州贞丰县与安顺市关岭布依族苗族自治县接壤的北盘江流域花江段（105° 36′ 30″ -105° 46′ 30″ E，25° 39′ 13″ -25° 41′ 00″ N），代表中度－强度的石漠化峡谷地貌，范围涵盖关岭县花江镇的木工村、坝山村、峡谷村等 8 个行政村 50 个村民小组以及贞丰县北盘江镇的查尔岩村、云洞湾村、猫猫寨村等 3 个行政村，国土面积 5161.65 hm²。示范区内碳酸盐岩广布，喀斯特面积约占示范区内国土面积 87.92%，地层出露以三叠系地层为主，主要有杨柳组、垄头组。北盘江横切示范区，地势起伏大，地形破碎，海拔在 450—1450 m，谷底到谷顶高差 1000 m。示范区为南亚热带季风气候，峡谷地区热量资源丰富，年平均气温 18.4℃，年平均降雨量为 1100 mm，5—10 月降雨量约占全年总降雨量的 80% 以上。北盘江峡谷两侧坡度差很大，水土流失严重，土壤浅薄，农田大部分都是旱地，土壤质地较差，对农田的投资—产出率也较低，通过石漠化综合治理工程栽植辣椒、火龙果、金银花、砂仁等经济作物。示范区石漠化严重，且石漠化等级较高，以中等、低强度石漠化为主，人地矛盾明显。

2. 示范区社会经济概况

2020 年示范区人口密度为 251 人 /km²，总人口 1522 户 12652 人，其中农业人口数为 8970 人，劳动力 7613 人，外出务工人口多，务工收入占家庭总收入的 50.52%，2020 年农民家庭人均纯收入 9078 元。

2020 年抽样调查 308 户农户问卷，贞丰—关岭示范区平均每户家庭人口 4.41 人，平均每户劳动力为 2.94 人，60 岁以上人口数占比为 7.4%。调查户家庭耕地以旱地为主，人均旱地面积 1.29 亩，人均水田面积 0.002 亩。196 户家庭有务工收入，年务工收入占家庭总收入的 51.58%。178 户有种植火龙果收入，火龙果户均生产经营收入 27560 元 / 年。

3. 治理模式与技术

贞丰—关岭示范区自"九五"规划开始治理石漠化，是贵州省最早一批石漠化治理的区域。示范区缺水少土是制约地区发展与生态建设的最大问题。地形以峡谷、高山等居多，地貌破碎，边坡较陡，坡耕地面积和裸岩地的比例大，适宜土地资源利用不够，土壤浅薄，布局不连贯，保水、抗旱性均较差。示范区森林覆盖面小，以散布于峰丛上的灌木林地占比大。示范区农业基础条件差，部分没有产业覆盖的行政村经济落后，脱贫攻坚期帮扶工作任务重。但示范区生境垂直差异明显，具有低热河谷气候特点。耕地以旱地为主，但石漠化较为严重，不便于再发展传统低附加值产业。根据示范区资源、人口状况，示范区选择经济林产业的石漠化治理与产业开发模式，主要采用以下技术体系治理石漠化和发展生态产业。（1）建设资源优势经济林和林业科技服务：在自然禀赋较好的山坡耕地和其他草地资源优势区域开发经济林，并选择栽植耐旱且有经济价值的花椒、火龙果等经济作物，进行生态产业治理石漠化，实现石漠化逆转和产业增收。（2）封山育林生态修复措施：对立地条件较差、保水能力较弱、坡度陡峭的峰丛，开展封山育林进行生态修复，种植椿树、女贞、香樟等树种。（3）高效节水、灌溉与农业技术：按照保障示范区的农业生产、生活用水基本思路，通过建设调节水池、利用管网引水，以及运用坡地表面集水、建筑物防渗、生态净化等农业技术体系，有效缓解农村地区经济果林的灌溉用水问题，以发展节水灌溉农业。（4）农业能源建设和庭院经济技术：根据农业燃料结构单调、薪材砍伐现象严重的问题，积极转变示范区农业燃料结构，按照国家大力推广的新型清洁农业燃料思路，通过推广电能、节柴灶和节能秸秆气化炉的高效使用，逐步形成"养殖＋沼气＋种植"的可持续的生态农业发展模式。

4.工程布局与实施

示范区的石漠化生态产业治理因地制宜，将石漠化生态环境修复与产业结构调整统筹考虑，采用坡耕地综合整治和特色经济林栽培，重点削减投入产出低、易引发石漠化的玉米种植，调控出的土地因势利导种植花椒、火龙果等作物。并充分利用垂直空间发展林下养殖，形成石漠化治理与特色生态产业模式。根据示范区的石漠化状况，按照土地利用结构，对示范区内石漠化治理生态产业进行的重点建设内容为：利用区域水热条件优势大力发展区域经济产业，经济特色林栽培面积 379.29 hm^2（花椒 278.89 hm^2，金银花 72.56 hm^2，火龙果 26.84 hm^2）。配套蓄洪塘 274 口，沉沙池 242 口，修建引水渠 0.63 km，引水管网 24.96 km。促进示范区生态恢复，实施封山育林育草（含人工促进封山育林）948.50 hm^2，新增建设防护林 188.14 hm^2。生态畜牧业实施草地改良 78.32 hm^2，建设棚圈 2000 m^2。小型水利水保工程实施坡耕地整治 49.54 hm^2，修建机耕道 6.7 km，田间生产便道 5.61 km。修建谷坊拦沙坝 5 座，修建人饮工程 2 处，配套自来水入户 24 km。通过石漠化治理持续推进，示范区经济效益与生态效益向好发展。

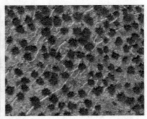

图 7-1　贞丰—关岭示范区火龙果与花椒产业基地

（二）毕节示范区选择与代表性论证

1. 示范区自然概况

撒拉溪示范区地处毕节市撒拉溪镇和野角乡辖区（105°02′01″–105°08′09″ E，27°11′36″–27°16′51″ N），位于乌江流域上的六冲流域，范围包括撒拉溪镇的龙凤村、撒拉溪村和野角乡的茅坪村等9个行政村。示范区出露的岩层，主要是二叠系下统茅口组、二叠系上统龙潭组和前寒武系上中统娄山关组，国土面积的73.94%分布着喀斯特地貌，由于位于滇东高原向黔中山区过度的斜坡地区，海拔由西南往东北逐步下降，示范区内地形类型复杂多变，以山区居多，地貌破碎而不连续，台地坝地少，暗河、落水洞广泛分布。为亚热带温凉春干夏湿季风气候，暖湿共济，雨热同期，冬无严寒，夏无酷暑，年平均降水量约1000 mm，年均温约为12℃。示范区的年平均径流量0.47 m^3/s，径流模数15.8m^3/s·km^2（池永宽），受喀斯特"二元"结构的影响，示范区地表水较少，地下水资源利用困难，开采难度大。土壤类型以黄壤、黄棕壤、石灰土为主。

2. 示范区社会经济概况

毕节示范区9个行政村，户籍人口8571户32610人，人口密度378人/km^2。劳动力普遍受教育程度较低，文盲、小学、初中、高中及以上的比例分别为8.39%、27.96%、58.47%和5.18%。示范区劳动力人口16128人，其中，27.77%在家务农（半年以上），72.23%外出务工。示范区农业经济作物一般以玉米、小麦、马铃薯等为主，随着在外务工农户增加，部分耕种条件较差的农田也逐渐撂荒。经济果林则基本上是农户自行在房前屋后栽培的桃、李、花椒等。畜牧业以家庭养殖为主，以猪、牛、鸡等分散养殖居多。

2020 年抽样调查 279 户农户问卷，毕节示范区户均家庭人口 4.53 人，平均每户劳动力为 2.97 人，60 岁以上人口数占比为 17.8%。调查户家庭耕地以旱地为主，人均旱地面积 0.54 亩，人均水田面积 0.0002 亩。226 户家庭有务工收入，务工收入占家庭总收入的 53.72%，2020 年家庭人均纯收入 10235 元。

3. 治理模式与技术

毕节示范区人口密度大，家庭人均耕地面积小，主要采取混农林草复合经营为主的石漠化综合治理与扶贫开发模式。示范区立地环境条件独特，自然资源相对匮乏，可使用的土壤资源有限，属于以小麦、土豆为主的相对单一生态环境与传统农业体系。积极开展土壤修复，以改善作物生长发育的环境，并通过培育核桃、板栗等特色经济林，以减少人类活动对土壤的直接影响和降低土壤侵蚀。培育以刺梨、蜜茱萸等为主的中药材产业基地。通过林—粮间作和林—药结合的方法，发展套作农业，增加耕地利用率，短时抓牧抓草，长时间抓林抓果，从而形成结构合理、功能齐全的农业生态经营体系，进一步发展壮大特色的农业生态产业。配套建设引水管网，解决人畜饮水与农田灌溉问题，建立水资源开发利用与优化调度技术体系。

基于示范区建设的资源优势、人口条件，示范区建设采取混农林生态产业的石漠化综合治理和生态产业发展模式，主要采用以下技术体系治理石漠化。（1）封育与生态恢复导向型的技术系统：通过封育结合，以增加林产资源为原则，对灌木林地和疏林下进行封山育林，严格限制采伐，减少人类活动干预。基于示范区立地条件，遵循适地适树原则，选用刺梨、刺槐、华山松等乡土树木，进行人工促进生态建设。（2）建设速生高效林灌立体经营系统：根据适地适树原则，以及示范区土地资源开发利用情况和石漠化状况，在森林覆盖率较低的石漠化山区布设南洋杉、刺槐等植被，利用混交造林、森林灌草速生高效栽培等技术手段提高植被覆盖率。

（3）林—粮结合管理技术体系：通过调整石漠化地区旱田产业结构，提高经济特色林的合理配置，采取以"刺梨＋一枝黄花""白芨＋刺梨""大豆＋刺梨"的种植模式，优化旱地空间结构分配和内部结构组合，运用粮食作物稳产丰产技术、水果栽培、粮食作物种类改进技术等建立"林—粮"的农业一体化管理，有效增加旱地的植被覆盖率与经济效益。（4）林—药材综合经营科技系统：在部分严重石漠化、坡度较大的旱地与撂荒农田，栽培可耐瘠抗旱的中药材蜜荬萸、刺梨、一枝黄花、白芨等。引进配套中药材种植、储藏与加工技术，充分利用区域资源禀赋优势，实现生态效益、经济效益的有效结合。（5）自然资源整体综合运用与有效优化调度的科技体系：以满足生态恢复与保育需求为基本原则，采用"泉点＋储水池＋导流管路"的方式，通过水池装置、水管相连，建立水资源供给网络系统，以进行水资源的有效优化调度，并逐步形成水资源节约型经济体系与石漠化工程治理模式。

图 7-2　毕节示范区混农林业与草地生态畜牧业模式产业布局

4. 工程布局与实施

综合考虑示范区土地资源开发利用、石漠化、人口和经济等状况，主要采取混农林生态产业和生态畜牧业模式，石漠化综合治理主要采取的工程措施为：实现区域森林资源稳定增长，开展封山育林工程建设 1640.72 hm²（其中自然封育 1526.81 hm²，人促封育 113.91 hm²）；在示范区开展传统农业产业结构调整，调减玉米种植面积，主动培育高附加值刺梨、一枝黄花等中药材。经济果林配套建设蓄水池 21 口，引水管网 6.36 km。草食畜牧业工程实施人工种植草地 26.34 hm²，配套建棚圈 2100 m²。小型水利及水保工程实施作业便路约 5.3 km，修建机耕道 4.56 km。农村饮水安全工程实施自来水入户 31 km。示范园内通过种植一枝黄花、刺梨、玫瑰等产出效益高的经济作物，使区域的产业发展得到很大提升，经济收入逐步提高，林草覆盖度提升，石漠化得到有效治理。

图 7-3　毕节示范区混农林业示范基地与刺梨产业

图 7-4　毕节示范区核桃和桑树产业基地

（三）施秉示范区选择与代表性论证

1. 示范区自然概况

施秉示范区位于黔东南州施秉县北部（108° 01′ 36″ –108° 10′ 52″ E，27° 13′ 56″ –27° 04′ 51″ N），示范区总面积 28295 hm²，包括施秉喀斯

特世界自然遗产地及外围区域，主要涵盖白垛乡、牛大场镇和马溪镇，涉及 7 个行政村。示范区海拔在 600—1250 m 之间，平均海拔 912 m，地貌以黔东南中低山、丘陵区为主。岩层由中寒武系上统高台组、中寒武系下统牛蹄塘组构成。示范区位于南亚热带大陆性季风湿润气候区，年平均气温 16℃，年平均降水 1220 mm。土壤以黑色钙质土为主，兼有黄壤、黄红壤，土壤石砾含量较高、有机质含量低。示范区属于舞阳河支流杉木河流域，土地利用以林业为主，占国土面积 82.79%。喀斯特覆被面积占示范区总面积的 88.98%，以无 - 潜石漠化为主，主要种植业为水稻、玉米、黄金梨、烤烟、太子参等经济作物，林木资源主要为松树，柏树和冷杉。

2. 示范区社会经济概况

施秉示范区 2020 年农村家庭人均纯收入 10182 元，户籍人口为 23037 人，人口密度 82 人 /km²。示范区内劳动力所受文化教育程度普遍较高，文盲及小学、初中、高中、大学及以上分别为 22.8%、36.2%、32.3% 和 8.7%。示范区劳动力人口 9811 人，其中，31.23% 当地务农，68.77% 外出务工。示范区种植业以水稻、玉米、太子参、梨、李、桃等为主。养殖业以猪、牛、鸡、鹅等为主。

2020 年抽样调查 235 户农户，户均家庭人口 4.37 人，平均每户劳动力为 2.38 人，60 岁以上人口数占比为 18.34%。抽查户家庭人均旱地面积为 1.02 亩，人均水田面积 0.39 亩。156 户家庭有务工收入，务工收入占家庭总收入的 67.30%，2020 年家庭人均纯收入 10190 元。示范区为世界自然遗产地，旅游资源禀赋突出，主要有杉木河、云台山等自然景点，被评为国家风景名胜区和 4A 级游览景区。

3. 治理模式与技术

根据示范区社会经济发展状况，紧扣示范区生态环境、旅游资源优势，选择农旅结合的生态产业治理石漠化模式。主要采用以下技术体系治理石漠化：（1）推进生态旅游和特色生态产品协调发展：调整世界自然遗产地及周围民族村寨农田使用结构，在土层条件较好的荒山荒坡、破碎的低坡农田，进一步发展特色生态产品（黄金梨等），依靠旅游景区扩大客源市场，提供更丰富的林果产品，打造示范区农旅结合长效产业。（2）中药材林下栽培技术体系：在土壤质地较好的土地种植太子参，减轻传统玉米对喀斯特环境扰动，提高农户经济收入，并运用中医药栽培与储藏加工技术、病虫害防控技术，构建喀斯特山区中医药栽培系统。

4. 工程布局与实施

基于示范区位于世界自然遗产地和风景名胜区优势，实施生态保护与修复工程，发展农旅结合产业模式。实施封山育林育草工程 840.44 hm²，人工造林 321.70 hm²。小型水利水保工程实施作业便道 6.63 km，机耕道 8.86 km，引水管网 4.68 km，蓄水池 15 口。农村人饮工程实施自来水入户 24.5 km。合理运用民族村落、文化等少数民族文化资源，打造民族村落景观、民俗文化表演、民俗体验、民族建筑特色餐厅等农旅结合产业，促进苗族、侗族等少数民族文化体验与旅游的健康发展，并培育一批生态旅游观光园区、乡村民宿、农业体验、文化康养基地。

三个示范区经过石漠化治理工程及产业扶贫的实施，区域土地利用结构有较大的变化，贞丰—关岭示范区石漠化旱地面积占比下降，园地面积明显上升，有林地面积增加，森林覆盖率提高，建设用地、工矿用地和交通用地面积增加，区域经济向好发展。裸岩石砾地和草地面积逐年减少，但是减少幅度不大。贞丰—关岭示范区石漠化治理与产业发展模式，使得旱地转变为园地，林地、灌木林地和草地经过治理覆盖度显著提高。脱贫攻坚期，区域交通用地、工矿和建设用地明显改善，区域基础设施水平、经济基础有较大提升。毕节示范区旱地面积减少，但园地面积变动不大，有林地面积明显上升，草地面积显著下降，但城乡建设用地面积和交通运输用地面积增长很快。毕节示范区实施的生态产业的石漠化综合治理模式，使示范区的森林覆盖面明显扩大，草地面积增加。施秉示范区 2010—2020 年耕地面积小幅增加，园地面积增加迅速，有林地面积明显增加，交通用地和建设用地也成倍增长，石漠化治理农旅结合发展模式，使得森林覆盖率进一步提升，公路、旅游设施等建设用地增加。三个示范区不同的石漠化治理与生态产业发展模式使各区域土地利用结构变化有一定的差异，贞丰—关岭示范区园地面积增加明显，毕节和施秉示范区有林地增加明显。经脱贫攻坚期产业帮扶项目实施，三个示范区交通用地都成倍增长，建设用地也大大增加，区域基础设施和住宿条件改善明显。

二、模式构建条件

根据石漠化治理生态产业发展状况，结合区域土地利用结构、交通通达程度、产业经营主体状况、自然资源禀赋、人口构成等因素，对石漠化治理生态产品流通模式进行划分。

表 7-1　石漠化治理生态产品流通模式构建

指标	以农业合作社为链主的生态产品流通模式	以大型商超为链主的生态产品流通模式	以龙头企业为链主的生态产品流通模式
人均耕地面积	≥ 300 亩	≥ 500 亩	≥ 800 亩
合作社数量	≥ 1		
无或潜在石漠化比例	≥ 70	≥ 80	≥ 85
大型商超数量		≥ 1	
农业龙头企业数量			≥ 1
路网密度（km/km^2）	≥ 1	≥ 1.2	≥ 1.15
人口密度（人 /m^2）	≥ 1000	≥ 800	≥ 1000
品牌影响力（绿色/有机/地标数量合计）	≥ 1	≥ 1	≥ 1

资料来源：本研究整理，作者绘制。

三、模式选择与应用示范流程

（一）以合作社为链主的生态产品流通模式应用示范过程

该模式集中于毕节市、黔东南州和黔南州等地区，这些地区的合作社兴起较早，并具有一定群众组织经济基础，能把众多农户的生产能力加以整合，辅以合作社组织化的运营，提升生态产品的营销水平，在生态产品流通过程中起着重要作用。该模式中，由村集体或农户自发组成生态产品合作社代替传统农户个人生产销售的流通方式，合作社充当连接农户和生态产品交易市场的媒介。在实际执行中，合作社把分散的农户组织起来，按照订单合同组织生产活动，并对农户的生态产品实行统一采购，而后对接大型市场经营主体进行产品销售。合作社介入农户与大型市场经营主体之间的具体职能如下：第一步，由合作社和大型市场经营主体签订订单合同，确定生态产品需求（订货数量、质量标准、技术指标），随后再由合作社直接联系社员（农户）进行生产；第二步，在农户生产生态产品的过程中，合作社将全程为农户提供农资、信息、融资、生产技术等服务；第三步，由合作社和大型市场经营主体代表共同验收产品，并安排向农户支付费用。

毕节撒拉溪示范区在2016—2020年间分别在冲锋村、永丰村、钟山村、沙乐村、朝营村等6个行政村，动员561户2364人种植"贵农5号"刺梨。种植面积约7159亩，其中挂果面积5760亩，初产期面积1693亩，占总种植面积比为29.39%，盛果期面积4067亩，占比70.61%。根据6个行政村的刺梨的树龄、栽种地区、种植管理技术等情况，测算出刺梨亩产量在初产期为400 kg/亩，盛果期为900 kg/亩。2021年撒拉溪示范区刺梨理论总产量5583.1 t，但示范区2021年4月30日、5月2日、5月12日，在刺梨授粉期连续遭遇冰雹极端灾害天气，实际刺梨采收总量为2848.36 t。

以合作社为链主的生态产品流通经营管理模式，合作社在刺梨种植、管护、采收、存放及初加工技术方面进行现场实地教学，让农户掌握刺梨种植及管护技术，调减传统农作物种植面积。

刺梨收获季节，各示范区行政村通过合作社搭建与刺梨加工企业的刺梨鲜果产销信息平台，加强刺梨企业和农户之间的协调配合，有序组织全村的刺梨种植户将刺梨鲜果送到合作社，合作社随行就市，以保底价收购。

表 7-2　毕节撒拉溪示范区开展刺梨种植的合作社信息

地点	合作社	农户数量（户）	种植面积（亩）	挂果面积（亩）	初产期面积（亩）	盛果期面积（亩）
冲锋村	七星关区撒拉溪冲锋刺梨种植专业合作社	63	508	420	0	420
朝营村	七星关区撒拉溪朝营种养专业合作社	76	708	660	180	480
钟山村	七星关区撒拉溪钟山种养专业合作社	82	697	580	153	427
沙乐村	七星关区撒拉溪沙乐种养专业合作社	95	846	700	220	480
龙凤村	七星关区撒拉溪龙凤刺梨专业合作社	142	3140	2400	800	1600
永丰村	七星关区撒拉溪永丰种养专业合作社	103	1260	1000	340	660
合计		561	7159	5760	1693	4067

图 7-5　毕节撒拉溪示范区龙凤村刺梨种植基地

（二）以大型商超为链主的生态产品流通模式应用示范过程

以大型商超为链主的生态产品流通模式主要分布在贵州省安顺市、黔西南州，这两个地方石漠化治理较早，生态产业发展态势较好，并随着高铁的贯通，路网密度大大提升，进入省会贵阳市的一小时交通经济圈，生态畜牧业产品、林果业产品，进入中大城市大型商超的采购范围及供应链基地。该模式中，大超市依托于企业在市场管理、市场信息技术等方面的资源优势，全过程介入生态产品制造、加工、流通，为农户提供市场信息咨询、物流配送、商品销售、技术支持等多项服务，把小农户和大市场有效连接起来，进而形成小农户和消费者之间相互联系的纽带，并发挥市场调控农户生产的功能，促进农户增收。这个模式减少了流通中间环节，降低了交易成本，提升了生态产品的流通效率，巩固了农户、大型商超的合作关系。大型商超订单进一步优化农户生产环节，在保护生态的前提下，合理提高生态产品产量，实现生态产业的产业化、规模化、市场化发展。

为了改善和治理关岭县的石漠化生态问题，1992 年关岭县政府引进了火龙果种植技术，并在石漠化地区成功实现火龙果的种植和量产。截至 2021 年，关岭县火龙果种植面积 28000 亩，年产量 45000 t，产值达 45000 万元，并获批"关岭火龙果"农产品地理标志产品（关岭县农业农村局，2021）。

关岭地区火龙果采收期在每年的 5—11 月，每年结果 6 批，其中，4 批为盛果期。统计发现，每亩产量在 1000—2000 kg。其中，单果重＞0.4 kg，占比为 16.85%；0.25—0.4 kg，占比为 54.82%；0.15—0.25 kg，占比为 13.69%；单果重＜0.15 kg，占比为 14.64%。单果重＞0.25 kg 为好果，占比 71.67%，其余为次果，占比 28.33%。销售价格：好果 14 元 /kg 左右，次果 6 元 /kg 左右（关岭县农业农村局，2021）。

2021 年，贞丰—关岭示范区火龙果种植涉及乐安村、莲花村、白泥村、太坪村、田坝村、峡谷村和坝山村等 7 个行政村，种植面积 10240 亩，果农 1021 户 4123 人，总产量 8410 t，其中好果 6027.45 t，次果 2382.55 t（关岭县农业农村局，2021）。

为抓好火龙果产业发展，确保关岭火龙果销售畅通，课题组向关岭县委、县政府提供咨询报告，重点通过大型商超进行火龙果销售，并成立了关岭县火龙果产销对接专班。2018 年以来，贵州合力超市、永辉超市、惠民生鲜、家福乐超市、品汇尚购、苏宁易购集团股份有限公司（贵阳地区管理中心）、开磷集团全国名优农产品体验店，通过关岭红心火龙果协会，与果农签订了火龙果收购合同。2021 年，收购价格为火龙果保底价 6.2 元 /kg（次果）、15 元 /kg（好果）。

表 7-3　示范区红心火龙果种植情况

行政村	种植面积（亩）	总产量（t）	"好果"产量（t）	"次果"产量（t）	种植农户（户）
乐安村	2088	2000	1532.4	467.6	112
莲花村	2500	2500	1841.75	768.25	137
白泥村	1334	1300	861.71	368.29	109
太坪村	189	160	114.672	45.328	22
田坝村	500	450	292.515	127.485	68
峡谷村	3060	1500	1032.05	433.95	487
坝山村	569	500	352.35	171.65	86
合计	10240	8410	6027.45	2382.55	1021

图 7-6　贞丰—关岭示范区火龙果种植基地

（三）以龙头企业为链主的生态产品流通模式应用示范过程

该模式主要分布在黔东南州，耕地分布相对集中，人均耕地面积相对较大，石漠化程度低，生态产业基础较好。以龙头企业为链主的生态产品流通模式，即农业龙头企业和农户之间在确定相应义务和权利的前提下，签订互惠订单合同，将生态产品制造、供给、营销等各个阶段连接起来，并根据收益共享、风险共担的原则进行生产、加工与流通。

在这种模式下，农户生产的生态产品得到固定的销售途径，农业生产收入相对稳定。农户通过和龙头企业利益联结机制，把自身生产风险和交易成本部分转移到龙头企业。其次，农户得到龙头企业提供的生产资料、信息、技术指标等服务，大大提高了农户的生产效益。最后，农户可以入股龙头企业开展投资合作，按投入比例分红，增加农户的收入途径。

以龙头企业为链主的"农户—龙头企业—市场"生态产品流通模式，

其功能在于把生态产品的生产和销售环节分离，农户把销售交由企业，加速了生态产品的市场流通。此外，农户可以根据市场反馈的信息进行生产，使生产出来的生态产品符合市场需求，更加适销对路，有利于降低生产的盲目性，避免由市场信息不对称所造成的农户的卖难。同时，基于价值链理论的模式构建，既提高了农户的谈判地位，也维护了农户的利益。

施秉县白垛乡海拔 800 米以上，幅员广阔，阳光充足，水果产量、质量均有保障，是施秉县精品水果主产区之一。白垛乡 1100 余亩黄金梨精品水果基地，依托龙头企业（贵州春羽田园生态农业科技开发有限公司）采取"保底＋效益＋务工"的方式，覆盖周边 221 户。龙头企业主要负责提供果苗、技术培训、产销对接，农户负责种植管护。目前，通过贵州春羽田园生态农业科技开发有限公司平台，白垛乡黄金梨已销往贵阳、昆明、四川、湖南和广东等地。

图 7-7　施秉喀斯特示范区黄金梨种植基地

第二节　模式应用示范成效与验证分析

一、石漠化治理成效

为评估不同示范区石漠化综合治理的效果，分别对三个示范区石漠化构成和 2010—2020 年间石漠化等级强弱和面积变化做对比分析。从生态环境监测结果分析，三个示范区 10 年间石漠化面积都在下降，石漠化治理取得显著进展。

2010—2020 年间，三个示范区的无石漠化面积都在增加，潜在石漠化面积有所减少，轻度石漠化面积整体减少，中度和强度的石漠化面积也都有减少。另外三个示范区石漠化发展态势也相似，都是无石漠化面积明显增加，轻度和以上石漠化等级面积也逐步减少，整体石漠化程度逐步下降。各示范区的石漠化等级发展速度存在差异，贞丰—关岭示范区石漠化整体变化速度较慢，毕节示范区轻度石漠化变化很大，而施秉示范区轻度和潜在石漠化变化较明显。由以上三个示范区变化发现，石漠化治理成效具有逐渐演化的特征，很少出现石漠化直接跨等级的变化，强度石漠化在经过整治之后更易变为中度石漠化，同理，中度石漠化则更多地逐渐转化为轻度石漠化。石漠化等级越高，演化成无石漠化所需的时间越长，治理速度也越慢。

为量化呈现石漠化治理成效，分别统计三个示范区石漠化等级及石漠化年变化率指标。示范区石漠化面积变动比例统计数据表明，2010—2020年间，施秉示范区无石漠化面积比例增幅较大，毕节示范区的轻度石漠化面积年变动率最高，强度石漠化面积变动比例不大，而施秉示范区则因强度石漠化面积较小，年变化率降低最明显。从总体来看，通过石漠化治理，目前施秉示范区石漠化年变化率最显著，毕节示范区其次，而贞丰—关岭示范区不明显。石漠化严重程度较高的示范区，石漠化年变化率下降速度显然小于石漠化程度较轻的示范区，石漠化的演变速度与区域石漠化强弱存在一定相关性。

石漠化的年均变动率，可以阐明各示范区石漠化类型的转化速率，间接分析各个示范区内石漠化治理效率。从各示范区石漠化年均变动率统计看，三个示范区的无石漠化面积都在增加，其年均增长率基本为正，毕节撒拉溪和贞丰—关岭示范区平均年增长率最大；潜在的石漠化面积也在逐年增加，贞丰—关岭示范区平均年增长率最高，其次为施秉示范区，只有毕节示范区的潜在石漠化面积出现了负增长；轻、中度石漠化面积，三个示范区的平均年增长率均为负，以施秉示范区变化速度最快，而贞丰—关岭示范区年均变化率最慢；中、强度石漠化面积，三个示范区均为负增长，从变化速率分析，毕节示范区强度石漠化变化较快，而贞丰—关岭示范区强度石漠化年变化率较小。

从各个示范区石漠化的年均变化率可以看出，贞丰—关岭、施秉示范区的无石漠化面积显著增多，其余各等级石漠化面积均在下降。毕节撒拉溪示范区的无石漠化和潜在石漠化国土面积均增加，其他各等级石漠化面积减少。从变化趋势可以看出，石漠化等级越低，治理成效越明显。从各个示范区中石漠化面积的年变动程度分析，施秉示范区轻、中度石漠化年变动率都明显地超过贞丰—关岭示范区，表明石漠化等级越高，石漠化治理速度越慢，效果越有限。施秉示范区在三个示范区中石漠化程度比较轻，经石漠化综合整治后，石漠化面积已大大减少，整体程度减轻，年变化率较高。

石漠化治理重要一环是水土流失的防治，土壤保持功能反映出治理成效（熊康宁）。基于 InVEST 模型计算三个示范区水土流失量变化，在"3S"技术支撑下分析三个示范区 2010—2018 年不同石漠化程度单位面积土壤保持量，分析示范区土壤保持量变化。统计数据表明，2010—2018 年，三个示范区土壤保持量都逐年增加，贞丰—关岭示范区增长 3.70×10^4 t，毕节示范区增长 4.69×10^4 t，施秉示范区增长 6.63×10^4 t，反映出三个示范区生态治理均取得成效。

本研究基于三个示范区的 LUCC 数据以及碳密度数据，利用 GIS 栅格叠加分析揭示生态系统碳储量动态变化。生态系统碳储量主要由土壤微生物碳、有机碳、地表和地下碳构成，通过 InVEST 模型碳模块将四个碳储量相加得到总碳储量（魏媛，吴长勇）。结果表明，施秉示范区生态系统碳储量大幅高于毕节和贞丰—关岭示范区。2010—2018 年间，总体碳储量均呈现上升趋势，贞丰—关岭、毕节与施秉示范区分别增长了 685.08 t、285.04 t、224.04 t，特别是贞丰—关岭示范区，碳储量提升明显，施秉示范区变化最小。

二、生态产业增收的减贫成效

农户增收成效是衡量三个示范区石漠化治理与产业扶贫效果的重要标尺，减贫成效主要从贫困规模、指数、强度和深度等方面测算。统计三个示范区贫困人口及经济变化情况，分析减贫效果。从年度贫困人口减少数量分析，毕节示范区贫困人口减少数量最大。三个示范区贫困人口变化趋势大致相同，贫困人口在 2016 年减少数量较低，在 2018 年和 2019 年贫困人口减少规模最大，贫困人口减少也呈现出渐变过程。贫困人口在帮扶初期并不能立即成规模减小，经过帮扶一段时间后，减贫成效才集中体现。

表 7-4　示范区 2014—2020 年度减贫人口规模

类型	总人口	2014 年	2015 年	2016 年	2017 年	2018 年	2019 年	2020 年	贫困人口合计
贞丰—关岭示范区	12604	468	325	316	726	751	521	172	3279
毕节示范区	32445	342	427	132	597	959	1398	389	4244
施秉示范区	13823	460	288	273	180	566	190	0	1957
示范区合计	58872	1270	1040	721	1503	2276	2109	561	9480

从三个示范区 2014—2020 年贫困发生率变化可以看出，贫困发生率都逐年降低。施秉县从 2014 年的 10.83% 下降到 2019 年贫困发生率为 0，并于 2019 年脱贫摘帽。贞丰—关岭示范区从 2014 年的 22.30% 下降到 2020 年贫困发生率为 0。毕节示范区从 2014 年的 12.03% 下降到 2020 年贫困发生率为 0。贞丰—关岭示范区贫困发生率降幅最快，毕节和施秉示范区下降趋势线相近。

资料数据表明，三个示范区贫困人口年人均纯收入都得到大幅提高。贞丰—关岭示范区、毕节示范区与施秉示范区的贫困家庭人均纯收入，从 2015 年的 4521 元、3945 元与 4182 元，分别提高到 2020 年的 10695 元、11378 元与 11293 元。

三、生态系统服务功能提升成效

开展石漠化治理生态产品流通研究目的之一是恢复和提升喀斯特脆弱的生态系统，因此本研究采用生态系统服务功能来表征生态产业治理石漠化成效。本研究借鉴 Costanza、谢高地等学者的研究成果，并根据喀斯特地区实际情况，将其中荒漠、未利用地等类型修改为石漠化指标，最终得到喀斯特地区生态系统服务功能评价模型，主要包括 9 项生态系统服务功能：气体调节（Air regulation）、气候调节（Climate regulation）、水源涵养（Water conservation）、土壤形成与保护（Soil conservation）、废物处理（Waste disposal）、生物多样性维持（Biodiversity）、食物生产（Food provide）、原材料生产（Raw materials）、休闲娱乐（Entertainment）。

表 7-5　喀斯特地区生态系统服务价值计算当量因子表

生态系统类型	森林	草地	农田	湿地	水体	石漠化
气体调节	3.5	0.8	0.5	1.8	0	0
气候调节	2.7	0.9	0.89	17.1	0.46	0
水源涵养	3.2	0.8	0.6	15.5	20.4	0.03
土壤形成与保护	3.9	1.95	1.46	1.71	0.01	0.02
废物处理	1.31	1.31	1.64	18.18	18.2	0.01
生物多样性维持	3.26	1.09	0.71	2.5	2.49	0.34
食物生产	0.1	0.3	1	0.3	0.1	0.01
原材料生产	2.6	0.05	0.1	0.07	0.01	0
休闲娱乐	1.28	0.04	0.01	5.55	4.34	0.01
合计	19.66	7.24	6.91	62.71	46	0.42

表 7-5 定义 1hm² 喀斯特地区农田每年自然粮食平均产量的经济价值为 1，其他生态系统服务价值即为相对于农田粮食生产服务的贡献比例。可根据当年粮食单产市场价值来换算当年生态系统服务单价。经过谢高地等学者的综合比较，确定 1 个生态服务价值当量因子的经济价值量等于当年区域平均粮食单产市场价值的 1/7。单位面积农田生态系统每年自然粮食产量的经济价值根据公式做了计算修正：

$$E_a = 1/7 \sum_{i=1}^{n} \frac{Y_i P_i}{A_n} \tag{1}$$

$$ESV = \sum (E_a \times A_m) \tag{2}$$

公式中，E_a 表示 1 hm² 生态服务价值当量因子的经济价值（元 /hm²）；i 表示粮食作物种类；P_i 表示 i 种粮食作物区域平均价格（元 /t）；Y_i 表示 i 种粮食作物产量（t）；A_n 表示 n 种粮食作物总面积（hm²）；A_m 表示第 m 种土地利用类型面积（hm²）；ESV 表示生态系统服务价值（元）。

（一）三个示范区生态系统服务功能单位面积的经济价值

根据公式（1）计算三个示范区农田生态系统在 2010、2015、2020 年提供粮食生产服务的单价。本研究将 3 个年份的经济价值统一为 2010 年的不变价以便于比较。根据公式（1）可计算毕节示范区、贞丰—关岭示范区与施秉示范区农田生态系统在 2010、2015 和 2020 年提供粮食生产服务的单价，分别为 982.34、1045.00、1193.10 元 /（hm²·a），879.03、988.44、1057.12 元 /（hm²·a），1079.03、1165.44、1257.12 元 /（hm²·a）。可见，三个示范区农田生态系统在 10 年间提供粮食生产服务的单价始终保持增加，年均增长率分别为 1.95%、1.84%、1.50%。

根据表 7-5 可得出三个示范区 6 类生态系统服务功能单价（表 7-6，7-7，7-8）。6 类生态系统类型中单位面积湿地生态系统服务功能价值最大，石漠化生态系统提供的服务价值最小。三个示范区 6 类生态系统服务功能单价顺序为：湿地 > 水体 > 森林 > 草地 > 农田 > 荒漠。在贞丰—关岭示范区中，湿地生态系统是石漠化生态系统服务功能价值的 149.31 倍。

表 7-6　毕节示范区 6 类生态系统服务功能单价 [元 /（hm²·a）]

生态系统类型	年份	森林	草地	农田	湿地	水体	石漠化
气体调节	2010	3438.19	785.87	491.17	1768.21	0.00	0.00
	2015	3657.50	836.00	522.50	1881.00	0.00	0.00
	2020	4175.85	954.48	596.55	2147.58	0.00	0.00
气候调节	2010	2652.32	884.11	874.28	16798.01	451.88	0.00
	2015	2821.50	940.50	930.05	17869.50	480.70	0.00
	2020	3221.37	1073.79	1061.86	20402.01	548.83	0.00
水源涵养	2010	3143.49	785.87	589.40	15226.27	20039.74	29.47
	2015	3344.00	836.00	627.00	16197.50	21318.00	31.35
	2020	3817.92	954.48	715.86	18493.05	24339.24	35.79

续表

生态系统类型	年份	森林	草地	农田	湿地	水体	石漠化
土壤形成与保护	2010	3831.13	1915.56	1434.22	1679.80	9.82	19.65
	2015	4075.50	2037.75	1525.70	1786.95	10.45	20.90
	2020	4653.09	2326.55	1741.93	2040.20	11.93	23.86
废物处理	2010	1286.87	1286.87	1611.04	17858.94	17878.59	9.82
	2015	1368.95	1368.95	1713.80	18998.10	19019.00	10.45
	2020	1562.96	1562.96	1956.68	21690.56	21714.42	11.93
生物多样性维持	2010	3202.43	1070.75	697.46	2455.85	2446.03	334.00
	2015	3406.70	1139.05	741.95	2612.50	2602.05	355.30
	2020	3889.51	1300.48	847.10	2982.75	2970.82	405.65
食物生产	2010	98.23	294.70	982.34	294.70	98.23	9.82
	2015	104.50	313.50	1045.00	313.50	104.50	10.45
	2020	119.31	357.93	1193.10	357.93	119.31	11.93
原材料生产	2010	2554.08	49.12	98.23	68.76	9.82	0.00
	2015	2717.00	52.25	104.50	73.15	10.45	0.00
	2020	3102.06	59.66	119.31	83.52	11.93	0.00
休闲娱乐	2010	1257.40	39.29	9.82	5451.99	4263.36	9.82
	2015	1337.60	41.80	10.45	5799.75	4535.30	10.45
	2020	1527.17	47.72	11.93	6621.71	5178.05	11.93

表 7-7 贞丰—关岭示范区 6 类生态系统服务功能单价 [元/(hm² · a)]

生态系统类型	年份	森林	草地	农田	湿地	水体	石漠化
气体调节	2010	3076.61	703.22	439.52	1582.25	0.00	0.00
	2015	3459.54	790.75	494.22	1779.19	0.00	0.00
	2020	3699.92	845.70	528.56	1902.82	0.00	0.00
气候调节	2010	2373.38	791.13	782.34	15031.41	404.35	0.00
	2015	2668.79	889.60	879.71	16902.32	454.68	0.00
	2020	2854.22	951.41	940.84	18076.75	486.28	0.00
水源涵养	2010	2812.90	703.22	527.42	13624.97	17932.21	26.37
	2015	3163.01	790.75	593.06	15320.82	20164.18	29.65
	2020	3382.78	845.70	634.27	16385.36	21565.25	31.71
土壤形成与保护	2010	3428.22	1714.11	1283.38	1503.14	8.79	17.58
	2015	3854.92	1927.46	1443.12	1690.23	9.88	19.77
	2020	4122.77	2061.38	1543.40	1807.68	10.57	21.14
废物处理	2010	1151.53	1151.53	1441.61	15980.77	15998.35	8.79
	2015	1294.86	1294.86	1621.04	17969.84	17989.61	9.88
	2020	1384.83	1384.83	1733.68	19218.44	19239.58	10.57
生物多样性维持	2010	2865.64	958.14	624.11	2197.58	2188.78	298.87
	2015	3222.31	1077.40	701.79	2471.10	2461.22	336.07
	2020	3446.21	1152.26	750.56	2642.80	2632.23	359.42

续表

生态系统类型	年份	森林	草地	农田	湿地	水体	石漠化
食物生产	2010	87.90	263.71	879.03	263.71	87.90	8.79
	2015	98.84	296.53	988.44	296.53	98.84	9.88
	2020	105.71	317.14	1057.12	317.14	105.71	10.57
原材料生产	2010	2285.48	43.95	87.90	61.53	8.79	0.00
	2015	2569.94	49.42	98.84	69.19	9.88	0.00
	2020	2748.51	52.86	105.71	74.00	10.57	0.00
休闲娱乐	2010	1125.16	35.16	8.79	4878.62	3814.99	8.79
	2015	1265.20	39.54	9.88	5485.84	4289.83	9.88
	2020	1353.11	42.28	10.57	5867.02	4587.90	10.57

表 7-8 施秉示范区 6 类生态系统服务功能单价 [元 / (hm² · a)]

生态系统类型	年份	森林	草地	农田	湿地	水体	石漠化
气体调节	2010	3776.61	863.22	539.52	1942.25	0.00	0.00
	2015	4079.04	932.35	582.72	2097.79	0.00	0.00
	2020	4399.92	1005.70	628.56	2262.82	0.00	0.00
气候调节	2010	2913.38	971.13	960.34	18451.41	496.35	0.00
	2015	3146.69	1048.90	1037.24	19929.02	536.10	0.00
	2020	3394.22	1131.41	1118.84	21496.75	578.28	0.00
水源涵养	2010	3452.90	863.22	647.42	16724.97	22012.21	32.37
	2015	3729.41	932.35	699.26	18064.32	23774.98	34.96
	2020	4022.78	1005.70	754.27	19485.36	25645.25	37.71
土壤形成与保护	2010	4208.22	2104.11	1575.38	1845.14	10.79	21.58
	2015	4545.22	2272.61	1701.54	1992.90	11.65	23.31
	2020	4902.77	2451.38	1835.40	2149.68	12.57	25.14
废物处理	2010	1413.53	1413.53	1769.61	19616.77	19638.35	10.79
	2015	1526.73	1526.73	1911.32	21187.70	21211.01	11.65
	2020	1646.83	1646.83	2061.68	22854.44	22879.58	12.57
生物多样性维持	2010	3517.64	1176.14	766.11	2697.58	2686.78	366.87
	2015	3799.33	1270.33	827.46	2913.60	2901.95	396.25
	2020	4098.21	1370.26	892.56	3142.80	3130.23	427.42
食物生产	2010	107.90	323.71	1079.03	323.71	107.90	10.79
	2015	116.54	349.63	1165.44	349.63	116.54	11.65
	2020	125.71	377.14	1257.12	377.14	125.71	12.57
原材料生产	2010	2805.48	53.95	107.90	75.53	10.79	0.00
	2015	3030.14	58.27	116.54	81.58	11.65	0.00
	2020	3268.51	62.86	125.71	88.00	12.57	0.00
休闲娱乐	2010	1381.16	43.16	10.79	5988.62	4682.99	10.79
	2015	1491.76	46.62	11.65	6468.19	5058.01	11.65
	2020	1609.11	50.28	12.57	6977.02	5455.90	12.57

（二）三个示范区生态系统服务功能价值提升分析

根据毕节示范区、贞丰—关岭示范区、施秉示范区的 2010、2015、2020 年土地利用遥感解译数据，结合表 7–6、7–7、7–8 中 6 类生态系统服务功能单价，得出三个示范区 6 类生态系统服务功能价值，见表 7–9、7–10、7–11。三个示范区各类型生态系统服务功能价值和年度生态系统服务总价值都呈现递增趋势，这也与生态系统服务功能单价变化趋势相一致。三个示范区 2020 年生态系统服务功能总价值分别为 1.47×10^8 元、0.67×10^8 元、6.75×10^8 元，比 2010 年分别增加 0.29×10^8 元、0.11×10^8 元、0.75×10^8 元，增幅分别为 24.77%、19.58%、12.57%。三个示范区生态系统服务功能价值稳定增长。同时，生态产业治理石漠化对潜在–轻度和轻度–中度石漠化地区生态系统服务功能价值提升的效果较为显著。

表 7–9　毕节示范区 6 类生态系统服务功能价值（万元）

生态系统类型	年份	森林	草地	农田	湿地	水体	石漠化
气体调节	2010	1431.14	79.69	156.28	0.11	0.00	0.00
	2015	1563.76	76.01	162.55	0.16	0.00	0.00
	2020	1877.72	75.38	169.08	0.18	0.00	0.00
气候调节	2010	1104.02	89.65	278.17	1.08	0.00	0.00
	2015	1206.33	85.51	289.34	1.52	0.00	0.00
	2020	1448.53	84.81	300.96	1.69	0.00	0.00
水源涵养	2010	1308.47	79.69	187.53	0.97	0.00	0.03
	2015	1429.72	76.01	195.06	1.38	0.00	0.03
	2020	1716.77	75.38	202.90	1.53	0.00	0.03
土壤形成与保护	2010	1594.70	194.24	456.32	0.11	0.00	0.02
	2015	1742.47	185.26	474.65	0.15	0.00	0.02
	2020	2092.32	183.75	493.71	0.17	0.00	0.02
废物处理	2010	535.66	130.49	512.58	1.14	0.00	0.01
	2015	585.29	124.46	533.16	1.61	0.00	0.01
	2020	702.80	123.44	554.58	1.80	0.00	0.01
生物多样性维持	2010	1333.01	108.58	221.91	0.16	0.00	0.30
	2015	1456.53	103.56	230.82	0.22	0.00	0.32
	2020	1748.96	102.71	240.09	0.25	0.00	0.29
食物生产	2010	40.89	29.88	312.55	0.02	0.00	0.01
	2015	44.68	28.50	325.10	0.03	0.00	0.01
	2020	53.65	28.27	338.16	0.03	0.00	0.01

续表

生态系统类型	年份	森林	草地	农田	湿地	水体	石漠化
原材料生产	2010	1063.13	4.98	31.26	0.00	0.00	0.00
	2015	1161.65	4.75	32.51	0.01	0.00	0.00
	2020	1394.88	4.71	33.82	0.01	0.00	0.00
休闲娱乐	2010	523.39	3.98	3.13	0.35	0.00	0.01
	2015	571.89	3.80	3.25	0.49	0.00	0.01
	2020	686.71	3.77	3.38	0.55	0.00	0.01
合计	2010	8934.42	721.18	2159.73	3.94	0.00	0.37
	2015	9762.31	687.85	2246.44	5.57	0.00	0.39
	2020	11722.34	682.23	2336.68	6.21	0.00	0.36

表 7-10　贞丰—关岭示范区 6 类生态系统服务功能价值（万元）

生态系统类型	年份	森林	草地	农田	湿地	水体	石漠化
气体调节	2010	550.44	56.90	85.91	0.00	0.00	0.00
	2015	638.02	51.40	95.85	0.00	0.00	0.00
	2020	668.75	47.78	101.74	0.00	0.00	0.00
气候调节	2010	424.63	64.02	152.93	0.00	4.73	0.00
	2015	492.19	57.82	170.61	0.00	5.85	0.00
	2020	515.89	53.76	181.10	0.00	7.00	0.00
水源涵养	2010	503.26	56.90	103.10	0.00	209.77	1.03
	2015	583.33	51.40	115.02	0.00	259.63	1.14
	2020	611.43	47.78	122.09	0.00	310.32	1.05
土壤形成与保护	2010	613.35	138.71	250.87	0.00	0.10	0.69
	2015	710.94	125.28	279.87	0.00	0.13	0.76
	2020	745.18	116.47	297.08	0.00	0.15	0.70
废物处理	2010	206.02	93.18	281.80	0.00	187.15	0.34
	2015	238.80	84.16	314.38	0.00	231.63	0.38
	2020	250.30	78.24	333.71	0.00	276.86	0.35
生物多样性维持	2010	512.70	77.53	122.00	0.00	25.60	11.66
	2015	594.27	70.03	136.10	0.00	31.69	12.95
	2020	622.89	65.10	144.47	0.00	37.88	11.94
食物生产	2010	15.73	21.34	171.83	0.00	1.03	0.34
	2015	18.23	19.27	191.69	0.00	1.27	0.38
	2020	19.11	17.92	203.48	0.00	1.52	0.35
原材料生产	2010	408.90	3.56	17.18	0.00	0.10	0.00
	2015	473.96	3.21	19.17	0.00	0.13	0.00
	2020	496.79	2.99	20.35	0.00	0.15	0.00
休闲娱乐	2010	201.30	2.85	1.72	0.00	44.63	0.34
	2015	233.33	2.57	1.92	0.00	55.24	0.38
	2020	244.57	2.39	2.03	0.00	66.02	0.35

续表

生态系统类型	年份	森林	草地	农田	湿地	水体	石漠化
合计	2010	3436.33	514.99	1187.33	0.00	473.12	14.40
	2015	3983.08	465.15	1324.59	0.00	585.58	16.00
	2020	4174.91	432.43	1406.04	0.00	699.90	14.75

表 7-11　施秉示范区 6 类生态系统服务功能价值（万元）

生态系统类型	年份	森林	草地	农田	湿地	水体	石漠化
气体调节	2010	8877.61	60.30	200.80	32.99	0.00	0.00
	2015	9549.52	67.15	224.94	19.42	0.00	0.00
	2020	9991.93	73.13	271.67	18.13	0.00	0.00
气候调节	2010	6848.44	67.84	357.43	313.44	0.33	0.00
	2015	7366.77	75.55	400.39	184.52	0.31	0.00
	2020	7708.06	82.27	483.58	172.21	0.31	0.00
水源涵养	2010	8116.67	60.30	240.97	284.11	14.84	0.00
	2015	8730.99	67.15	269.93	167.26	13.84	0.00
	2020	9135.48	73.13	326.01	156.10	13.64	0.00
土壤形成与保护	2010	9892.20	146.98	586.35	31.34	0.01	0.00
	2015	10640.90	163.69	656.82	18.45	0.01	0.00
	2020	11133.86	178.26	793.29	17.22	0.01	0.00
废物处理	2010	3322.76	98.74	658.64	333.23	13.24	0.00
	2015	3574.25	109.96	737.80	196.18	12.34	0.00
	2020	3739.84	119.75	891.09	183.09	12.17	0.00
生物多样性维持	2010	8268.86	82.16	285.14	45.82	1.81	0.00
	2015	8894.70	91.50	319.41	26.98	1.69	0.00
	2020	9306.77	99.64	385.78	25.18	1.67	0.00
食物生产	2010	253.65	22.61	401.61	5.50	0.07	0.00
	2015	272.84	25.18	449.88	3.24	0.07	0.00
	2020	285.48	27.42	543.35	3.02	0.07	0.00
原材料生产	2010	6594.80	3.77	40.16	1.28	0.01	0.00
	2015	7093.93	4.20	44.99	0.76	0.01	0.00
	2020	7422.58	4.57	54.33	0.70	0.01	0.00
休闲娱乐	2010	3246.67	3.02	4.02	101.73	3.16	0.00
	2015	3492.40	3.36	4.50	59.89	2.94	0.00
	2020	3654.19	3.66	5.43	55.89	2.90	0.00
合计	2010	55421.67	545.73	2775.11	1149.45	33.46	0.00
	2015	59616.30	607.74	3108.64	676.69	31.21	0.00
	2020	62378.18	661.84	3754.54	631.54	30.77	0.00

四、产业化发展成效

石漠化治理生态产品流通模式分别驱动毕节撒拉溪刺梨、贞丰—关岭火龙果、施秉黄金梨的主导生态产业形成。较传统"农户—市场""农户—经纪人—市场"流通模式，创新提出以合作社、龙头企业与大型商超为链主的生态产品流通模式，相比于前者生态产业规模效益显著提升，有利于持续提高生态产品市场占有率，实现产业壮大、农户增收、石漠化成果巩固的目标和方向。

（一）毕节撒拉溪示范区产业发展成效与验证分析

毕节撒拉溪示范区具有丰富的刺梨种质资源，以及刺梨生长所需的自然生态环境优势条件，市场需求空间广阔，刺梨产业自然资源禀赋优势明显，具有巨大的发展潜力。因此，重点选取刺梨作为生态产业治理石漠化的模式优势物种。

石漠化治理刺梨生态产业工程的实施，加速了刺梨产业的良性发展，在治理石漠化的同时，培育了刺梨产业，形成了一定的产业规模。示范区选择"贵农5号"刺梨为主要栽培品种，该品种由贵州西部特有野生优质刺梨培育而成。"农户—合作社—市场"为主要利益联结模式，由合作社统一组织农户开展刺梨种植，为农户提供刺梨种植技术培训和科学管理。截至2021年，刺梨种植规模总面积7159亩，相比2015年4260亩，增长68.05%（七星关区农业农村局，2021）。

2021年，通过基于合作社为链主的生态产品流通模式，进行刺梨市场流通，销售量为2758.22 t，占农户总产量的96.84%，销售额为965.38×10^4元，户均1.72×10^4元。与"农户—经纪人—市场""农户—批发商—市场""农户—市场"供应链流通模式相比，农户在时间、交通等交易成本上节约70%，收益同比提高10%，且较为稳定。与未种植刺梨前的传统作物种植相比，正常气候年份，刺梨亩产净收益3000元，较以玉米、马铃薯、小麦、大豆等为主的传统作物，每亩收益净增加1200—2000元。

示范带动农户经济效益明显，农户从"要我种"向"我要种"转变。套种大豆等作物，每亩可收获干大豆200 kg，折合资金1200元；刺梨挂果初期，每亩可收获刺梨400 kg以上，进入盛产期可达900 kg左右，加上种植大豆的收入1200元，亩收入可达3000元至4200元。

刺梨种植规模扩大，吸引下游产业链企业入驻，规模化效益逐渐显现。2015年以来，七星关区先后引进、培育广药王老吉（毕节）刺梨产业有限公司、贵州欣扬农业科技发展有限公司、毕节市刺梨花开农业有限公司、毕节盛丰农业发展有限责任公司、贵州金黔果生物科技有限责任公司等8家刺梨加工企业，解决产销问题，刺梨初产品供不应求，市场化率达到98%。8家企业主要加工生产浓缩汁、原汁、果汁饮料，果干，果脯，口服液，刺梨发酵酒，泡腾片等产品，初步形成刺梨加工产业集群。2021年加工刺梨鲜果9583 t，实现产值$7.337×10^8$元。示范成果有力支撑了贵州欣扬农业科技发展有限公司"毕节刺梨综合开发产业基地"的投资兴建，协助企业注册了"遇见刺梨"品牌，并协助毕节市工业和信息化局获得了"贵州刺梨""乌蒙山宝·毕节珍好"刺梨区域公共品牌。

表7-12　毕节市撒拉溪示范区优质刺梨鲜果感官指标

指标	标准释义
外观要求	果实扁圆球形，密生小肉刺，刺间带钩状，果实新鲜洁净有光泽
气味与滋味	口感酸甜，略带涩味，芳香味浓，果肉脆
色泽	黄色或橙色
果面缺陷	果实无任何虫害、机械造成的外观损伤
果径	≥ 2.5cm
单果重	≥ 2.5g
果实硬度	≤ 1.7N/cm²

参与《毕节市七星关区刺梨产业发展三年行动方案（2018—2020年）》《毕节市刺梨栽培管理技术》《毕节市刺梨种基地检查验收办法》《毕节市刺梨产业发展考核管理办法》《毕节市刺梨产业发展三年行动任务表》和《毕节市刺梨产业发展三年行动推进计划表》的制定，推动刺梨产业在七星关区的示范推广。2018年，新增刺梨种植面积$8×10^4$亩，刺梨种植总面积达$1.8×10^5$亩；2019年，新增刺梨种植面积$7×10^4$亩，刺梨种植

总面积达 2.5×10^5 亩；2020 年，新增刺梨种植面积 3×10^4 亩。截至 2021 年 10 月，刺梨种植总面积达 2.8×10^4 亩，刺梨产业已建设成为带动七星关区区域经济发展的主导产业之一（七星关区农业农村局，2021）。

学术界、政府对农业产业化仍存在不同的观点，因而对于农业产业化经营的测定没有统一的评价体系。关于农业产业化内涵，本研究参考十五届三中全会《中共中央关于农业和农村工作若干重大问题的决定》中的定义：指不受部门、地区和所有制的限制，把农产品的生产、加工、销售等环节连成一体，形成有机结合、相互促进的组织形式和经营机制。本研究为了便于后续示范推广，评价标准采用国家统计局制定的农业产业化经营评价监测报表制度（国家统计局，2020 年）。截至 2021 年，毕节七星关区刺梨产业化发展较快，其中，年销售收入 500 万元以上龙头企业由 6 家增加至 8 家，年经营收入 50 万元以上合作社从无到有（2 家），个人年销售收入 10 万元以上的专业大户由 3 户增至 13 户（七星关区农业农村局，2021）。

基于合作社为链主的生态产品流通模式的实施，推动了刺梨产业"区域化、规模化、商品化、产业化"，实现了让撒拉溪示范区，乃至七星关区刺梨种植果农从中受益，脱贫致富，在巩固石漠化治理成果的同时，通过刺梨种植引导带动刺梨深加工企业集聚，并以此拉动物流运输、餐饮、互联网等相关产业发展，有效地转化了农村剩余劳动力，扩大了就业，实现了巩固脱贫攻坚成果与乡村振兴有效衔接。基于合作社为链主的生态产品流通模式符合农户的根本利益，具有良好的社会效益。

（二）贞丰—关岭花江示范区产业发展成效与验证分析

关岭县土地贫瘠，降雨量少，生态脆弱，年均降雨量 800 mm，且常年冬春连旱，遍地荒山荒坡，坝山村、峡谷村、白泥村、莲花村等北盘江低热河谷地区，自 20 世纪 90 年代初，便开始参与火龙果的引种和示范性种植，从原板贵乡三家寨村开始试种并推广，目前已建成花江镇为主体的火龙果产业种植区域，区域国土面积 159 km^2。

2005 年起，关岭县把火龙果产业作为石漠化地区生态治理的抓手，在北盘江低热河谷地区进行产业布局，截至 2021 年，火龙果种植面积 10240 亩，较 2018 年 5300 亩种植面积，增加了 4940 亩，年均增幅为 11.65%，火龙果产业已成为示范区主导产业（关岭县农业农村局，2021）。

农户通过大型商超进行定向鲜果销售。通过基于大型商超为链主生态产品流通模式的实施，推动合力超市、品汇尚购、苏宁易购集团股份有限公司（贵阳地区管理中心）、开磷集团全国名优农产品体验店、家乐福超市、惠民生鲜、永辉超市等 7 家大型商超与 1021 户火龙果种植户建立利益联结机制进行火龙果市场流通，市场化组织建设迈上新的台阶。2021 年，通过 7 家大型商超共销售火龙果 4825 t，其中，永辉超市 1610 t，合力超市 1040 t，惠民生鲜 900 t，家乐福超市 455 t，品汇尚购 345 t，开磷集团全国名优农产品体验店 290 t，苏宁易购 185 t，7 家大型商超采购量占示范区总产量 60.16%，主要为好果，销售额达 7237.5 万元，户均收入 7.09 万元（关岭县农业农村局，2021）。与"农户—经纪人—市场""农户—批发商—市场""农户—市场"传统流通模式相比，农户时间、交通等成本节约 80%，收益同比提高 12.46%，且较为稳定。

同时，关岭自治县红心火龙果产业协会在火龙果集中种植地区建立了共计 4500 m^2 的冷库，可以储存火龙果鲜果 360 t，便于火龙果错峰上市以及转运不畅时临时存储。

对火龙果次等果品开展深加工，提升附加值。推动关岭美丰库岸经济开发有限公司、贵州贵果王实业有限公司与果农签订保底收购协议，每年定向收购火龙果 800—1000 t，主要生产的是火龙果酒、火龙果冻干片、火龙果饮料，产品主要销往北京、广州、上海、杭州、成都、重庆、贵阳等城市。

示范区未种植火龙果前，以玉米、红薯、大豆为主要传统产业，平均亩产值不足 450 元，开展火龙果产业的石漠化生态治理，以及建立以大型商超为链主的生态产品流通模式后，实现亩产纯收入 3000 元，是过去传统种植的 7 倍，实现了发展火龙果产业和治理石漠化双丰收。

关岭县红心火龙果产业化经营情况，截至 2021 年，关岭火龙果刺梨产业化发展较快，其中，年销售收入 500 万元以上龙头企业由 2015 年的 3 家增加至 6 家，年经营收入 50 万元以上合作社从 10 家增至 16 家，个人年销售收入 10 万元以上的专业大户由 22 户增至 35 户（关岭县农业农村局，2021）。另外，2017 年成立社会组织——关岭自治县红心火龙果产业协会。

积极推动"关岭火龙果"获批农产品地理标志公用品牌，协助贵州钏泰农业科技发展有限公司、贵州福农宝农业科技有限公司建设了"黔龙果""关二果"等企业品牌和产品品牌，提升了产品的价值和竞争力。

表 7-13　贞丰—关岭红心火龙果产品品质特征指标

指标	标准释义
外观	果实呈圆形；果皮色泽均匀，呈鲜红色或浅紫红色；果皮斜生鳞片
气味与滋味	果肉紫红色，有香气，汁多味浓，甜而不腻
果肉色泽	红色或紫红色
果径（横径）	≥ 10 cm
单果重	≥ 300 g
花青素	2.50–4.60 mg/g
粗纤维	1.42–2.60%
还原糖	6.01–7.10%

（三）施秉喀斯特示范区产业发展成效与验证分析

基于龙头企业为链主的施秉示范区生态产品流通模式的实施，2016 年协助成立县级龙头企业：贵州春羽田园生态农业科技开发有限公司，注册资本 600 万元，流转土地种植黄金梨 600 亩，示范引领带动周边 38 户农户种植黄金梨 500 余亩，相比 2015 年 225 亩的种植面积，增长 488.89%。施秉县白垛乡发展黄金梨、油桃、葡萄等种植产业 2500 余亩，其中黄金梨种植面积 1100 余亩。黄金梨生态产品成为白垛乡仅次于传统烤烟产业的新兴、生态型主导产业，也是施秉县精品水果之一（白垛乡政府，2021）。

何家坳黄金梨种植基地，吸纳周边劳动力就近就便就业。常年带动当地农户务工 1 万余人次，支付工人务工费用共计 100.9 万元。在果树的管护期（蔬果、套袋、除草、剪枝、护果等），每天需要 50 名工人，每人日工资在 100—120 元。长期在基地务工的工人每个月平均 3000 元的收入。同时，种植黄金梨的个体农户也可以在基地带薪学习水果培育技术。

221 户种植黄金梨的个体农户，按施秉黄金梨外观等级标准将黄金梨分为特级、一级、二级、三级（表 7-20），分别按每市斤 8.4 元、7.6 元、6.8 元、5.8 元进行销售（根据当年市场进行调整），由贵州春羽田园生态农业科技开发有限公司下订单收购，2021 年共收购 106 t，支付农户 148.6 万元，户均收入 3.91 万元，农户每亩实现净利润 3000 元（贵州春羽田园生态农业科技开发有限公司，2021）。与"农户—经纪人—市场""农户—批发商—市场""农户—市场"传统流通模式相比，农户节约几乎全部交通成本，收益同比提高 8.5%，且收益较为稳定。

施秉县黄金梨产业化经营实现零的突破。截至 2021 年，年销售收入 500 万元以上龙头企业由 2015 年的 0 家增加至 1 家，年经营收入 50 万元以上合作社从 0 增至 1 家，个人年销售收入 10 万元以上的专业大户由 0 增至 6 户（施秉县农业农村局，2021）。

以龙头企业牵头，打造施秉县白垛乡"千亩片""千亩村"果园，积极挖掘果园的生态价值、休闲价值、文化价值，推动生态农业产业链、供应链、价值链重构和演化升级。并将"千亩片""千亩村"果园与黑冲乡村生态旅游产业相互耦合形成特色的生态农旅融合产业。

表 7-14　施秉黄金梨外观等级标准

等级		特级	一级	二级	三级
基本要求		果实充分发育、完整良好，新鲜洁净，无异味，不带不正常的外来水分、刺伤、虫果及病害，果梗剪留长度适宜，具有适宜市场销售或贮藏要求的成熟度			
果形		果形端正	果形正常	果形允许略有缺陷但仍保持黄金梨应有的特征	果形有缺陷，但仍保持黄金梨果实的基本特征，不得有畸形果
单果重（g）		≥ 300	≥ 250	≥ 200	≥ 150
果面缺陷	碰压伤	不允许	不允许	允许轻微碰压伤，面积 ≤ 0.5cm²，不得变褐	允许轻微碰压伤，面积 ≤ 1.0cm²，不得变褐
	刺伤	不允许	不允许	不允许	不允许
	磨伤	不允许	允许轻微磨伤，面积 ≤ 1.0cm²，不得变褐	允许轻微磨伤，面积 ≤ 2cm²，不得变褐	允许磨伤，面积 ≤ 3cm²，不得变褐

续表

等级		特级	一级	二级	三级
果面缺陷	果锈、药害	不允许	允许轻微果锈、药害,面积≤1.0cm²,不得变褐	允许轻微果锈、药害,面积≤2.0cm²,不得变褐	允许果锈、药害,面积≤3.0cm²,不得变褐
	日灼	不允许		允许轻微日灼,面积≤1.0cm²,但不得有肿泡、裂开或伤口部位果肉变软	允许日灼,面积≤2.0cm²,但不得有肿泡、裂开或伤口部位果肉变软
	雹伤	不允许		允许轻微雹伤,面积≤0.4cm²	允许雹伤,面积≤0.8cm²
	虫伤	不允许		允许干枯虫伤,面积≤0.4cm²	允许干枯虫伤,面积≤0.8cm²
	病害	不允许		只允许一处花斑病轻微病斑,面积≤0.4cm²	只允许一处花斑病轻微病斑,面积≤0.8cm²

图7-8　施秉喀斯特示范区黄金梨示范推广基地

第三节　中国南方喀斯特区的模式适宜性评价

中国南方喀斯特主要分布在中国南方8个省份,"九五"规划以来,针对中国南方喀斯特区巩固脱贫攻坚成果和石漠化治理成果等问题,地方政府和学术界推动实施了一系列的科研项目(刘发勇)。开展了生态产业扶贫、水土流失防治、石漠化治理、生态恢复与重建等科技攻关项目,总结出不同等级石漠化区、不同喀斯特地貌类型区生态治理与经济发展的成功案例。对综合效益好的示范区治理模式,总结石漠化治理生态产品高效流通经验，并进一步在中国南方喀斯特区开展适宜性评价与推广，从而为石漠化治理提供有力支撑。

根据各地区自然、资源、人口等特征，评估中国南方喀斯特区 898 个县域石漠化治理生态产品流通模式的适宜性，为相似条件下的喀斯特区石漠化治理生态产品流通模式提供参考。石漠化治理生态产品流通模式较多，因篇幅限制，本研究着重试点方法，选择前面总结的"毕节模式""贞丰—关岭模式""施秉模式"三种模式，分别构建贞丰—关岭示范区合作社为链主的生态产品流通模式，施秉示范区大型商超为链主的生态产品流通模式和毕节示范区龙头企业为链主的生态产品流通模式的适宜性评价指标体系，分析三种模式在中国南方喀斯特区进行推广的适宜性。

一、模式推广适宜性分析

（一）模式推广适宜性评价方法

石漠化治理生态产品流通模式在示范区的有效运行，与当地的自然环境、资源状况、社会经济发展等因素密不可分。因此，石漠化治理生态产品流通模式的推广的适宜性评价，需要筛选出与此紧密相关的重要指标。针对中国南方喀斯特地区的资源禀赋条件，运用层次分析法、综合指数法和格网分析法等遴选出评价指标，借以判定石漠化治理生态产品流通模式在其他地区的适宜程度。

在 3S 系统支持下定量分析石漠化治理生态产品流通模式在中国南方喀斯特区适用性程度，获取适宜性等级图，为其在南方喀斯特区推广提供科学依据。

（二）推广适宜性评价指标体系构建

构建评价指标体系是推进生态产品流通模式适宜性评估工作的关键环节，在综合分析石漠化的驱动因子以及生态产品流通与石漠化治理相互耦合机制基础上，按照客观性、目标性与可操作性等基本原则，参考刘发勇和张俞构建的示范区石漠化治理林冠草生态畜牧业推广适宜性模式，综合分析确定中国南方喀斯特区石漠化治理生态产品流通模式评价指标体系。

　　将评价指标体系分为目标层、准则层（包括生态条件、经济条件和社会条件）和指标层，按照指标选择原则，经系统分析，最终选取岩性、年平均气温、坡度、年平均降水量、石漠化程度、种植面积、流通组织机构（合作社、龙头企业、大型商超）、交通条件等11个指标构成指标层，将适宜性三级评价指标体系有机地联系起来形成一个完整有序的评价系统。

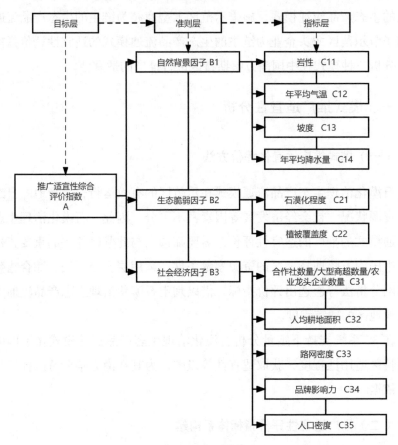

图 7-9　示范区模式推广适宜性评价指标体系

　　因遴选的指标量纲不同，对不同纲量级的评价因子采用均匀分布函数法进行标准化数值归一处理。按照相关国家及行业标准，采用李克特量表

（Likert Scale）五点量表以及土地适宜性评估的相关分级准则和评估办法，将适宜性等级划分为最适宜、很适宜、适宜、勉强适宜和不适宜等5个层次。

表7-15　适宜性评价等级划分标准

表征状态	最适宜	很适宜	适宜	勉强适宜	不适宜
代码	9	7	5	3	1
分值区间	>8	6-8	4-6	2-4	≤2
特征描述	具备较高的与自然环境统一性，因此选择示范区治理模式时基本不受约束	采用示范区模式不受限制或限制较小，不会显著降低治理效果	采用示范区模式受到一定限制，治理效果有一定程度的减弱	采用示范区模式时受到严重限制，效益会明显降低	具有多个限制因子，无法有效采用示范区模式

选取的评价指标对推广适宜性的贡献不等，需要对各影响因子进行影响权重分析，按照不同模式指标地理探测器权重分析结果，结合专家调查法综合确定各因子的权重，专家调查法权重计算公式如下：

$$W_i = m^{-1} \sum_{i=1}^{\sum \frac{xi}{10}} X_i.$$

公式中：W_i代表影响因子的权重，X_i代表影响因子i相对模式整体的重要性，m代表样本容量。

表7-16　石漠化治理生态产品流通模式适宜性评价指标权重表

目标层（A）	准则层（B）	指标层（C）	指标权重（W）		
			毕节模式	贞丰—关岭模式	施秉模式
适宜性评价综合指数	自然背景因子 B₁	岩性 C_{11}	0.10	0.11	0.09
		年平均气温 C_{12}	0.06	0.08	0.07
		坡度 C_{13}	0.08	0.07	0.09
		年降水量 C_{14}	0.05	0.06	0.04
	生态脆弱因子 B₂	石漠化程度 C_{21}	0.12	0.10	0.09
		植被覆盖度 C_{22}	0.07	0.08	0.07
	社会经济因子 B₃	合作社数量/大型商超数量/农业龙头企业数量 C_{31}	0.18	0.15	0.16
适宜性评价综合指数	社会经济因子 B₃	人均耕地面积 C_{32}	0.07	0.09	0.10
		路网密度 C_{33}	0.09	0.07	0.08
		品牌影响力 C_{34}	0.1	0.10	0.11
		人口密度 C_{35}	0.08	0.09	0.1

根据示范区毕节模式、贞丰—关岭模式、施秉模式的环境、经济、社

会因子，基于前期梳理总结出的示范区流通模式的自然环境与社会经济特征，将示范区的特征值确定为该模式最适宜的指标值，并根据逐级递减原则确定各指标各等级区间值。

表 7-17　毕节模式适宜性评价指标分值表

适宜度指标	最适宜 (≥ 8)	很适宜 (6-8)	适宜 (4-6)	勉强适宜 (2-4)	不适宜 (≤ 2)
分级赋值	9	7	5	3	1
年平均气温 （℃）	12-14	10-12	8-10	18-20	< 8
		14-16	16-18		> 20
年均降水量 （mm）	800-1000	600-800	1200-1300	1300-1400	< 600
		1000-1200			> 1400
岩性	碳酸盐岩	—	碳酸盐岩夹非碳酸盐岩		非碳酸盐岩
坡度（°）	< 5	5-15	15-25	25-35	> 35
石漠化程度	轻度石漠化 潜在石漠化	中度石漠化	强度石漠化 极强度石漠化	无石漠化	非喀斯特
植被覆盖度 （%）	70%-80%	80%-90%	> 90%	40%-50%	< 40%
		60%-70%	50%-60%		
人均耕地面积（亩/人）	≥ 5	3-5	1-3	0.5-1	< 0.5
人口密度 （人/km²）	300-400	400-500	500-600	< 100	> 600
		300-200	200-100		
路网密度	≥ 1.4	0.8-1.4	0.5-0.8	0.3-0.5	< 0.3
品牌影响力（绿色、有机、地标数量）	≥ 5	3-5	1-3	1	0
合作社数量	≥ 3000	1500-3000	500-1500	0-500	0

表 7-18　贞丰—关岭模式适宜性评价指标分值表

适宜度指标	最适宜 (≥ 8)	很适宜 (6-8)	适宜 (4-6)	勉强适宜 (2-4)	不适宜 (≤ 2)
分级赋值	9	7	5	3	1
年平均气温 （℃）	18-20	> 20	10-16	8-10	< 8
		16-18			
年均降水量 （mm）	1450-1650	1300-1450	1100-1300	900-1100	< 700
		1650-1850	1850-2100	700-900	> 2100
岩性	碳酸盐岩	—	碳酸盐岩夹非碳酸盐岩	—	非碳酸盐岩
坡度（°）	10-15	5-10	3-5	1-3	< 1
		15-20	20-25	25-35	> 35

适宜度指标	最适宜（≥8）	很适宜（6-8）	适宜（4-6）	勉强适宜（2-4）	不适宜（≤2）
石漠化程度	中度石漠化 强度石漠化	轻度石漠化	潜在石漠化 极强度石漠化	无石漠化	非喀斯特
植被覆盖度（%）	65%-70%	60%-65% 70%-75%	55%-60% 75%-80%	50%-55% 80%-85%	<50% >85%
人均耕地面积（亩/人）	≥5	3-5	1-3	0.5-1	<0.5
人口密度（人/km²）	200-100	50-100 300-200	300-400	<50 400-600	>600
路网密度	≥1.4	0.8-1.4	0.5-0.8	0.3-0.5	<0.3
品牌影响力（绿色、有机、地标数量）	≥5	3-5	1-3	1	0
合作社数量	≥5	3-5	1-3	1	0

表7-19　施秉模式适宜性评价指标分值表

适宜度指标	最适宜（≥8）	很适宜（6-8）	适宜（4-6）	勉强适宜（2-4）	不适宜（≤2）
分级赋值	9	7	5	3	1
年平均气温（℃）	14-16	12-14 16-18	10-12 18-20	8-10	<8 >20
年均降水量（mm）	1300-1450	1100-1300 1450-1650	900-1100 1650-1850	700-900 1850-2100	<700 >2100
岩性	碳酸盐岩	–	碳酸盐岩夹 非碳酸盐岩	–	非碳酸盐岩
坡度（°）	15-20 20-25	10-15 25-35	5-10 >35	3-5	<3
石漠化程度	无石漠化 潜在石漠化	轻度石漠化	中度石漠化	强度石漠化	非喀斯特 极强度石漠化
植被覆盖度（%）	>85%	75%-85%	65%-75%	55%-65%	<55%
人均耕地面积（亩/人）	≥5	3-5	1-3	0.5-1	<0.5
人口密度（人/km²）	<100	200-300	300-400	400-500	>600
路网密度	≥1.4	0.8-1.4	0.5-0.8	0.3-0.5	<0.3
品牌影响力（绿色、有机、地标数量）	≥5	3-4	2	1	0
合作社数量	≥4	3	2	1	0

根据各示范区模式适宜性评价指标分值表确定不同属性赋值，生成各示范区各评价指标适宜性专题分级图，统一将各专题图转换为 1000×1000m 单元格栅格数据，采用下列公式计算各栅格适宜性指数，根据适宜性指数归类到相应的适宜性等级，得到适宜性等级评价图、面积与空间分布等信息。

$$S_j = \sum_{i=1}^{10} C(i, j) W_i$$

公式中：S_j 代表 j 单元格适宜性综合指数；$C(i, j)$ 代表单元格 j 第 i 个指标分值，W_i 代表第 i 个指标的影响权重。

二、模式推广适宜性评价

（一）毕节模式推广适宜性分析

将基于毕节模式选取的岩性、年平均气温、坡度、年平均降水量、石漠化程度、植被覆盖度、人均耕地面积、人口密度、路网密度、品牌影响力、合作社数量等 11 个指标分别按照适宜性评价指标赋值表进行分级赋值，统一转换为 1 km 单元格栅格数据，根据各指标权重，在 ArcGIS 中通过栅格计算器叠加计算各单元格推广适宜性综合指数，根据指数划分毕节模式的适宜性等级。

毕节模式最适宜推广面积 $1.21×10^4$ km^2，占中国南方喀斯特 8 省（区市）总面积的 0.62%；很适宜推广面积 $11.02×10^4$ km^2，占比为 5.67%；适宜推广面积有 $154.05×10^4$ km^2，占比为 79.21%；勉强适宜推广面积 $28.21×10^4$ km^2，占比为 14.50%。无不适宜推广区域。可见适宜推广面积比例最大，勉强适宜推广面积比例次之。适宜及以上等级推广面积 $166.28×10^4$ km^2，占比 85.50%。

毕节模式最适宜推广的县域有 4 个，分别为贵州省毕节市七星关区、大方县、金沙县与黔西县。

很适宜推广区域分布在 7 省（区市）的 39 个县域，空间分布较为广布连片，主要集中在贵州省（18个县域）、湖北省（10个县域），其余5省（区市）分别为：四川省4个、湖南省3个、重庆市2个、云南省1个、广西壮族自治区1个。

适宜推广县域在8省（区市）分布最广，有765个县域，占8省（区市）县域总数的比重为79.21%。其中四川省149个、云南省120个、湖南省112个、广东省101个、广西壮族自治区95个、湖北省93个、贵州省60个、重庆市35个。

勉强适宜的县域有90个，主要分布在四川省（30个）、广东省（23个）以及广西壮族自治区（15个），其余则：云南省8个，湖南省7个，贵州省6个，重庆市1个，呈现零星分布。

毕节模式无不适宜的地区。

（二）贞丰—关岭模式推广适宜性分析

将基于贞丰—关岭模式选取的岩性、年平均气温、坡度、年平均降水量、石漠化程度、植被覆盖度、人均耕地面积、人口密度、路网密度、品牌影响力、大型商超数量等11个指标分别按照适宜性评价指标赋值表进行分级赋值，统一转换为1km单元格栅格数据，根据各指标权重，在ArcGIS中通过栅格计算器叠加计算各单元格推广适宜性综合指数，并根据指数划分适宜性等级和进行面积统计。

贞丰—关岭模式最适宜推广面积0.98×10^4 km^2，占中国南方喀斯特8省（区市）总面积的0.50%；很适宜推广面积25.73×10^4 km^2，占比为13.23%；适宜推广面积有134.9×10^4 km^2，占比为69.36%；勉强适宜推广面积有29.97×10^4 km^2，占比为15.41%；不适宜推广面积为2.91×10^4 km^2，占比为1.50%。贞丰—关岭模式适宜推广面积占比最大，很适宜推广面积次之。适宜及以上等级推广面积161.61×10^4 km^2，占比83.09%。

在贞丰—关岭模式中，最适宜推广的县域有5个，占8省（区市）县域总数的0.56%。最适宜推广的县域分别为贵州省黔西南州普安县、贞丰县、罗甸县和安顺市关岭县、紫云县。

很适宜推广的县域在 8 省（区市）有 178 个，占 8 省（区市）县域总数的 19.82%。空间分布较广且成片，主要集中四川省（39 个）、广东省（33 个），其余 6 省（区市）分别为贵州省（23 个）、广西壮族自治区（21 个）、重庆市（21 个）、湖南省（20 个）、湖北省（11 个）、云南省（7 个）。

适宜推广的县域在 8 省（区市）有 599 个，在适宜性推广分类中占比最大（66.70%）。主要分布在云南省（105 个）、四川省（98 个）、广西壮族自治区（89 个）、湖南省（84 个）、湖北省（83 个）、广东省（72 个），与最适宜、很适宜推广的县域在空间上呈插花分布。

勉强适宜推广的县域有 111 个，占比为 12.36%。主要分布在四川省（43 个）、湖南省（18 个）、广东省（16 个）与云南省（12 个），其余湖北省 9 个、贵州省 8 个、广西壮族自治区 1 个、重庆市 1 个。

不适宜推广的县域分别为四川省阿坝州的马尔康市、壤塘县、松潘县，云南省怒江州贡山县与红河州绿春县。

（三）施秉模式推广适宜性分析

将基于施秉模式选取的岩性、年平均气温、坡度、年平均降水量、石漠化程度、植被覆盖度、人均耕地面积、人口密度、路网密度、品牌影响力、龙头企业等数量 11 个指标分别按照适宜性评价指标赋值表进行分级赋值，统一转换为 1km 单元格栅格数据，根据各指标权重，在 ArcGIS 中通过栅格计算器进行空间叠加运算，计算施秉模式推广适宜性指数，根据指数对适宜性等级进行划分。

施秉模式最适宜推广面积 $1.02 \times 10^4 \, km^2$，占中国南方喀斯特 8 省（区市）总面积的 0.52%；很适宜推广面积 $23.32 \times 10^4 \, km^2$，占比为 11.99%；适宜推广面积 $137.75 \times 10^4 \, km^2$，占比为 70.83%；勉强适宜推广面积 $30.55 \times 10^4 \, km^2$，占比为 15.71%；不适宜推广面积为 $1.85 \times 10^4 \, km^2$，占比为 0.95%。施秉模式适宜推广面积占比最大，勉强适宜推广面积次之。适宜及以上等级推广面积 $162.09 \times 10^4 \, km^2$，占比 83.34%。

施秉模式最适宜推广的县域有 4 个，占 8 省（区市）县域总数的0.45%。最适宜推广的县域分别为贵州省黔东南州剑河县、黎平县、施秉县和铜仁市印江县。其资源禀赋条件相似，因此空间分布较为集中。

很适宜推广的县域在 8 省（区市）有 112 个，占 8 省（区市）县域总数的 12.47%。空间分布较广且成片，主要分布在贵州省（61 个）、重庆市（23 个）、湖南省（19 个）。

适宜推广的县域在 8 省（区市）有 660 个，在适宜性分类中占比最大（73.50%）。主要分布在四川省（137 个）、云南省（116 个）、广西壮族自治区（102 个）、湖南省（93 个）、湖北省（92 个）、广东省（83 个），围绕很适宜推广的县域分布。

勉强适宜推广的县域有 118 个，占比为 13.14%。主要分布在四川省西部（43 个）及广东省中部地区（40 个），其余云南省 12 个、湖南省 10 个、湖北省 9 个、广西壮族自治区 3 个、贵州省 1 个。

不适宜推广的县域分别为四川省阿坝州壤塘县、马尔康市，云南省怒江州贡山县与广东省汕尾市。

第八章 结论与讨论

第一节 主要结论与进展

1. 阐明了影响石漠化治理生态产品流通效率的 9 个影响因素及其作用机理，并分析了各因素在不同等级石漠化地区的空间差异。

石漠化治理生态产品流通效率受市场主体、市场网络、物流运输、产业支撑、规章制度、政策环境、石漠化背景等 7 个体系的影响，各体系间相互作用，共同为生态产品的产销联结搭建桥梁，是稳定生态产品市场供给和促进农户增收的基础支撑（周强，涂洪波）。本研究在总结既往成果基础上，紧密结合石漠化地区的实际，提出石漠化治理生态产品流通效率影响因素与作用机理的理论假设，从以上 7 个体系选取具体的 9 个影响因素变量，通过构建多元回归模型，运用 EViews7.2 分析软件，对三个研究区的 2016—2020 年县域面板数据进行实证分析。结果显示，交易市场总体规模、流通企业组织规模、物流服务业发展水平、居民消费能力水平、政策支持力度、流通信息化水平、交通基础设施水平、产业化水平与石漠化程度每增加 1%，石漠化治理生态产品流通效率分别增加 0.319、0.397、0.069、0.318、0.248、0.535、0.082、0.412 与 –0.278 个单位，其中，信息化水平是影响最显著的因素，石漠化程度呈现负向影响。

从不同等级石漠化地区来看，9 个影响因素对于三个研究区影响程度存在差异。9 个影响因素均对毕节撒拉溪研究区和贞丰—关岭花江研究区的生态产品流通效率的提升具有显著影响；在施秉喀斯特研究区中，除流通企业组织规模外，其余 8 个影响因素均具有显著影响。交易市场总体规模、流通企业组织规模、物流服务业发展水平、居民消费能力水平、政策支持力度、信息化水平与石漠化程度对贞丰—关岭花江研究区生态产品流通效率影响程度高于其他两个研究区；交通基础设施、流通信息化水平对毕节撒拉溪研究区影响程度高于其他两个研究区。

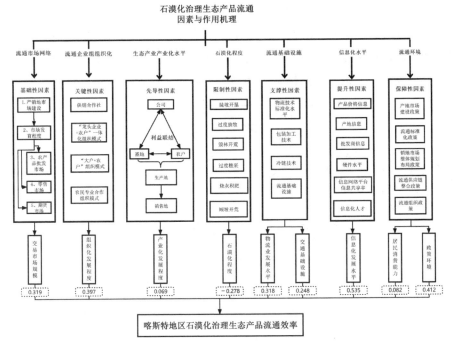

图 8-1　石漠化治理生态产品流通影响因素与作用机理

2. 揭示了石漠化治理生态产品流通的 5 种模式及其运行机制："农户—市场"直销模式及机制、"农户—经纪人—市场"中间商模式及机制、"农户—批发商—市场"市场模式及机制、"农户—合作经济组织—市场"代理模式及机制、"农户—龙头企业—市场"自营模式及机制。

本研究阐述了基于农户视角界定石漠化治理生态产品流通模式的合理性，进而以此为起点开展石漠化治理生态产品流通模式的归纳总结（郑鹏，宋剑奇）。本研究将农户归纳为石漠化治理生态产品流通模式的生产端，市场、经纪人、批发商、合作社、龙头企业为流通端，市场（消费者）为消费端。通过实地调研生产端、流通端与消费端的相互作用关系，参考前人研究成果，总结为5种流通模式，并对应阐明运行机制。在生态产品交易市场，农户与消费者直接交易的"农户—市场"直销机制；依靠经纪人在产地与销地代理生态产品交易活动的"农户—经纪人—市场"中间商流通机制；销售给批发商，再贩运到产销两地的"农户—批发商—市场"的市场运行机制；以龙头企业或合作社为主导，开展生态产品交易活动的"农户—合作社—市场""农户—合作社—龙头企业—市场"的代理机制；与龙头企业签订生态产品产销契约的"农户—龙头企业—市场"自营机制。

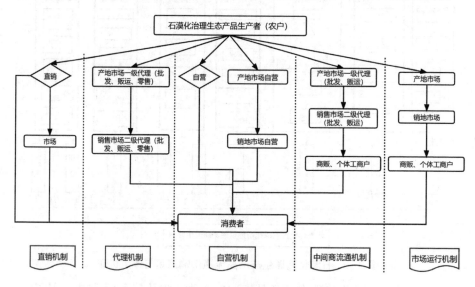

图8-2　石漠化治理生态产品流通运行机制

3. 发现了交易成本是影响农户选择石漠化治理生态产品流通模式的关键因素，农户以"结伴"方式进入流通市场更有利于节约交易成本。

农户作为石漠化治理生态产品的生产者，交易成本高低对其选择生态产品流通模式有着重要影响。交易成本通过信息成本、谈判成本、执行成本和运输成本对农户选择生态产品流通产生影响，并在不同的生态产品流通模式中，展现出不同的影响力。回归结果表明，与"农户—市场"生态产品流通模式相比而言，信息成本对"农户—龙头企业—市场"流通模式无显著影响，而对"农户—经纪人—市场"模式影响最显著。谈判成本对农户选择"农户—批发商—市场""农户—合作社—龙头企业—市场"与"农户—经纪人—市场"流通模式的影响具有显著性。执行成本对农户选择"农户—合作社—龙头企业—市场"流通模式影响最显著。运输成本对农户选择"农户—合作社—龙头企业—市场"流通模式的影响最大。

基于交易成本 4 个维度的综合考量，农户以"结伴"方式进入流通市场更有利于维护和提升自身权益，尤其是组织化程度高的大型商超、合作社、龙头企业，在维护和提升农户权益方面比经纪人、批发商更有优势。因此，基于节约交易成本的角度，在农户面对上述石漠化生态产品流通模式时，建议农户选择的顺序为：合作社＞龙头企业＞合作社—龙头企业＞批发商＞经纪人＞农户直销。

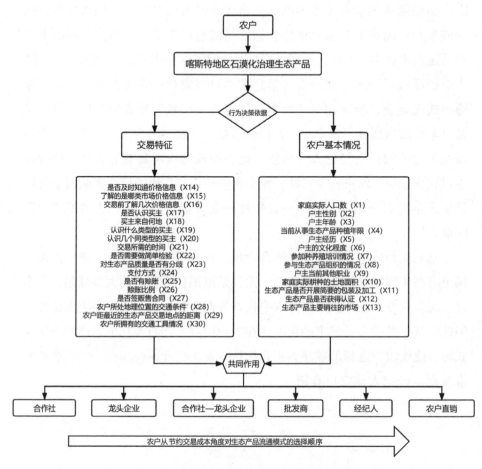

图8-3 交易成本对农户选择生态产品流通模式的影响

4.提出了基于维护农户权益角度选择生态产品流通模式的建议，生态产品流通模式中农户权益状况排序为："农户—合作社—龙头企业—市场">"农户—合作社—市场">"农户—龙头企业—市场">"农户—经纪人—市场">"农户—批发商—市场">"农户—市场"。

农户作为生态产品的生产者，能够自主且理性地选择生态产品交易对象。所以，不同生态产品流通模式中所表现出的权益状况，直接影响着农户对生态产品流通模式的选择。基于此，本研究以 Amartya sen 的可行能力理论为分析框架，从农户的经济利益、市场风险、交易纠纷、交易心理四个方面，构建了农户在不同生态产品流通模式下的权益评估模型，分析三个研究区不同生态产品流通模式中农户的权益状况和差异表现。

从农户权益总体情况看，6 种生态产品流通模式中农户的权益状况差异显著，以 0.500 中等权益为划分界线，呈现"倒金字塔"型的分布特征。总体而言，第一层农户的权益状况是第三层的 2.66 倍。不同生态产品流通模式中农户权益状况排序为："农户—合作社—龙头企业—市场"（0.658）＞"农户—合作社—市场"（0.631）＞"农户—龙头企业—市场"（0.604）＞"农户—经纪人—市场"（0.485）＞"农户—批发商—市场"（0.477）＞"农户—市场"（0.238）。

从农户权益的四个方面看，农户在经济收益方面的权益状况表现出典型的两极分化的特点，且组织化水平越高，越有利于提升农户的权益状况。在市场风险方面，组织化程度越高、利益联结越紧密，越有利于农户规避市场风险。在交易纠纷方面，农户选择交易对象若具有随机性、不稳定性的特征，更容易引发交易纠纷。在交易心理方面，农户通过"组织关怀"获得安全感，心理状态越发稳定。因此，组织化程度有助于农户权益状况的提高。

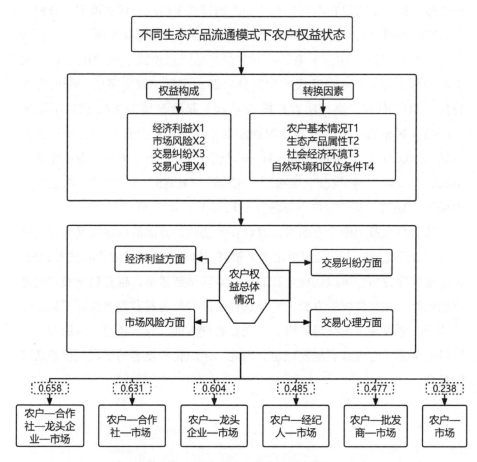

图8-4　不同生态产品流通模式下的农户权益状况

5. 在石漠化治理生态产品流通环节，研发和提出了生态产品价值提升的5项关键技术与策略：自动称重分级作业技术、保鲜控制技术、多式联运策略、区域品牌建设策略、大数据精准营销与个性化定制技术。

在生态产业治理石漠化模式中，需要考虑研发和提出有利于生态产品流通的相关配套技术与策略，以此保障生态产品的有效流通，并探索在流通环节实现生态产品增值（熊康宁，池永宽，蒋忠诚，王克林等，Liang Li et al.）。为此，本研究基于上述研究成果，从生态产品流通环节短板出发，提出所需的技术与策略，从分级收购、保鲜储存、道路运输、品牌建设与大数据营销等方面，研发和提出生态产品自动称重分级作业技术、保鲜控制技术、多式联运策略、区域品牌建设策略、大数据精准营销与个性化定制技术。

（1）以生态产品自动称重分级作业技术，对水果类石漠化治理生态产品实施非破坏性个体检验，除可提高质量、建立市场信誉、增加产品经济价值、确保收益外，更由于科学化的分级标准，将有助于生态产品秩序流通制度的建立。

（2）利用可编程逻辑控制器（PLC）控制技术设计的小型冷库，解决了石漠化治理生态产品夏秋季的贮藏问题，有利于保护生态产品的品质。

（3）生态产品多式联运区别于传统运输方式，以减少运输总成本和节约运输时间为目标，通过计量模型得出基于时间窗的综合运输方法，更加合理地对生态产品运输进行调度，进而减少运输成本，实现运输效率整体最优。

（4）本研究利用 TBCI 模型，对石漠化治理生态产品"黔龙果—红心火龙果"的企业品牌信用度 10 项评价指标开展分析评估，结果显示"黔龙果—红心火龙果"的品牌价值信誉指数 $B_c=0.26$，距离品牌形成还有 0.76 的差距，同时，产品溢价率仅为 11.1%。据此，从品牌情况塑造、品牌宣传与维护、品类需求、品牌管理与品牌营销等方面，提出"黔龙果—红心火龙果"品牌建设的治理方案。

（5）基于 GIS 大数据技术，构建生态产业市场精准营销策略，推动基于大数据的石漠化治理生态产品市场分析及精准营销的研究，有助于喀斯特地区石漠化治理生态产业健康发展。

6. 构建了以合作社、大型商超和龙头企业为链主的价值链管理生态产品流通模式，与传统供应链管理的流通模式相比，生态产品的流通收益增加、流通成本节约及零售价格降低，生态产品的流通效率明显提升。

在石漠化治理生态产品市场流通中，通过农户与市场交易主体之间形成的社会资本，构建基于价值链管理的生态产品流通模式。基于链条上信息资源共享、成本分摊和流通收益合理分配的原则，实现在农户、市场交易主体与消费者之间的价值链管理，有助于提高市场交易主体在生态产品流通过程中资源投入的积极性，从而增强流通环节的契约稳定性和提高流通效益。

通过构建数学模型，比较价值链管理与传统的供应链管理下生态产品流通效率的差异，结果显示：①在价值链管理下石漠化治理生态产品流通模式的总收益，要高于传统供应链管理；农户及各市场交易主体所得的收益，均明显高于他们各自在传统供应链管理模式下的收益。②生态产品流通成本在价值链管理下明显低于传统供应链管理。③价值链管理模式下生态产品零售价格明显低于传统供应链管理流通模式下的价格，消费者可以以更低的费用购买到生态产品，解决了消费者"买贵"的难题。

基于价值链理论与研究区实际情况，分别构建了以合作社、大型商超和龙头企业为链主的毕节撒拉溪、贞丰—关岭和施秉喀斯特研究区的生态产品流通模式。并在三个研究区进行示范验证。示范效果如下：

总的来看，三个研究区石漠化程度逐年减轻，面积累计减少 42.49 km^2；土壤保持量都逐年增加，累计增加 15.02×10^4 t；生态系统碳储量持续增长，累计增长 1194.16 t；农户人均纯收入增加到 11122 元，9480 名贫困人口实现脱贫；生态系统服务功能价值呈现递增趋势，累计增长 1.15 亿元。

从三个研究区来看：①毕节撒拉溪研究区，刺梨种植面积 7159 亩，相比 2015 年增长 68.05%，以合作社为链主销售刺梨量 2758.22 t，占农户总产量的 96.84%，销售额为 965.38 万元，户均 1.72 万元，与传统的"农户—经纪人—市场""农户—批发商—市场""农户—市场"流通模式相比，农户时间、交通等成本节约 70%，收益同比增加 10%。吸引 8 家刺梨加工企业入驻七星关区，2021 年加工刺梨鲜果 9583 t，实现产值 7.337 亿元；刺梨初产品市场化率实现 98%；刺梨产业化经营水平较 2015 年提高了 155.56%。②贞丰—关岭示范区火龙果种植面积 10240 亩，增加 4940 亩，年均增幅为 11.65%，以大型商超为链主销售火龙果 4825 t，占农户总产量的 60.16%，以好果为主，销售额达 7237.5 万元，户均收入 7.09 万元。与

传统流通模式相比,农户收益同比增加 12.46%。刺梨产业化经营水平较
2015 年提高了 62.86%。③施秉喀斯特示范区黄金梨种植面积 1100 亩,相
比 2015 年的 225 亩,增长 488.89%;以龙头企业为链主进行火龙果订单收购,
2021 年共收购 106 t,市场化率实现 98%,支付农户 148.6 万元,户均收入
3.91 万元,与传统流通模式相比,农户收益同比增加 8.5%。黄金梨产业化
经营从无到有,目前有龙头企业 1 家,合作社 1 家,专业大户 6 户。

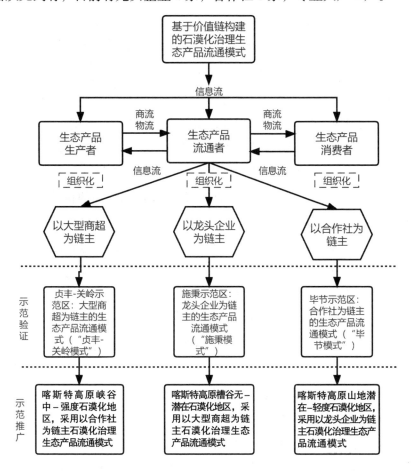

图 8-5 基于价值链构建的石漠化治理生态产品流通模式

第二节　重要成果与创新

1.拓展了以往从单一维度考量生态产品流通机理的研究视野，从7个维度归纳总结9项生态产品流通的影响因素，并定量分析了各因素显著性水平和作用机理，解决了石漠化治理生态产品流通影响因素和作用机理不明的科学问题。

生态产品流通包括的参与主体、组织形式以及生态产品的流向和路线，各因素交错形成复杂多样流通模式，同时也给"删繁就简"理顺生态流通机理的学者增加了难题（赵晓飞，屈小博，霍学喜，黄祖辉等）。目前研究大部分注重的是单维度、单要素阐释生态产品的流通机理，缺乏多角度综合视野的研究（孙伟仁，徐珉钰，胡新艳，靳俊喜，赵晓飞，李崇光）。为改变这一情况，开展了生态产品流通系统的主体－功能－政策间驱动机理研究，进行生态产品流通影响因素及其作用机理的分析。

本研究总结归纳石漠化后治理阶段的生态产品流通的相关经验，基于生态产品流通环节的7个维度，对影响生态产品流通的各要素进行梳理归纳，形成理论假设研究框架，并采用模型研究法、综合分析法与规范分析法对影响因素进行论证。通过辨明、理顺喀斯特地区石漠化治理生态产品流通机理，既延伸了生态产品流通的理论，也为分析石漠化治理生态产品流通模式及运行机制提供了理论支撑。

2.突破了以往从交易成本单一视角解释农户选择石漠化治理生态产品流通模式的影响因素，采用了社会资本和交易成本综合视角，揭示农户在生态产品流通过程中的市场行为，阐明交易成本和社会资本对农户选择生态产品流通模式的影响。

生态产品流通是一种市场经济活动，交易的随机性、稳定性以及资本趋利性都会对交易成本产生影响，而农户则会根据交易成本的高低选择生态产品流通模式，农户通常会选择交易成本较低的流通模式进入生态产品市场（范慧荣，陈宏伟，穆月英，宋金田，祁春节）。同时，农户所拥有的社会资本也会对生态产品流通模式产生影响，在生态产品的流通过程中，对农户与市场交易主体关系的有效建立、交易成本的降低发挥着重要作用（亢霞，作沉，韩峰，邵凯超，赵璐璐）。既往学者对于生态产品流通模式的研究往往从交易成本单一视角开展，鲜有综合采用交易成本与社会资本两种理论展开研究，因此，本研究在学术视角上具有一定的新意。选择综合社会资本理论和交易成本理论构建的生态产品流通模式，有助于全面揭示和阐明农户选择生态产品流通模式的影响因素，对于研究喀斯特地区石漠化治理生态产品流通模式的变革和演进具有重要意义。

基于社会资本理论，总结提出石漠化治理生态产品流通模式的优化策略，即为了降低生态产品流通中的交易成本，需要从传统供应链管理的石漠化治理生态产品流通模式转向价值链管理。在生态产品流通模式的价值链上，通过各个交易主体间的信息资源共享、成本分摊与利润的合理分配，从而推进各交易主体的有机协同，有利于价值链整体权益最大化目标的实现。本研究采用 Rubinstein 议价博弈模型，剖析了流通收益在交易主体间的合理分配问题，能够有效提高农户的收益分配水平，提高生态产品流通过程中交易主体之间分配的公平性，有利于提高农户加入生态产品流通价值链管理的积极性，从而促进石漠化治理生态产品流通总体效益的提升。

3.提出了自动称重分级作业技术、保鲜控制技术、多式联运策略、区域品牌建设策略、大数据精准营销与个性化定制技术，解决生态产品流通效率、产品价值等科学难题，形成多渠道、多技术的生态产品价值实现格局。

目前已有研究在生态产品价值实现机制、生态补偿机制、自然资产确权分配等方面取得了卓有成效的建树和有益的探索（沈辉，李宁，李宇亮，陈克亮，黎元生）。但同时，未见有揭示石漠化治理生态产品具体价值实现路径，以及在价值实现过程中如何与价值提升有效衔接的科学与技术问题，具体表现在：一是聚焦于生态产品外部性，而忽视其本身价值；二是供给效率低下，导致生态产品价值难以提升；三是生态产品附加值普遍不高，技术应用程度低；四是生态产品品质保障难度大；五是流通运输方式单一，成本居高不下（金铂皓，石敏俊，张林波等）。基于此，本研究紧密结合生态产品流通环节，提出自动称重分级作业技术、保鲜控制技术、多式联运策略、区域品牌建设策略、大数据精准营销与个性化定制技术，并已获批相应的计算机软件著作权。

4.创建了以石漠化修复治理、生态产业健康发展与农户增收致富为目的的石漠化治理生态产品流通模式，建立了适宜性推广评价指标体系与边界条件，并评估了各种模式在中国南方喀斯特区适宜性推广面积。

目前关于生态产品治理石漠化模式的推广研究仍鲜有报道，成功的石漠化综合治理模式在推广过程中，因适用范围的难以划定而障碍重重，通常只能在比邻区域推广应用，导致无法发挥相应模式在石漠化治理领域的重要作用（陈龙，聂宾汗，靳利飞）。基于此，本研究根据"毕节模式""贞丰—关岭模式"与"施秉模式"遴选出代表研究区的自然、生态、人文等11个特征属性，建立了适宜性推广评价指标体系，给出了石漠化治理生态产品流通模式边界条件。

毕节模式最适宜推广面积 $1.21 \times 10^4 \, km^2$，很适宜推广面积 $11.02 \times 10^4 \, km^2$，适宜推广面积 $154.05 \times 10^4 \, km^2$；适宜及以上推广面积 $166.28 \times 10^4 \, km^2$，占中国南方喀斯特8省（区市）总面积的85.50%。贞丰—关岭模式最适宜推广面积 $0.98 \times 10^4 \, km^2$，很适宜推广面积 $25.73 \times 10^4 \, km^2$，适宜推广面积 $134.9 \times 10^4 \, km^2$，适宜及以上推广面积 $161.61 \times 10^4 \, km^2$，占总面积的83.09%。施秉模式最适宜推广面积 $1.02 \times 10^4 \, km^2$，很适宜推广面积 $23.32 \times 10^4 \, km^2$，适宜推广面积 $137.75 \times 10^4 \, km^2$，适宜及以上推广面积 $162.09 \times 10^4 \, km^2$，占总面积的83.34%。

三种模式的构建与推广，解决了环境修复、农户生计、区域发展冲突矛盾等问题，为中国南方喀斯特区巩固拓展石漠化治理成果、脱贫攻坚成果与衔接乡村振兴提供模式与技术参考。

第三节 讨论与展望

1. 关于石漠化治理生态产品流通运行机制、价值链理论生态产品流通模式、生态产品流通模式的绩效分析等科学问题，均从农户视角出发，若冠以其他相关利益主体直接借用，可能存在不适配的问题，需要从相关流通主体视角出发重新思考流通问题。

石漠化治理对生态产品流通模式种类的划分与界定是基于农户的角度，而采用这种划分方式所得出的调查结果，并不一定符合其他地区石漠化治理中生态产品主体对流通模式类型的划分，如农业龙头企业、合作社、大型商超、经纪人、批发商等，均在生态产品流通中扮演重要角色，直接套用可能造成"水土不服"（杨毅）。

同时，从农户和市场互动这一视角对生态产品流通模式所进行的探究，或许无法刻画整个中国南方喀斯特区石漠化治理生态产品交易模式的过程全景（张闯，夏春玉，宋剑奇）。所以，后续研究还需要逐步扩大到石漠化治理生态产品流通模式中的其他相关利益主体。再者，从农户的视角对生态产品流通渠道的选择进行的研究，从流通渠道构建来说，只是产品产业链上的一个起点，生态产品产业链下游的流通中间商同样存在流通模式的选择困境，而这些市场交易主体在选择石漠化治理生态产品流通模式时，是否具有与农户相同的影响因素、作用机理、相互机制需要另行开展相关分析。

2. 关于农户选择不同的流通模式参与生态产品流通过程的研究，未考虑到采用判断抽样方法调查农户，可能导致收集的有效样本量不够丰富，样本的异质性程度不高，未来可多关注农户异质性对产品流通渠道选择的影响。

因为受限于石漠化治理生态农业产业化发展的现状，以及生态产品市场交易主体调研工作的难度，研究区域范围的划定局限和所采集的有效样本量不够丰富，样本的异质性程度不高，导致无法进一步深入分析如农户生态产品种植面积大小、是否加入合作社、耕地路况与远近等异质性因素对石漠化治理生态产品流通模式的选择会产生何种差异性影响（罗必良，王华书，徐翔，程国强，杨青松，郑晓丹）。后续研究石漠化治理生态产品流通模式时，应加强对农户异质性的分析。首先，采取判断抽样方法，覆盖所有类型交易主体。其次，根据入户调查与座谈访谈的难度，开展简单随机抽样，保证样本可信度和有效性。探讨农户之间异质性因素对于农户选择生态产品流通模式的影响，要求进一步深挖农户的社会资本存量，对于丰富基于价值链视角的石漠化治理生态产品流通模式适宜性推广研究有重要意义，解决村域尺度"最后一公里"的难题。

3. 生态产品流通机理、运行机制与流通效率是多种因素相互作用的结果，尽管本研究已一一识别和分离出这些因素，但指标遴选与量化方面仍存在很多不足，后续研究中应加以改进。

本研究对石漠化治理生态产品影响因素和流通机理、流通模式与运行机制、流通效率空间差异等进行了研究，取得了初步成果，但由于研究能力、学识水平和统计数据等诸多因素的限制，仍存在很多不足，表现在：一是影响石漠化治理生态产品流通因素指标待完善，效率测度指标体系的构建有待改进，后续需要根据互联网生态农业发展趋势，将其纳入指标体系中，研究数字经济对生态产品流通因素、效率与模式的驱动作用。二是对指标数据的技术处理存在不足，后续随着生态产品流通领域专项数据平台的建立，可以更准确地测度生态产品流通效率。三是在考虑影响因素方面缺乏全面性，社会资本影响因素指标需要补充，后续随着社会经济环境与石漠化生态环境的变化，需要进一步完善影响因素的选择。

参考文献

［1］Armstrong G, Harker M, Kotler P, et al. Marketing: an introduction ［J］. NJ: prentice-hall, 2009, 50（3）: 525.

［2］Weber A, Garcia X F, et al. Habitat rehabilitation in urban waterways: the ecological potential of bank protection structures for benthic invertebrates ［J］. Urban ecosystems, 2017, 20（4）: 759-773.

［3］Bailey D V, Hunnicutt L. The role of transaction costs in market selection: market selection in the cattle industry ［J］. Annual meeting long beach ca, 2001, 5（12）: 12-24.

［4］Bowler I. Book Review: Exploring agrodiversity ［J］. Progress in Human Geography, 2003, 27（1）: 122-124.

［5］Brown, Haley P E, Merritt J, et al. "Strategic Defense Initiative: Folly or Future"?（Book Review）［J］. Perspective, 1987, 16（3）: 76-77.

［6］Cai R. Protecting the delivery of ecosystem services ［J］. Ecosystem Health, 1997, 3（3）: 185-194.

［7］Chen C, Liu H. An unstructured, finite-volume, three-dimensional, primitive equation ocean model: application to coastal ocean and estuaries ［J］. Ocean Modelling, 2012, 47: 26-40.

［8］Chi Y K，Xiong K N，Zhang ZZ．Research on photosynthetic interannual dynamics of gramineous forage in the karst rocky desertification regions of South China［J］．Oxidation Communications，2016，39（3）：2476-2496．

［9］Costanza R，Folkce C．Valuing ecosystem services with efficiency，fairness and sustainability as goal［M］．Washington，D.C：Island Press，1997：49-70．

［10］Daily G C．Introduction: what are ecosystem services?［M］.Washington, D.C：Island Press，1997：1-10．

［11］Graedel T E，Allenby B R．Industrial Ecology［M］．New York：Prentice Hall Press，1995．

［12］Guo Y C, Wang X, Chen X, et al. Building scheme for an ecological slope protection system of Three Gorges Reservoir Bank［J］．The open civil engineering journal，2015，9：177-179．

［13］Hardin B C．Industrial Ecology：An Environmental Agenda for Industry［M］．Published By Arthur D.Little，Inc.，New York，1991：1-3．

［14］Hobbs R J．Can we use plant functional types to describe and predict responses to environmental change?［J］．Plant functional types：their relevance to ecosystem properties and global change，1997．

［15］Higgins J P．Cochrane Handbook for Systematic Reviews of Interventions［M］．Wiley-Blackwell，2008．

［16］Lauritzen S E．The Younger Dryas Event and Holocene Climate Fluctuations Recorded in a Stalagmite from the Panlong Cave of Guilin［J］．Acta Geologica Sinica (English Edition)，1998（4）：123-136．

［17］John E，Nicholas G．Industrial ecology in practice：the evolution of interdepence at Kalundborg［M］．Industiral Ecology，1997，1（1）：3-5．

［18］Geussens K，Van den Broeck G，Vanderhaegen K，et al．Farmers' perspectives on payments for ecosystem services in Uganda［J］． Land Use Policy，2019，84：316–327.

［19］Goldin K D． Equal access vs selective access：a critique of public goods theory［J］． Public Choice，1977（29）：45–65.

［20］Kumar C，Patel N． Industrial Ecology［M］． ProcNational Acad． Sci． USA，1991，89：798–799.

［21］Li L，Xiong K N. Study on peak cluster–depression rocky desertification landscape evolution and human activity–influence in south of China［J］． European journal of remote sensing，2020，7：1–9.

［22］Sweeting M M． Limestone landscapes of South China［J］． Geology Today，1986，1：11–16.

［23］Morgan M A，Berry B J L. Geography of market centers and retail distribution［J］． Geographical journal，1968，134（1）：131.

［24］Reid L． Why Industrial Ecology?［J］． Journal of Industrial Ecology，1997，1（4）：1–4.

［25］Sandra U，LI F，Zhen L，et al． Payments for Grassland Ecosystem Services：A Comparison of Two Examples in China and Germany［J］． Journal of Resources and Ecology，2010，1（04）：319–330.

［26］Rademacker T，Fette M，Jüptner G. Sustainable use of carbon fibers through CFRP recycling[J]. Lightweight design worldwide，2018，（11）5：12–19.

［27］Tirole J． The Theory of Industrial Organization［M］． MIT Press Books，1988，1.

［28］Xiong K N，Chi Y K，Shen X Y． Research on photosynthetic leguminous forage in the karst rocky desertification regions of southwestern China［J］． Polish Journal of Environmental Studies，2017，26（5）：2319–2329.

［29］白晓永. 贵州喀斯特石漠化综合防治理论与优化设计研究［D］． 贵阳：贵州师范大学，2007.

［30］毕梦琳. 农村电商对猕猴桃种植户增收效应研究［D］. 咸阳：西北农林科技大学，2020.

［31］卞华，文鹏飞. 带时间窗的农产品多式联运模型研究［J］. 南通航运职业技术学院学报，2015，14（4）：74-77，91.

［32］蔡运龙. 地理学思想经典解读［M］. 北京：商务印书馆，2011.

［33］蔡运龙. 生态旅游：西南喀斯特山区摆脱"贫困陷阱"之路［J］. 中国人口·资源与环境，2006（1）：113-116.

［34］曹清尧. 我们离生态文明还有多远［J］. 中国林业，2007（24）：12-13.

［35］曹贞艳，邓军蓉. 地理标志农产品区域品牌建设研究——基于湖北省168项品牌的调查［J］. 安徽农业科学，2021，49（17）：248-251.

［36］曾贤刚，虞慧怡，谢芳. 生态产品的概念、分类及其市场化供给机制［J］. 中国人口·资源与环境，2014，24（7）：12-17.

［37］昌龙然. 重庆两江新区生态涵养区生态资本运营研究［D］. 重庆：西南大学，2013.

［38］陈超，翟乾乾，王莹. 交易成本、生产行为与果农销售渠道模式选择［J］. 农业现代化研究，2019，40（6）：954-963.

［39］陈宏伟，穆月英. 社会网络、交易成本与农户市场参与行为［J］. 经济经纬，2020，37（5）：45-53.

［40］陈洪松，聂云鹏，王克林. 岩溶山区水分时空异质性及植物适应机理研究进展［J］. 生态学报，2013，33（2）：317-326.

［41］陈龙，吴婵君，胡坚强. 新常态下欠发达地区生态产品盈利模式创新研究——以浙江天台为例［J］. 改革与开放，2016（9）：25-27.

［42］陈玉龙，付虎艳，张军. 基于3S的喀斯特山区猕猴桃产业适宜性评价——以贵州省六盘水市为例［J］. 云南地理环境研究，2014，26（2）：70-74.

［43］陈超，袁斌．流通基础设施对果品生产的影响研究——基于加成率的视角［J］．商业经济与管理，2017（9）：15-23．

［44］陈俊杉．乡村振兴背景下农业产业化水平对农民收入影响的实证研究［D］．重庆：重庆师范大学，2021．

［45］池永宽．石漠化治理中农草林草空间优化配置技术与示范［D］．贵阳：贵州师范大学，2015．

［46］崔俊敏．农业产业链产业集群与粮食主产区农民增收——以河南省黄淮4市为例［J］．河北农业科学，2009，13（4）：4．

［47］崔春莹．市场网络结构研究［D］．武汉：华中科技大学，2012．

［48］但文红．喀斯特峰丛洼地农业技术选择、土地利用与石漠化治理探讨［C］．中国土地资源可持续利用与新农村建设研究，2008：615-620．

［49］戴芳，冯晓明，宋雪霏．森林生态产品供给的博弈分析［J］．世界林业研究，2013，26（4）：93-96．

［50］邓伟根．产业经济学研究［M］．北京：经济管理出版社，2001．

［51］丁宪浩．论生态生产的效益和组织及其生态产品的价值和交换［J］．农业现代化研究，2010，31（6）：692-696．

［52］余道．基于喀斯特水肥耦合的黄金梨品质提升机制与技术研究［D］．贵阳：贵州师范大学，2021．

［53］杜义飞，李仕明，陈德富．价值创造结构、K-重划分与联盟稳定性变化研究［J］．管理工程学报，2012，26（1）：131-136，161．

［54］Erkman Suren．工业生态学——怎样实施超工业化社会的可持续发展［M］．北京：经济日报出版社，1999．

［55］傅辰昊，周素红，闫小培，等．广州市零售商业中心的居民消费时空行为及其机制［J］．地理学报，2017，72（4）：603-617．

［56］范慧荣，张晓慧．交易成本与资本禀赋对农户优质农产品销售渠道选择的影响——基于眉县猕猴桃种植户的调查［J］．河北农业大学学报（社会科学版），2021，23（2）：52-60．

[57] 范慧荣. 交易成本、资本禀赋对农户优质农产品销售渠道选择的影响 [D]. 咸阳：西北农林科技大学，2021.

[58] 付焕森，王郭全，夏华凤，等. 农产品保鲜冷库的 PLC 控制与关键技术研究 [J]. 江苏农业科学，2017，45（18）：233-236.

[59] 范小杉，高吉喜，温文. 生态资产空间流转及价值评估模型初探 [J]. 环境科学研究，2007（5）：160-164.

[60] 范星瑶. 基于大数据的石漠化治理衍生产品市场分析及精准营销——以羊毛被为例 [D]. 贵阳：贵州师范大学，2020.

[61] 方一平. 山区生态产业的开发与组织研究——以西昌市生态农业和生态旅游业为例 [D]. 成都：中国科学院研究生院（水利部成都山地灾害与环境研究所），2002.

[62] 方一平，曾勇，李仕明. 产业系统生态转型的基本内涵及其支撑机制 [J]. 电子科技大学学报（社科版），2010，12（2）：1-5.

[63] 方子节，李东升. 生态产品与我国畜牧业的可持续发展 [J]. 生态经济，2001（7）：64-65，79.

[64] 冯久田. 基于循环经济的生态工业理论研究与实证分析 [D]. 武汉：武汉理工大学，2005.

[65] 傅辰昊，周素红，闫小培，等. 广州市零售商业中心的居民消费时空行为及其机制 [J]. 地理学报，2017，72（4）：603-617.

[66] 高丹桂. 公共生态产品探究——从内在规定性和经济特性的视角 [J]. 重庆第二师范学院学报，2014，27（2）：31-33.

[67] 高建中，唐根侠. 论森林生态产品的外在性 [J]. 生态经济，2007（2）：109-112.

[68] 高建中. 森林生态产品价值补偿研究 [D]. 咸阳：西北农林科技大学，2005.

[69] 高建中. 论森林生态产品——基于产品概念的森林生态环境作用 [J]. 中国林业经济，2007（1）：17-19，37.

[70] 高建中. 西部开发中退耕还林的新思路 [J]. 中国林业企业，2005

（1）：15–16.

［71］高炜宇. 上海经济当前发展阶段和未来发展思路研判［J］. 上海经济研究，2010（4）：110–114.

［72］葛剑平，孙晓鹏. 生态服务型经济的理论与实践［J］. 新疆师范大学学报（哲学社会科学版），2012，33（4）：7–15，118.

［73］葛本中. 中心地理论评介及其发展趋势研究［J］. 安徽师大学报（自然科学版），1989（2）：80–88.

［74］谷莉莉. 发挥市场机制对生态产品供求的引导作用［J］. 科技创新导报，2013（29）：251.

［75］关宏，范琳. 国内外农业现代化进程中职业农民培育比较探究［J］. 现代园艺，2021，44（16）：188–189.

［76］官波. 我国森林资源生态产权制度研究［J］. 生态经济，2014，30（9）：29–31，58.

［77］国务院办公厅. 关于深入开展消费扶贫助力打赢脱贫攻坚战的指导意见［R/OL］.［2019–01–14］. http://www.gov.cn/zhengce/content/2019–01/14/content_5357723.htm.

［78］郭应军. 喀斯特石漠化治理农村能源结构优化与低碳社区模式［D］. 贵阳：贵州师范大学，2021.

［79］韩峰. 中国农产品成本收益核算指标体系研究综述［J］. 价格月刊，2005（4）：33–34.

［80］韩雅清，魏远竹. 农户选择林权交易中心场内交易的影响因素及层次结构分解——基于Logistic–ISM模型［J］. 福建江夏学院学报，2021，11（3）：59–69.

［81］何凌，王玉勤. 不同销售模式下农产品流通效率比较［J］. 商业经济研究，2019（18）：132–135.

［82］洪子燕，杨再. 从黄土高原的历史变迁讨论种草种树和生态产品的转化问题［J］. 豫西农专学报，1985（1）：70–76.

［83］胡乔宁，王要武，胡乔迁. 企业价值链价值分配的优化研究［J］

．哈尔滨工程大学学报，2009，30（1）：111-115.

［84］胡新艳．"公司＋农户"交易特性、治理机制与合作绩效［M］．
北京：中国经济出版社，2016.

［85］胡正伟．喀斯特石漠化治理的生态产业发展模式与经济效益研究
［D］．贵阳：贵州师范大学，2014.

［86］胡健．企业组织视角下区域关联网络特征研究——以武汉东湖高
新区为例［D］．武汉：武汉大学，2018.

［87］胡薇，王凯．贵州石漠化地区农业产业发展对策研究［J］．现代经
济信息，2017（19）：485-486.

［88］胡月．农业产业化经营和农民组织创新对农民收入的影响［J］．现
代农机，2021（5）：20-21.

［89］华志芹．森林碳汇市场的产权制度安排与经济绩效研究［J］．湖南
社会科学，2015（3）：115-119.

［90］黄春雪，黄团．岩溶石山区名优肉兔养殖技术推广意义及措施［J］.
现代农业科技，2010（3）：335，344.

［91］黄蕾，江黎，彭培好．土地整理农户福利测度——基于森的可行能
力福利理论［J］．社会科学家，2016（2）：70-74.

［92］黄晔，陈照伦，周光荣，等．喀斯特山区生态肉牛养殖模式构建［J］.
中国畜牧兽医，2007（5）：139-140.

［93］黄彩霞，王世华．徽商对商品流通基础设施的投入及其社会影
响［J］．甘肃社会科学，2007（1）：138-141.

［94］韩喜艳，高志峰，刘伟．全产业链模式促进农产品流通的作用机理：
理论模型与案例实证［J］．农业技术经济，2019（4）：55-70.

［95］黄志民，彭辉芳，蒋克珍．商品流通经济学［M］．长春：吉林人
民出版社，1987.

［96］黄宗智．中国的现代家庭：来自经济史和法律史的视角［J］．开放
时代，2011（5）：82-105.

［97］黄祖辉，鲁柏祥，刘东英，等．中国超市经营生鲜农产品和供应链

管理的思考〔J〕. 商业经济与管理，2005（1）：9-13.

〔98〕蒋忠诚，裴建国，夏日元，等. 岩溶学近年来的研究进展与发展趋势〔C〕. 2008—2009 地质学学科发展报告：中国地质学会，2008：195-207，279-280.

〔99〕蒋忠诚. 充分发挥地域优势持续引领岩溶研究〔N〕. 中国自然资源报，2021-09-10（4）.

〔100〕金铂皓，黄锐，冯建美，等. 生态产品供给的内生动力机制释析——基于完整价值回报与代际价值回报的双重视角〔J〕. 中国土地科学，2021，35（7）：81-88.

〔101〕金深逊，周凯. 喀斯特地区发展生态畜牧业模式探讨——毕节石漠化地区人工种草养畜试验研究〔J〕. 农村经济与科技，2010，21（7）：99-101.

〔102〕靳俊喜. 农产品"农超对接"模式发展的机理与政策研究〔D〕. 重庆：西南大学，2014.

〔103〕贾铖，夏春萍，蔡轶. 我国农业信息化水平的区域评价与提升研究〔J〕. 南方农业学报，2017，48（8）：1529-1536.

〔104〕亢霞. 中国农业生产结构调整的动力机制研究〔D〕. 北京：中国农业大学，2005.

〔105〕科斯. 经济学中的灯塔〔M〕. 上海：上海三联出版社，1990.

〔106〕克里福德，瓦伦丁，等. 当代地理学方法〔M〕. 北京：商务印书馆，2012.

〔107〕孔令昊. 基于 Rubinstein 博弈的航空碳补偿定价模型〔J〕. 新型工业化，2021，11（11）：1-3，6.

〔108〕雷明. 可持续发展下的绿色核算：资源——经济——环境综合核算〔M〕. 北京：地质出版社，1999.

〔109〕黎元生. 生态产业化经营与生态产品价值实现〔J〕. 中国特色社会主义研究，2018（4）：84-90.

〔110〕李道友，周路，李正友，等. 喀斯特山区流水养殖鲟鱼试验〔J〕.

科学养鱼，2010（11）：30–31.

［111］李光集. 新冠肺炎疫情下农产品批发市场存在的问题及其对策［J］. 上海农村经济，2020（11）：23–25.

［112］李婕羚. 贵州喀斯特不同地区无籽刺梨品质研究［D］. 贵阳：贵州师范大学，2017.

［113］李静. 基于大数据精准营销的网络营销策略研究［J］. 商业经济研究，2017（11）：46–47.

［114］李林立，况明生，蒋勇军. 我国西南岩溶地区土地石漠化研究［J］. 地域研究与开发，2003（3）：71–74.

［115］李平，王维薇，张俊飚. 农户市场流通认知的经济学分析——以食用菌种植户为例［J］. 中国农村观察，2010（6）：44–53，65.

［116］李宇亮，陈克亮. 生态产品价值形成过程和分类实现途径探析［J］. 生态经济，2021，37（8）：157–162.

［117］李碧珍. 农产品物流模式创新研究［D］. 福州：福建师范大学，2009.

［118］李丰. 主要发达国家粮食流通政策演变及其启示［J］. 粮食经济研究，2015，1（1）：88–101.

［119］李海舰，李燕. 企业组织形态演进研究——从工业经济时代到智能经济时代［J］. 经济管理，2019，41（10）：22–36.

［120］李扬，盛科荣，卢超. 农业产业化发展的区域差异及影响因素［J］. 江苏农业学报，2021，37（3）：763–771.

［121］李永垚，熊康宁，罗娅. 喀斯特石漠化治理区农业发展驱动因子研究——基于索洛速度增长方程［J］. 中国水土保持科学，2013，11（3）：47–54.

［122］李勇. 重庆石漠化地区生态恢复和特色农业模式研究——以南川区南平镇为例［J］. 安徽农业科学，2011，39（13）：8125–8126，8130.

［123］梁其彪，林敦锦，罗宏飞. 南方岩溶山区低产稻田复合生态农业

模式试验初报［J］. 生态农业研究，1995（2）：56–61.

［124］梁雯，陈广强，袁帅石. "农户——农产品加工中心"二级供应链激励契约研究——基于 Rubinstein 讨价还价博弈模型［J］. 哈尔滨商业大学学报（社会科学版），2017（2）：74–84.

［125］廖卫东. 生态领域产权市场的制度研究［D］. 南昌：江西财经大学，2003.

［126］廖汝慧. 农业信息化水平的测算及其对农业经济增长的影响研究［D］. 湘潭：湘潭大学，2021.

［127］林敦锦，梁其彪，罗宏飞. 石山地区低产稻田高产高效立体种养试验效果初报［J］. 广西农学报，1994（2）：21–26.

［128］林芳渝. 台湾中部枇杷农作的生产与销售——以时间地理学的视角［J］. 地理研究，2013，12（4）：134–141.

［129］刘发勇. 石漠化综合治理管理信息系统的构建与模式推广适宜性评价［D］. 贵阳：贵州师范大学，2015.

［130］刘发勇，熊康宁，兰安军，等. 贵州省喀斯特石漠化与水土流失空间相关分析［J］. 水土保持研究，2015，22（6）：60–64，71.

［131］林清霞，洪林，严红. 毕节市刺梨产业现状及发展对策分析［J］. 农业科技通讯，2017（10）：183–185，265.

［132］刘贵林. 贵州草地畜牧业发展及分析［J］. 四川草原，2006（3）：47–49，53.

［133］刘凯旋，等. 喀斯特石漠化地区草地高效生产与草地畜牧业潜力［C］. 2017 中国草学会年会论文集. 中国草学会，2017：1.

［134］刘强. 消费扶贫月启动以来全国 31 个省市已销售扶贫产品 631.25 亿元［J］. 中国食品，2020（21）：160.

［135］刘玲秋. 我国农产品流通效率的区域差异及影响因素研究［D］. 重庆：重庆工商大学，2021.

［136］刘夏茹，周文宗，杨文新. 农业系统论与农业结构调整［J］. 地域研究与开发，2005（5）：97–100.

［137］刘晓丽，杨红．基于关系契约视角的农户与农产品电子商务企业合作机制演化博弈分析［J］．运筹与管理，2021，30（6）：96-102.

［138］刘肇军．农业经济转型与喀斯特山区石漠化防治［J］．福建师范大学学报（哲学社会科学版），2007（4）：75-78.

［139］刘晔，徐赟，亢旭辉，等．基于 PLC 和模糊 PID 的温度控制系统的设计［J］．工业控制计算机，2021，34（9）：110-111.

［140］卢兵友，王如松，张壬午．结构多样化农村复合生态系统的设计与评价指标［J］．农业环境保护，2000（1）：15-17.

［141］卢耀如，张凤娥．硫酸盐岩与碳酸盐岩复合岩溶发育机理与工程效应研究［J］．中国工程科学，2008，32（4）：4-10.

［142］陆娜娜．喀斯特石漠化治理草地畜牧业效益监测评价［D］．贵阳：贵州师范大学，2020.

［143］罗必良，王玉蓉，王京安．农产品流通组织制度的效率决定：一个分析框架［J］．农业经济问题，2000（8）：26-31.

［144］罗俊，王克林，陈洪松．桂西北喀斯特地区脆弱生态环境空间差异性分析［J］．农业现代化研究，2007（6）：739-742.

［145］罗娅，熊康宁，陈起伟，等．喀斯特生态治理区可持续发展能力评价——以贵州毕节鸭池、遵义龙坪、沿河淇滩示范区为例［J］．长江流域资源与环境，2010，19（7）：808-813.

［146］罗燕．贵州喀斯特景区旅游产品创新开发研究——以贵州贞丰县双乳峰景区为例［D］．贵阳：贵州师范大学，2014.

［147］娄万海．贵州石漠化治理的历史路线图［J］．当代贵州，2008（20）：25.

［148］娄锋．区域特色农业产业化水平及空间相关性分析［J］．统计与决策，2019，35（19）：91-96.

［149］娄丽娜．乡村振兴战略背景下提升农业信息化建设水平的研究［J］．现代农业研究，2019（5）：31-33.

［150］吕微，巩玲俐．中国物流发展与农业产业化的灰色关联度分析［J］．湖北农业科学，2022，61（2）：5-9．

［151］马中．关于循环经济的笔谈［J］．中国地质大学学报（社会科学版），2006（3）：6．

［152］马莹莹．基于分形理论的企业组织结构优化研究——以T公司为例［D］．济南：山东师范大学，2021．

［153］毛海涛．农业信息化与农业产业化协调发展的区域差异研究——基于2012年山东17市的数据［D］．曲阜：曲阜师范大学，2014．

［154］梅艳，阮培均，赵明勇．不同种植密度和施肥量对乐食高丹草产量的影响［J］．贵州农业科学，2010，38（10）：77-79．

［155］苗维亚，等．四川省流通领域市场网络研究［D］．成都：成都电子科技大学，2002．

［156］聂宾汗，靳利飞．关于我国生态产品价值实现路径的思考［J］．中国国土资源经济，2019，32（7）：34-37，57．

［157］聂晶鑫，刘合林．我国不同区域空间组织方式的尺度与效率研究——基于城市间物流市场网络的分析［J］．城市规划，2021，45（9）：70-78．

［158］欧阳朝斌，乔琦，万年青，等．武汉经开区国家生态工业园区建设规划研究［J］．环境科学与技术，2010，33（S1）：441-445．

［159］庞丽花，陈艳梅，冯朝阳．自然保护区生态产品供给能力评估——以呼伦贝尔辉河保护区为例［J］．干旱区资源与环境，2014，28（10）：110-116．

［160］曲晓琳．新疆特色农产品加工企业营销渠道绩效评价研究［D］．乌鲁木齐：新疆财经大学，2017．

［161］屈小博，霍学喜．交易成本对农户农产品销售行为的影响——基于陕西省6个县27个村果农调查数据的分析［J］．中国农村经济，2007（8）：35-46．

［162］邱奕志，陈世铭，冯丁树．果蔬分级机并列出料原理［J］．农业

机械学刊，1992，1（1）：1–10.

［163］任耀武，袁国宝. 初论"生态产品"［J］. 生态学杂志，1992（6）：50–52.

［164］邵凯超，赵璐璐. 粮食流通中的社会成本比较［J］. 粮食科技与经济，2020，45（9）：26–29.

［165］沈辉，李宁. 生态产品的内涵阐释及其价值实现［J］. 改革，2021（9）：145–155.

［166］石敏俊. 生态产品价值的实现路径与机制设计［J］. 环境经济研究，2021，6（2）：1–6.

［167］宋剑奇. 我国大中城市蔬菜零售流通模式研究［M］. 北京：经济日报出版社，2016.

［168］宋金田，祁春节. 交易成本对农户农产品销售方式选择的影响——基于对柑橘种植农户的调查［J］. 中国农村观察，2011（5）：33–44，96.

［169］宋文，文军. 在内循环经济战略背景下对广西中草药产业高质量发展对策研究［J］. 农村经济与科技，2021，32（8）：172–174.

［170］苏维词，杨华. 典型喀斯特峡谷石漠化地区生态农业模式探析——以贵州省花江大峡谷顶坛片区为例［J］. 中国生态农业学报，2005（4）：217–220.

［171］舒银燕. 石漠化连片特困地区农业产业扶贫模式可持续性评价指标体系的构建研究［J］. 广东农业科学，2014，41（16）：206–210.

［172］孙伟仁，徐珉钰. 农产品流通体系对农民收入的影响机理及实证研究［J］. 商业经济研究，2021（11）：126–129.

［173］孙明. 泰安市农户参与农业产业化经营组织影响因素及绩效评价［D］. 泰安：山东农业大学，2018.

［174］孙曰瑶. 如何认识和建设中国品牌［N］. 济南日报，2017-06-05（A12）.

［175］宋淑珍．喀斯特石漠化退化草地改良与牛羊半舍饲耦合研究［D］．贵阳：贵州师范大学，2019．

［176］覃燕红，白萌．公平熵下基于收益共享契约的供应链效率评价［C］．第十四届（2019）中国管理学年会论文集．中国管理现代化研究会、复旦管理学奖励基金会：中国管理现代化研究会，2019：10．

［177］桑义明，肖玲．商业地理研究的理论与方法回顾［J］．人文地理，2003（6）：67-71，76．

［178］尚豫新．新疆特色农产品区域品牌建设研究——以"库尔勒香梨"产业为例［D］．济南：山东大学，2019．

［179］檀艺佳，张晖．订单农业促进了新型农业经营主体对农业技术的需求吗？［J］．农村经济，2021（7）：129-135．

［180］唐潜宁．生态产品供给制度研究［D］．重庆：西南政法大学，2017．

［181］汤勇．森林生态服务（产品）市场化交易制度研究［D］．武汉：华中师范大学，2012．

［182］田姝红，周健强，张春梅，等．农业现代化视域下培育新型职业农民的路径探索［J］．河北农业，2021（8）：49-50．

［183］田义超，白晓永，黄远林，等．基于生态系统服务价值的赤水河流域生态补偿标准核算［J］．农业机械学报，2019，50（11）：312-322．

［184］涂洪波．中国农产品流通现代化的实证、战略与对策［M］．北京：经济日报出版社，2014．

［185］万秀斌，黄娴．贵州夯实乡村振兴产业基础［N］．人民日报，2021-08-07（1）．

［186］王党强．丹麦卡伦堡生态"工业共同体"——我国生态工业园区的反思与超越［J］．环境保护与循环经济，2016，36（8）：4-8．

［187］王红茹．伐木者的救赎村寨银行——变环境破坏为生态保护［J］．中国经济周刊，2012（35）：48-49．

［188］王华书，徐翔．微观行为与农产品安全——对农户生产与居民消费的分析［J］．南京农业大学学报（社会科学版），2004（1）：23-28．

［189］王静华．产业集群组织生态演进研究［M］．上海：上海财经大学出版社，2014．

［190］王克林，岳跃民，陈洪松，等．喀斯特石漠化综合治理及其区域恢复效应［J］．生态学报，2019，39（20）：7432-7440．

［191］王克林，章春华．喀斯特斜坡地带资源开发中的环境效应与生态建设对策［J］．农业环境与发展，1999（3）：3-5．

［192］王立杰，吕建军．电子商务进农村政策促进农户链接市场研究——以重庆市为例［J］．中国农业资源与区划，2021，42（4）：29-39．

［193］王强，杨京平．我国草地退化及其生态安全评价指标体系的探索［J］．水土保持通报，2003，17（6）：27-31．

［194］王如松，杨建新．产业生态学和生态产业转型［J］．世界科技研究与发展，2000（5）：24-32．

［195］王如松．产业生态学与生态产业研究进展［C］．新世纪 新机遇 新挑战——知识创新和高新技术产业发展（下册）．中国科学技术出版社，2001：2．

［196］王寿兵，胡聘．生态产品生命周期设计概念框架［J］．上海环境科学，2000（3）：98-101．

［197］王惜纯．我国果蔬流通环节损耗惊人［N］．中国质量报，2010-12-10（005）．

［198］王熙，温继文．电子商务应用影响供应链协同的实证分析［J］．商业经济研究，2020（24）：64-67．

［199］王晓云．生态补偿的国际实践模式及其比较研究［J］．生产力研究，2008（22）：103-104，122．

［200］王孝华，阮培均，梅艳，等．喀斯特生态区轻度石漠化坡耕地种

植方式研究［J］. 耕作与栽培，2008（1）：40-41.

［201］王孝华，阮培均，梅艳，等. 潜在石漠化坡耕地马铃薯套玉米不同
方式的效果［J］. 湖北农业科学，2008，47（11）：1261-1262，
1304.

［202］王怡玄. 家庭资产、社会资本与农户融资偏好——基于CFPS2018
的实证研究［D］. 呼和浩特：内蒙古农业大学，2020.

［203］王友富，李莲. 民族地区洞穴旅游开发研究——以贵州安顺龙宫
为例［J］. 青海民族研究，2017，28（2）：111-113.

［204］王贺丽. 生态农业产业化内涵与发展模式研究［J］. 山西农经，
2019（18）：75-76.

［205］王立冬. 浅析农产品流通经济的绿色治理和创新路径［J］. 中国
商论，2017（34）：1-2.

［206］王薇薇. 基于效率视角的粮食流通主体利益协调及政策优化研究
［D］. 武汉：华中农业大学，2011.

［207］王晓帆. 贵州土地石漠化演替与社会经济活动的互馈研究［D］.
曲阜：曲阜师范大学，2018.

［208］王志豪. 企业组织内部冲突与和谐管理［J］. 企业观察家，
2022（1）：98-101.

［209］王竹云. 果品批发交易市场网络管理信息系统的建设与实施［J］.
计算机时代，2002（5）：41.

［210］汪延明. 贵州山地特色农产品产业链延伸研究［J］. 经济师，
2015（7）：78-79.

［211］韦惠兰，白雪. 退耕还林影响农户生计策略的表现与机制［J］.
生态经济，2019，35（9）：121-127.

［212］韦金霖. 隆林县油茶生产的气候条件及主要气象灾害分析［J］.
气象研究与应用，2013，34（2）：62-64.

［213］韦跃龙，陈伟海，罗劬侃，等. 旅游洞穴保护方式演变及保护式
开发［J］. 地域研究与开发，2017，36（02）：51-55，67.

［214］魏媛，吴长勇．喀斯特贫困山区土地利用碳排放效应及风险研究——以贵州省为例［J］．生态经济，2018，34（3）：31-36.

［215］魏众，申金升，黄爱玲，等．多式联运的最短时间路径——运输费用模型研究［J］．中国工程科学，2006（8）：61-64.

［216］温亚平，冯亮明，刘伟平．交易成本对农户林业生产分工行为的影响［J］．农林经济管理学报，2021，20（3）：346-355.

［217］吴峰，徐栋，邓南圣．生态工业园规划设计与实施［J］．环境科学学报，2002（6）：802-803.

［218］吴俊．喀斯特石漠化治理中农村合作社农户可持续生计研究［D］．贵阳：贵州师范大学，2021.

［219］吴文荣，袁福锦，奎嘉祥．滇东南岩溶坡地种植牧草和农作物水土流失对比研究［J］．四川草原，2005（11）：9-11，26.

［220］吴长举，李正友．喀斯特山区鲟鱼无公害养殖技术［J］．农技服务，2010，27（2）：249，265.

［221］夏训峰，顾雨，席北斗，等．基于水环境约束的抚仙湖流域农业结构调整研究［J］．环境科学研究，2010，23（10）：1274-1278.

［222］谢澄．农产品运销学［M］．上海：上海交通大学出版社，1988.

［223］薛建强．中国农产品流通模式比较与选择研究［D］．大连：东北财经大学，2014.

［224］薛建强．中国农产品流通体系深化改革的方向选择与政策调整思路［J］．北京工商大学学报（社会科学版），2014，29（2）：32-38，69.

［225］谢刚，谢元贵，廖小锋，等．基于水土流失敏感性的岩溶地区景观生态风险评价——以黔南州为例［J］．水土保持研究，2018，25（3）：298-304.

［226］幸思衍．基于石漠化治理区特色经济作物产业化发展的示范区规划设计研究［D］．贵阳：贵州师范大学，2021.

［227］熊康宁，陈起伟．基于生态综合治理的石漠化演变规律与趋势讨

论 [J]. 中国岩溶, 2010, 29（3）: 267-273.

[228] 熊康宁, 陈永毕, 陈浒, 等. 点石成金——贵州石漠化治理技术与模式 [M]. 贵阳: 贵州科技出版社, 2011.

[229] 熊康宁, 陈永毕, 隋喆. 喀斯特高原石漠化综合防治模式与技术集成研究 [C]// 中国自然资源学会土地资源研究专业委员会, 中国地理学会农业地理与乡村发展专业委员会. 中国农村土地整治与城乡协调发展研究. 贵州科技出版社, 2012: 10.

[230] 熊康宁, 池永宽. 中国南方喀斯特生态系统面临的问题及对策 [J]. 生态经济, 2015, 31（1）: 23-30.

[231] 熊康宁, 黎平, 周忠发, 等. 喀斯特石漠化的遥感 -GIS 典型研究——以贵州省为例 [M]. 北京: 北京地质出版社, 2002.

[232] 熊康宁, 李晋, 龙明忠. 典型喀斯特石漠化治理区水土流失特征与关键问题 [J]. 地理学报, 2012, 67（7）: 878-888.

[233] 熊康宁, 朱大运, 彭韬, 等. 喀斯特高原石漠化综合治理生态产业技术与示范研究 [J]. 生态学报, 2016, 36（22）: 7109-7113.

[234] 休·史卓顿（Hugh Stretton）, 莱昂内尔·奥查德（Lionel Orchard）. 公共物品、公共企业和公共选择 [M]. 北京: 经济科学出版社, 2000.

[235] 徐阳, 郭辉. 生态产品方兴未艾 [J]. 科学与文化, 1994（2）: 14-17.

[236] 许英明, 党和苹. 西部生态公共产品供给机制探讨 [J]. 西南金融, 2006（9）: 13-14.

[237] 薛莹. 基于交易费用视角农户农业生产性服务行为与契约选择研究——以东北玉米生产为例 [D]. 沈阳: 沈阳农业大学, 2020.

[238] 肖国举, 张强, 王静. 全球气候变化对农业生态系统的影响研究进展 [J]. 应用生态学报, 2007（8）: 1877-1885.

[239] 闫利会, 周忠发, 谢雅婷, 等. 贵州高原石漠化敏感性与宏观地貌的空间关联分析 [J]. 中国岩溶, 2018, 37（3）: 400-407.

［240］闫述乾，刘亚丽. 国内农民专业合作社参与扶贫的研究进展［J］. 中国林业经济，2020（3）：31-33.

［241］杨柳. 不同类型平台中农户的特色农产品交易行为研究——基于山东夏津县地瓜种植户的分析［D］. 武汉：华中农业大学，2020.

［242］杨明德. 论喀斯特环境的脆弱性［J］. 云南地理环境研究，1990（1）：21-29.

［243］杨青松. 农产品流通模式研究——以蔬菜为例［D］. 北京：中国社会科学院研究生院，2011.

［244］杨庆育. 论生态产品［J］. 探索，2014（3）：54-60.

［245］杨婷婷，王静，杨智成，等. 石漠化地区水土保持效益评价指标体系的构建：以云南省曲靖市官麦地小流域为例［J］. 贵州农业科学，2018，46（7）：82-85，90.

［246］杨伟民，胡定寰. 农超对接帮小农户连接大市场［J］. 农民科技培训，2011（5）：39.

［247］杨毅. 基于农户视角下沧州市梨流通增值比较及影响因素研究——以泊头为例［D］. 保定：河北农业大学，2019.

［248］杨筠. 生态公共产品价格构成及其实现机制［J］. 经济体制改革，2005（3）：124-127.

［249］杨振海. 加快岩溶地区草地建设步伐实现草食畜牧业发展和石漠化治理双赢［J］. 草业科学，2008（9）：59-63.

［250］杨薇. 中美农产品流通政策比较研究［D］. 天津：天津财经大学，2008.

［251］姚元和. 生态产品开发：条件、困境与出路——基于渝东南生态保护发展区的视域［J］. 长江师范学院学报，2015，31（4）：42-48，142.

［252］叶睿. 蔬菜种植户流通效率及决策行为的实证研究——基于南昌郊区叶菜类农户148份的调查［D］. 南昌：江西农业大学，2018.

［253］叶晓蕾. 基于大数据的卷烟精准营销研究［D］. 昆明：云南财经大学，2018.

［254］于乐荣. 产业振兴中小农户与现代农业衔接的路径、机制及条件——以订单农业为例［J］. 贵州社会科学，2021（2）：156-162.

［255］于贵瑞，杨萌. 自然生态价值、生态资产管理及价值实现的生态经济学基础研究——科学概念、基础理论及实现途径［J］. 应用生态学报，2022，33（5）：1153-1165.

［256］于法稳. 中国生态产业发展政策回顾及展望［J］. 社会科学家，2015（10）：7-13.

［257］俞敏，李维明，高世楫，等. 生态产品及其价值实现的理论探析［J］. 发展研究，2020（2）：47-56.

［258］余霜，李光，冉瑞平. 喀斯特石漠化地区农业循环经济保障机制研究［J］. 江苏农业科学，2014，42（10）：438-440.

［259］袁道先. 我国岩溶资源环境领域的创新问题［J］. 中国岩溶，2015，34（2）：98-100.

［260］苑鹏. 农民合作社：引导小农生产进入现代农业轨道［J］. 中国农民合作社，2017（7）：16-17.

［261］詹永发，田应书，周光萍，等. 贵州地方辣椒品种品质分析及利用评价［J］. 天津农业科学，2014，20（8）：98-102.

［262］张柏江，朱正国. 生态产业与可持续发展［J］. 经济地理，2000（2）：23-26.

［263］张弛. 中国特色农村新型集体经济的理论基础、新特征及发展策略［J］. 经济纵横，2020（12）：44-53.

［264］张闯，夏春玉. 农产品流通渠道：权力结构与组织体系的构建［J］. 农业经济问题，2005（7）：28-35，79.

［265］张辉. 全球价值链理论与我国产业发展研究［J］. 中国工业经济，2004（5）：38-46.

［266］张江舟. 小农户如何进入大市场——从陕南一个村庄看小农户和现代农业发展的有机衔接［J］. 西部大开发，2019（6）：110-114.

［267］张俊. 农民专业合作社营销渠道模式与选择研究［D］. 武汉：华中农业大学，2015.

［268］张林波，虞慧怡，李岱青，等. 生态产品内涵与其价值实现途径［J］. 农业机械学报，2019，50（6）：173-183.

［269］张小红. 森林生态产品的价值核算［J］. 青海大学学报（自然科学版），2007（3）：83-86.

［270］张信宝. 贵州石漠化治理的历程、成效、存在问题与对策建议［J］. 中国岩溶，2016，35（5）：497-502.

［271］张玄素，彭珊. 乡村振兴背景下农村电商发展研究——以贵州省为例［J］. 南方农机，2021，52（12）：112-114.

［272］张英骏. 从环境地质学及环境地貌学的发展史谈贵州喀斯特环境的研究问题［J］. 环保科技，1983：7-11.

［273］张俞. 喀斯特石漠化乔灌草修复机制与高效特色林产业模式研究［D］. 贵阳：贵州师范大学，2020.

［274］张贵友，詹和平，朱静. 农产品流通基础设施对农业生产影响的实证分析［J］. 中国农村经济，2009（1）：49-57.

［275］张贵友. 农产品流通基础设施对农业生产影响的机理［J］. 中国农学通报，2008（11）：530-532.

［276］张静. 京东编织下沉市场网络：货＋场＋物流［J］. 现代广告，2020（13）：32-33.

［277］张倩. 流通经济时代下农产品物流技术创新探讨［J］. 商业经济研究，2019（23）：104-107.

［278］张妍. 河南省农业信息化区域差异及其对农业经济增长的贡献［J］. 地域研究与开发，2021，40（2）：113-117.

［279］庄惠如. 台南东山和云林仑背洋香瓜产销活动的研究［D］. 台北：

国立台湾师范大学，2002.

［280］章宗敏. 农业信息化水平和效益指标体系研究——以河北省为例〔D〕. 南昌：江西农业大学，2020.

［281］赵庆功. 从福利优化视角看流通费用畸高对经济运行的影响〔J〕. 现代管理科学，2015（7）：91-93.

［282］赵晓飞，李崇光. 农产品流通渠道变革：演进规律、动力机制与发展趋势〔J〕. 管理世界，2012（3）：81-95.

［283］赵晓飞. 我国现代农产品供应链体系构建研究〔J〕. 农业经济问题，2012，33（1）：15-22.

［284］赵榕. 喀斯特石漠化与贫困耦合机理及协同治理研究〔D〕. 贵阳：贵州师范大学，2021.

［285］赵欣. 近代西江流域商品经济与市场网络的形成〔D〕. 桂林：广西师范大学，2013.

［286］赵旭彤. 精准扶贫背景下农业产业化发展的现状及对策研究——以天津市武清区为例〔D〕. 北京：北京邮电大学，2021.

［287］朱琳. 清代的省级粮食市场网络与市场中心——基于粮价和商路视角〔J〕. 古今农业，2021（2）：65-75，11.

［288］邹坦永. 企业组织结构演化特征——基于颠覆性技术创新模型的视角〔J〕. 河南牧业经济学院学报，2021，34（6）：14-21.

［289］左劲中. 基于"产供销"一体化的现代流通体系构建路径研究〔J〕. 商业经济研究，2021（10）：14-17.

［290］郑大庆，张赞，于俊府. 产业链整合理论探讨〔J〕. 科技进步与对策，2011，28（2）：64-68.

［291］郑继承. 中国生态扶贫理论与实践研究〔J〕. 生态经济，2021，37（8）：193-199.

［292］郑鹏. 基于农户视角的农产品流通模式研究〔D〕. 武汉：华中农业大学，2012.

［293］郑湘萍，何炎龙. 我国生态补偿机制市场化建设面临的问题及对

策研究［J］. 广西社会科学, 2020（4）: 66-72.

［294］郑晓丹. 双循环视角下推进我国农产品流通发展的对策思考［J］. 商业经济研究, 2021（15）: 139-143.

［295］中国林业网. 中国·岩溶地区石漠化状况公报［EB/OL］. ［2018-12-17］. http: //www. forestry. gov. cn/2018-12-14.

［296］中国政府网. 岩溶地区石漠化状况公报［EB/OL］. ［2007-06-15］. http: //www. gov. cn/ztzl/fszs/content_650610. htm.

［297］钟大能. 生态产品经营效益的财政补偿机制研究——以西部民族地区生态环境建设为例［J］. 西南民族大学学报（人文社科版）, 2008（9）: 233-238.

［298］钟霈霖, 王天文. 贵州部分菜豆品质分析及利用评价［J］. 种子, 1999（3）: 62-63.

［299］周传荣. 新疆阿克苏地区小农户与现代农业有机衔接路径研究——基于农业社会化服务视角［D］. 阿拉尔: 塔里木大学, 2021.

［300］周文宗, 刘金娥, 左平, 等. 生态产业与产业生态学［M］. 北京: 化学工业出版社, 2005.

［301］周雪欣, 罗昊. 基于 GIS 与 RS 技术的北盘江流域生态环境质量评价研究［J］. 环境科学与管理, 2018, 43（7）: 178-182.

［302］周远红, 高天一, 董保华. 生态产品评价系统在水产养殖机械设计中的应用［J］. 大连水产学院学报, 2007（2）: 133-136.

［303］朱柏翰. 数字时代下的浙江省农产品区域品牌推广策略研究［J］. 中国市场, 2021（26）: 172-173.

［304］朱久兴. 关于生态产品有关问题的几点思考［J］. 浙江经济, 2008（14）: 40-41.

［305］作沅. 关于农产品成本调查和计算的若干方法问题的探讨［J］. 经济研究, 1961（8）: 9-24.

附录一

1.喀斯特石漠化治理生态产品市场流通模式调查问卷

您好!

非常感谢您能抽时间回答本问卷,本次调查的目的是了解喀斯特地区生态产品流通渠道的选择的影响因素,以期对生态产品的卖难问题提出政策建议。本研究纯粹是学术研究,并非为了其他商业目的,并确保您所提交的所有个人信息都将得到保密。再次感谢您的配合!

贵州师范大学喀斯特石漠化治理生态产品市场流通与价值提升课题组

问卷编码:＿＿＿＿＿＿＿＿

喀斯特石漠化治理生态产品市场流通模式调查问卷

＿＿＿＿市＿＿＿＿县（区）＿＿＿＿乡（镇）＿＿＿＿村＿＿＿组

调查对象:＿＿＿＿＿＿＿＿＿＿＿＿＿＿＿＿

联系电话:＿＿＿＿＿＿＿＿＿＿＿＿＿＿＿＿

访谈人员:＿＿＿＿＿＿＿＿＿＿＿＿＿＿＿＿

访谈日期:＿＿＿＿年＿＿＿＿月＿＿＿＿日

一、农户家庭基本情况

1. 您家实际共同生活人口数_____人。

基本情况	性别	与户主关系	年龄	是否具有劳动能力	受教育程度	经历	当前是否务农	务农年限	当前其他职业	主要收入来源	参加培训次数
	1	2	3	4	5	6	7	8	9	10	11
家庭成员											

序号1：1男；2女

序号2：1户主；2配偶；3子女；4父母；5其他_____（请文字说明）

序号4：1是；2否（16到60周岁，除学生外有劳动能力的人数）

序号5：1文盲或半文盲；2小学；3初中；4高中（中职）；5大专；6本科及以上

序号6：1村干部；2公职退休；3在外打工；4退伍军人；5离退休教师；6企业退休；7其他_____（请文字说明）；8无

序号7：1是；2否

序号9：1半年以内短期务工；2半年以上长期务工；3自营工商业；4村干部；5教师；6学生；7其他_____（请文字说明）

序号10：1经营性收入；2工资性收入；3财产性收入（利息、租金等）；4转移性收入

2. 您家参与了哪种生态产品流通组织（合作社、龙头企业等）？ 1合作社；2龙头企业；3其他_____（请文字说明）；4无

3. 农户家庭所处的地理位置：1喀斯特高原山地；2喀斯特高原峡谷区；3喀斯特山地峡谷

4. 距离您家最近的通车硬化路有多远：_____（公里）

二、农户的生产经营特征

（一）生态种植业的结构、规模与效益

作物种类	种类 1	种类 2	种类 3	种类 4	种类 5	种类 6
耕作面积（亩）						
上一年总产量（斤）						
上一年销量（斤）						
上一年销售价格（元/斤）						
上一年总收入（元）						
上一年成本投入（元）						
种子（元）						
化肥（元）						
农药（元）						
农机费用（元）						
备注						

（二）生态养殖业的结构、规模与效益

您家养殖都有哪些（包括畜禽、水产等）？规模单位：只、头、斤等。

养殖种类	种类 1	种类 2	种类 3	种类 4	种类 5	种类 6
上一年年初存栏量（只、头、斤）						
上一年年底存栏量（只、头、斤）						
上一年销售量（只、头、斤）						
上一年养殖的销售收入（元）						
上一年养殖的成本投入（元）						
饲料（元）						
防疫、治疗、消毒、杀虫等所用费用（元）						
种苗（元）						
备注						

（三）农户的生态产品销售结构状况

1. 主要生态产品的销售比及销售模式情况

生态产品种类	种类1	种类2	种类3	种类4	种类5	种类6
合作社（%）						
合作社—龙头企业（%）						
龙头企业（%）						
经纪人（%）						
批发商（%）						
直接售给消费者（%）						
其他_____（%）						
销售所占生产的比例（%）						

2. 您家用于销售的生态产品，是否进行了简单且必要的包装或加工？1是；2否

3. 您家销售的生态产品，是否获得过以下称号？ 1有机产品；2绿色产品；3无公害产品；4地理标志产品；5全国或区域品牌产品；6其他；7无

4. 您家生产的生态产品，主要销往的市场：1乡内市场；2县内乡外市场；3省内县外市场；4国内省外市场；5国外市场

三、农户的收入与成本状况

（一）农户经济收入与成本

农户的经济收入情况

1. 和上年比较，您家从事生态产品经营收入是增长了，还是下降了？1增长；2下降；3不变

若为1或2，那么"增长"或"下降"了多少钱：_____（元）

2. 和上年比较，您所出售的相同种类生态产品的均价是增长了，还是下降了？ 1增长；2下降；3不变

若为1或2，那么"增长"或"下降"了多少钱：_____（元）

3. 和上年比较，您所出售的相同种类生态产品的最低价是增长了，还

是下降了？ 1 增长；2 下降；3 不变

若为 1 或 2，那么"增长"或"下降"了多少钱：_____（元）

4.和上年比较，您所出售的相同种类生态产品的最高价是增长了，还是下降了？ 1 增长；2 下降；3 不变

若为 1 或 2，那么"增长"或"下降"了多少钱：_____（元）

农户的成本支出情况

1.和上年比较，您家从事生态产品经营的销售成本是增长了，还是下降了？ 1 增长；2 下降；3 不变

若为 1 或 2，那么"增长"或"下降"了多少钱：_____（元）

2.和上年比较，您的农资（化肥、农药等）购买成本是增长了，还是下降了？ 1 增长；2 下降；3 不变

若为 1 或 2，那么"增长"或"下降"了多少钱：_____（元）

3.和上年比较，您获取生态产品相关信息的成本是增长了，还是下降了？ 1 增长；2 下降；3 不变

若为 1 或 2，那么"增长"或"下降"了多少钱：_____（元）

（二）农户的交易成本情况

①信息成本

1.您对市场所销售同类生态产品的价格是否能够及时了解：1 是；2 否

2.您了解所售卖生态产品的市场价格主要通过什么途径：1 零售市场；2 批发市场；3 大型商超；4 经纪人；5 合作社；6 其他_____

3.您通常在成交之前要询价几次：_____（次）

②谈判成本

1.您对交易对象是否熟悉：1 是；2 否

2.您的交易对象一般来自哪里：1 本县（较熟悉）；2 县外（不熟悉）

3.您都知道哪些交易对象：1 经纪人；2 批发商；3 消费者；4 合作社；5 龙头企业；6 其他_____

4. 您销售的生态产品，一般在同类型的交易对象之间比价几次：_____（次）

③执行成本

1. 您完成一次交易活动，一般需要多长时间：_____（小时）

2. 您在交易过程中，是否需要对生态产品的品质做简要的检测：1 是；2 否

3. 在交易过程中，双方对生态产品的品质是否有争议：1 是；2 否

4. 在交易过程中，交易对象采取的支付方式：1 现金；2 微信、支付宝或网银；3 打白条；4 其他_____

5. 交易对象是否有余款未付：1 是；2 否

若有，未付余款占支付总额的比例：_____ %

6. 您与交易对象是否需要签订买卖协议或合同：1 是；2 否

④运输成本

1. 您家所处位置的交通情况：1 较好；2 一般；3 较差

2. 您家距离最近的生态产品交易场所的路程：_____（公里）

3. 您家拥有哪些交通工具：1 大型车辆（面包车及以上）；2 小型车辆（电瓶车、摩托车）；3 人畜力车；4 其他_____；5 无

（三）农户的交易心理的情况

1. 在交易过程中，您对买主信任吗？ 1 极不信任；2 不信任；3 信任

2. 在交易过程中，您感觉愉悦吗？ 1 非常愉悦；2 很愉悦；3 愉悦

四、社会资本

（一）社会资本结构维度测量指标

测量指标	非常不同意	不同意	不同意不反对	同意	完全同意
1. 农户很重视与流通商的关系					
2. 流通商很重视与农户的关系					
3. 农户付出极大努力将生产的产品销售出去					
4. 流通商付出极大努力购买农户所生产的产品					
5. 产品的交易过程中，农户和流通商能充分交流信息					
6. 流通环节中，流通商有时也会隐藏某些对农户有益的市场信息					
7. 为了获得市场交易信息，农户会花很多时间与流通商进行联系					
8. 在生产环节方面，流通商会给农户一些建议					
9. 农户与流通商之间就生产环节经常进行经验或技术交流					
10. 农户是个言出必行、诚实守信的人					
11. 与农户交易的流通商是个言出必行、诚实守信的人					
12. 农户与流通商都不会投机钻营、投机倒把					
13. 农户的社会关系对其与流通商建立信任关系有促进作用					
14. 农户的社会关系对其找到新的流通商有促进作用					
15. 农户的社会关系对其提高生态产品生产技术有促进作用					
16. 与农户交易过的流通商会常与农户保持联系					
17. 农户与很多流通商保持联系					
18. 农户和很多流通商有过交易经历					

（二）社会资本关系维度观测测量

测量指标	非常不同意	不同意	不同意不反对	同意	完全同意
1.农户完全信任家人					
2.农户完全信任亲戚朋友					
3.农户完全信任老乡					
4.农户完全信任陌生人					
5.村里绝大多数农户都是可以信赖的					
6.村里人，通常在借钱的事上都不能轻易答应					
7.农户有困难时，村里人愿意给予帮助					
8.农户能顺利从邻居家借到螺丝刀、锄头等工具					
9.农户信任中间商不会有意采取对自己不利的行为					
10.农户与主要的流通商已经形成了朋友关系					
11.农户的主要流通商是值得信任的					
12.农户和流通商在交易过程中遵循互惠原则					
13.流通商有时候给农户的交易条件有失公平					
14.流通商愿意帮助农户发展生态产品（梨、火龙果、刺梨）种植					
15.农忙的时候，村里人会互帮互助					
16.农户对与流通商的关系感到满意					
17.农户经常交易的流通商给的报价要高于其他市场主体					
18.农户认为与其交易的流通商是值得尊敬的					
19.与农户交易的流通商是一个注重声誉的人					
20.农户是一个注重自身声誉的人					

（三）社会资本认知维度测量指标

测量指标	非常 不同意	不同意	不同意 不反对	同意	完全 同意
1.农户和主要流通商都清楚彼此之间保持良好关系的重要性					
2.农户与主要流通商能谈得来					
3.农户与主要买家的长期目标是一致的					
4.农户认为目前社会风气好，大家都能遵守道德规范					
5.农户认为目前市场环境好，大家都能遵守公平交易原则					
6.农户认为与龙头企业合作能提高收入					
7.农户认为与合作社合作能提高收入					
8.农户认为与大型商超合作能提高收入					
9.即使有其他交易机会，农户也仍然倾向与曾长期交易的流通商合作					
10.农户会向其他村民推荐与其合作的流通商					
11.农户希望能把生态产品卖给龙头企业					
12.农户希望能把生态产品卖给合作社					
13.农户希望能把生态产品卖给大型商超					
14.农户希望能和目前与其交易的中间商长期合作					

感谢您的支持！祝您生活愉快！

附录二　石漠化治理生态产品市场流通半结构化访谈提纲

您好！

非常感谢您能抽时间接受课题组的问卷调查，本次调查的目的是了解过去一年生态产品（刺梨、火龙果与黄金梨）流通的相关情况。本次调查纯粹出于学术研究的需要，并非为了其他商业目的，并保证您反馈的所有个人信息都将得到保密。再次感谢您的配合！

贵州师范大学喀斯特石漠化治理生态产品市场流通与价值提升

课题组

注：本问卷由调查员口述调查内容，并记录受访者反馈的信息。

（一）行政村（社区）干部访谈提纲

访谈时间：

访谈地点：

访谈对象：

联系电话：

1. 请问，贵村现在有哪些生态产业，规模分别都有多大？什么时候培育起来的？这几个产业现在情况如何？是发展壮大了，还是在起步阶段，或者说已经失败告终了？

2. 请问，本村有几个合作社？都是由谁注册创办的？合作社现在经营情况如何？合作社与农户之间如何联结的，实际带动农户增收效果好不好？您对完善生态产业项目的联农带农机制有什么好的经验与建议？

3.请问，贵村合作社生产的产品销售给谁？销售渠道是如何找到的？与收购商有没有签订合同？能否介绍一下合同的内容有哪些？这些产品如何定价？

4.请问，贵村主要通过哪些渠道销售生态产品？流通渠道如何寻找的？今年生态产品有没有出现销售难的情况？如果有，是如何解决的？

5.请问，贵村在生态产业发展方面还面临哪些问题？产业配套设施上有什么迫切需要解决的问题？

6.请问，贵村在生态产品销售方面还面临哪些问题？有什么迫切需要解决的问题？

7.请问，贵村在如何提升生态产品的价值（附加值）？或者您在提升生态产品价值方面有什么好的建议和想法？

8.请问，村里打算下一步怎么把生态产业发展起来？您认为，支持村里发展生态产业，应该从哪些方面入手，给哪些支持，支持政策在哪些方面还需完善？

（二）县农业农村局干部访谈提纲

访谈时间：

访谈地点：

访谈对象：

联系电话：

1.请问，贵县的特色产业规划编制情况如何？有哪些生态产业列入项目支持范围，有哪些项目支持措施？

2.请问，贵县发展的生态产业类型有哪些？在技术、设施、流通、人才等产业发展服务支撑方面的进展如何？在流通方面是否存在明显短板？围绕补短板，县里作了哪些部署，开展了哪些工作？

3.请问，贵县目前形成的区域品牌、三品一标有哪些？这些品牌如何管理？对于生态产品价值提升有哪些作用？

4. 请问，贵县在如何提升生态产品的价值（附加值）？或者您在提升生态产品价值方面有什么好的建议？

5. 请问，贵县的产业发展项目库建设和产业项目储备情况如何？其中，生态产业涉及哪些？在生态产业持续发展方面，有哪些好的模式做法、典型经验？

（三）龙头企业、大型商超访谈提纲

访谈时间：

访谈对象：

联系电话：

公司名称：

1. 请问，贵公司是哪年成立？公司有多少人（管理层、员工分别有多少）？注册资金有多少？属于哪一级龙头企业？

2. 请问，贵公司主要经营的生态产品品种有哪些？不同品种的销售量和价格是多少？分销对象有哪些？分销量分别是多少？

3. 请问，贵公司是否有生产基地？基地位置在哪里？土地面积有多少？流转了多少农户的土地？每亩每年多少租金？平时生产、维护需雇佣多少农户？是否有检测工具或设备？有几台大型运输车辆？产品种植品种及面积分别有多少？

4. 请问，贵公司通过什么形式与农户进行利益联结？与农户签订的合同内容有哪些？收购价格如何确定？生态产品种养殖技术培训开展过几期？参与农户情况如何？如何保障农户生产质量？农户出现纠纷时，是否出面协调解决？农户违约该如何解决？

5. 请问，贵公司在如何提升生态产品的价值（附加值）？或者您在提升生态产品价值方面有什么好的建议？

6. 请问，您对生态产品流通发展形势如何看？在生态产品流通方面，有哪些好的模式做法、典型经验？